BIOLOGIE
ganz leicht

Simon Egger

BIOLOGIE
ganz leicht

impian

Genehmigte Lizenzausgabe für Impian GmbH, Hamburg, 2018
© mitp Verlag, Frechen

Lektorat: Gunnar Jehle
Umschlaggestaltung: Nele Schütz Design
unter Verwendung von shutterstock/Alexonline, Tomacco, Gabi Wolf, arborelza, Lauritta, Tetiana Sakuko,
Vector Pot, Nadia Buravieva, Sibirian Art, anna42f
Herstellung: Mona Heylmann
Satz: DREI-SATZ, Husby
Druck: CPI books GmbH, Leck
printed in Germany

ISBN 978-3-96269-030-4

www.impian.de

Inhalt

1

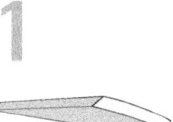

2

3

4

5

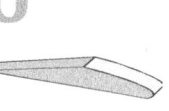

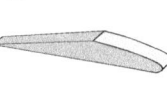

6

7

8

9

10

11

12

Vorwort

»Simplex sigillum veri«

Keine Angst. Du hast nicht aus Versehen eine lateinische Grammatik gekauft. Aber schon vor 2000 Jahren erkannte der römische Philosoph Seneca: »Einfach ist das Zeichen der Wahrheit.«

Ich habe mich bemüht, euch liebe Kids, in diesem Buch so anzusprechen, dass ihr es auch ohne viel Vorwissen verstehen könnt. Viele mögen diesem Buch vorwerfen, dass die Sprache nicht immer die »Fachsprache« ist. Aber ich glaube nicht, dass ihr, liebe Kids, beispielsweise die Genetik nur in der Fachsprache der Biologen verstehen würdet. Ich bitte alle Erwachsenen, alle Lehrer und Eltern und alle »Fachleute« der Biologie, dies zu bedenken.

Ich lade euch zu einer Reise in das Reich der Lebewesen ein. Ihr werdet viele Organismen kennen lernen, mikroskopisch kleine wie zum Beispiel Bakterien und ungeheuer große wie beispielsweise den Mammutbaum. Auf dieser Reise gibt es für euch hoffentlich viel Neues zu entdecken.

Die Biologie ist neben der Physik und der Chemie eines der zentralen Fächer der modernen Naturwissenschaften. Einstein bekräftigte im 20. Jahrhundert zu Recht, dass das 21. Jahrhundert dasjenige der Biologie werden wird. Nachdem in Physik und Chemie die grundlegenden Fakten und Gesetze erkannt waren, wandten sich die Naturwissenschaftler verstärkt der Biologie zu und es entwickelten sich Teildisziplinen wie beispielsweise die Biochemie, die Molekularbiologie und die Biophysik. Die Biologie ist als moderne Naturwissenschaft auch eine experimentelle Wissenschaft. Viele Geräte wie beispielsweise Mikroskope sind sehr teuer und können nur in einem Forschungslabor auch sinnvoll eingesetzt werden. Da jedoch auch das Beobachten, Beschreiben und Vergleichen zu den

grundlegenden Arbeitstechniken der Biologen gehört, werde ich euch auf den folgenden Seiten immer wieder Vorschläge zum Beobachten und Experimentieren machen.

Nicht das Vielwissen sättigt die Seele,

sondern das Genießen der Dinge von innen.

»Ignatius von Loyola«

Anteil und Verdienst am Gelingen dieses Buches *Biologie für Kids* hat meine Frau Theresia, die mir mit wohlwollender Kritik zur Seite stand, mir viele wichtige Hinweise gegeben hat und mir bei der Erstellung der Grafiken geholfen hat. Ihr gilt mein herzlicher Dank.

Widmen möchte ich dieses Buch unseren Enkeltöchtern Anna und Marlena.

Simon Egger

Einleitung

Hallo und herzlich willkommen zu unserer
aufregenden Forschungsexpedition, die sich auf den Weg macht, eines der
größten Geheimnisse unserer Welt ein klein wenig zu lüften: Was ist
Leben?

Ich möchte dir in diesem Buch zeigen, dass Biologie eine fantastische
Wissenschaft ist, die sich mit allem, »was da kreucht und fleucht«,
beschäftigt. Biologie ist neben Physik und Chemie der dritte Pfeiler der
Naturwissenschaften. Ich zeige dir, dass wir in Zeiten des vielzitierten
»Klimawandels« und der Vogelgrippe gut daran tun, uns nicht vorschnell
mit dem zu begnügen, was wir im Fernsehen hören und sehen oder in der
Zeitung lesen. Du sollst in diesem Buch die wichtigsten Teildisziplinen der
Biologie kennen lernen und etwas über ihren Beitrag zum Verständnis der
Welt erfahren.

Was dich in diesem Buch erwartet

◇ Cytologie:

* Auch ohne Mikroskop möchte ich dich in die mikroskopisch kleine Welt der Zellen führen.

◇ Artenkenntnis in Zoologie und Botanik:

* Ich werde dir zeigen, wie du die verschiedenen Arten durch Expeditionen in das Tier- und Pflanzenreich kennen lernen kannst.

◇ Stoffwechsel und gesunde Ernährung:

* In diesem Teil des Buches lernst du die wichtigsten Nährstoffe kennen. Atmung und Gärung sind zwei Möglichkeiten, um aus ihnen verwertbare Energie zu gewinnen. Die Pflanzen sind die ältesten »Solartechniker«.

◇ Ökologie:

* Ökologie ist die Lehre vom Haushalt in der Natur. Du erhältst eine Einführung in das vernetzte Denken.

* Umweltschutz ist die technische Umsetzung der Lehren, die wir aus der Ökologie ziehen.

◇ Verhaltensforschung:

* Du wirst lernen, das Verhalten der Tiere zu beobachten und zu verstehen.

* Du wirst prüfen, ob wir daraus Rückschlüsse auf das menschliche Verhalten ziehen können.

◇ Neurophysiologie:

* Ich versuche, dir zu zeigen, wie das Nervensystem aufgebaut ist und wie unser Gedächtnis funktioniert.

◇ Genetik:

* Ich werde dir einen ersten Überblick über das faszinierende Gebiet der Vererbungslehre geben und dir Anwendungsbereiche im Alltag zeigen.

◇ Evolution

* Im letzten Abschnitt möchte ich mit dir der Frage nachgehen, ob der Mensch vom Affen abstammt – oder nicht?

Wie dieses Buch aufgebaut ist

Alle Kapitel in diesem Buch sind gleich aufgebaut:

◇ Am Anfang jedes Kapitels gebe ich dir einen kurzen Überblick darüber, was du in diesem Kapitel lernst.

◇ Dann folgt das eigentliche Kapitel.

◇ Am Ende des Kapitels kommen zwei wichtige Abschnitte: In einer Zusammenfassung wiederhole ich noch einmal die wichtigsten Lerninhalte. In einigen Fragen oder Übungsaufgaben kannst du prüfen, ob du verstanden hast, worum es in diesem Kapitel ging.

Hin und wieder findest du solch ein dickes Ausrufezeichen in diesem Buch. Dann ist das eine Stelle, an der etwas besonders Wichtiges steht.

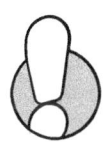

Wenn es um eine ausführliche Erläuterung geht, tritt Buffi in Erscheinung und schnuppert in seiner Kiste mit Tipps & Tricks.

Aufgaben und Experimente sind mit dem Lupen-Symbol gekennzeichnet.

Worum es mir geht

Ich wünsche dir – und mir als Autor –,

◇ dass du mit Hilfe dieses Buchs lernst, vieles von dem, was du heute im Fernsehen siehst oder in der Zeitung liest, besser zu verstehen

◇ dass du weiter kommst auf dem Weg zu einem selbstständigen jungen Menschen, der sich zur Zukunft seine eigenen Gedanken macht

◇ dass du selbstkritisch dein Ziel verfolgst

◇ dass du dich ein Leben lang am Leben und an allem, was lebt, erfreust

Biologie – die Lehre vom Leben!

1

Was ist Leben?

In diesem Kapitel versuche ich, ein großes
Geheimnis zu lüften. Ob es mir gelingt? Wir werden sehen!

Leben scheint so selbstverständlich zu sein, so einfach. Du wirst die wichtigsten Kennzeichen der Lebewesen kennen lernen und sehen, dass eine Zelle der Grundbaustein aller Lebewesen ist.

In diesem Kapitel lernst du

◎ die Kennzeichen der Lebewesen und

◎ die wichtigsten Bestandteile einer Zelle kennen

Kennzeichen der Lebewesen

Sicher hast du dir auch schon einmal die Frage gestellt, »Was ist Leben?«

Diese Frage zu beantworten ist nicht so einfach, denn auch Biologen können Leben nur umschreiben:

◇ Leben ist Stoffwechsel, das heißt, die Lebewesen nehmen Nährstoffe wie beispielsweise Kohlenhydrate, Fett und Eiweiß auf und scheiden Unverdauliches wieder aus.

◇ Leben ist Fortpflanzung, das heißt, Lebewesen haben Nachkommen. Eine junge Katze hat Katzen als Eltern. Eine Tulpe stammt wieder von Tulpen ab.

◇ Leben ist Wachstum. Wir waren alle einmal klein, sind herangewachsen und haben unsere heutige Größe erreicht.

◇ Leben ist Bewegung, das heißt, Lebewesen sind aktiv.

◇ Leben ist Reizbarkeit.

◇ Leben ist Tod.

◇ Lebewesen bestehen aus Zellen.

Du wirst mir wahrscheinlich zustimmen, oder? Aber: Lodert nicht auch eine Flamme? Das ist Bewegung! Müssen wir nicht auch mit dem Auto zur Tankstelle fahren, füllen Benzin in den Tank und durch den Auspuff kommen Abgase wie Kohlenstoffdioxid wieder heraus? Das ist Stoffwechsel! Wächst nicht auch eine Lawine heran, vielleicht von einem kleinen Schneeball zu ihrer beängstigenden Größe? Das ist Wachstum! Vermehren sich nicht auch Tropfsteine? Das ist Vermehrung!

Wenn das so richtig ist, dann reicht ein Merkmal allein noch nicht aus, um ein Lebewesen zu beschreiben. Zeigen »Objekte« diese Kennzeichen nicht oder nur teilweise, können wir sie auch nicht als Lebewesen bezeichnen.

Denkaufgabe

Viren besitzen keinen eigenen Stoffwechsel. Sie könne sich nicht aktiv bewegen. Sie können sich nicht selbst fortpflanzen. Sie sind in jedem Fall auf andere Lebewesen angewiesen. Sie besitzen eine eigene DNA und bestehen aus einer Proteinhülle.

Überlege: Sind Viren Lebewesen?

Teildisziplinen der Biologie

Verschiedene biologische Teildisziplinen beschäftigen sich mit den Lebewesen. Jede Teildisziplin hat sich dabei einen bestimmten Bereich ausgewählt: Die Zoologie beschäftigt sich mit den Tieren, die Botanik mit den Pflanzen, die Biochemie mit den chemischen Verbindungen des Stoffwechsels, die Ökologie mit unserer Umwelt, die Neurophysiologie mit dem Prinzip der Informationsaufnahme und -verarbeitung, die Genetik mit der Vererbung und die Cytologie beschäftigt sich mit dem Bau der Zellen.

Die Zelle – mikroskopisch klein, aber oho!

Alle Lebewesen bestehen aus Zellen, nur die wenigsten kann man mit dem bloßen Auge sehen. Das typische Arbeitsgerät der Cytologen, also der Zellforscher, ist ein Mikroskop.

Die *Zellen* besitzen verschiedene *Zellorganellen*. Sie sind den Organen eines Gesamtorganismus vergleichbar und so winzig klein, dass sie nur im Mikroskop zu sehen sind. Da Mikroskope, wie schon im Vorwort erwähnt, sehr teuer sind und die billigen nicht allzu viel taugen, möchte ich dir anhand einer Zeichnung die wesentlichen Bestandteile einer Zelle erklären.

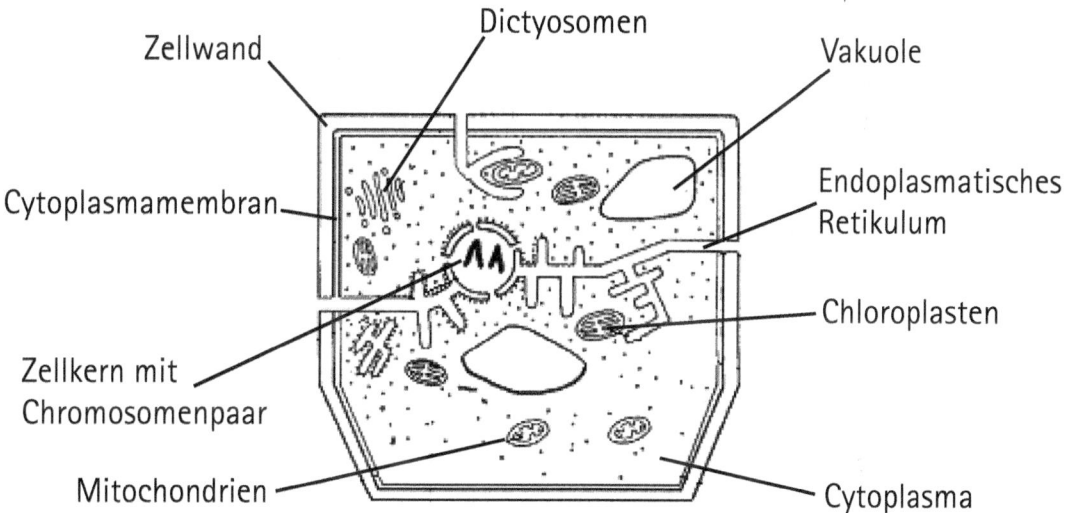

Der *Zellkern* ist die Steuerzentrale der Zelle. Du kannst ihn mit dem Rechenzentrum eines modernen Weltkonzerns vergleichen. Von ihm aus werden alle Abläufe in der Zelle geregelt. Die dazu nötigen Informationen sind auf den Chromosomen in Form der DNA gespeichert. Die *DNA* ist eine chemische Verbindung, Desoxyribonukleinsäure genannt, und der »stoffliche« Träger der Erbinformation.

Abb. 1.1: Elektronenmikroskopischer Bau einer pflanzlichen Zelle

◇ Die *Mitochondrien* sind die »Kraftwerke« der Zelle. In ihnen wird wie in einem modernen Kraftwerk die nötige Energie bereitgestellt.

◇ Die *Chloroplasten* sind die Solaranlage einer Pflanzenzelle. In ihnen wird die Sonnenenergie in chemische Energie umgewandelt und gespeichert.

◇ Das *Endoplasmatische Retikulum* ist ein Transportsystem (Kanalsystem) in der Zelle. In ihm werden die verschiedensten Stoffe weitergeleitet zu den Orten, an denen sie benötigt werden.

◇ Die *Dictyosomen* sind Zellorganellen, in denen die unterschiedlichsten Stoffe produziert und gespeichert werden.

◇ *Cytoplasmamembran* und *Zellwand* grenzen die Zelle nach außen ab.

◇ In der *Vakuole* werden in pflanzlichen Zellen »Abfallstoffe« gespeichert.

◇ Das *Cytoplasma* ist die wässrige Grundsubstanz, in der die Zellorganellen eingelagert sind. In ihm sind auch viele Stoffe, wie beispielsweise Salze, Zucker, Aminosäuren usw. gelöst.

Die Zellen der Pflanzen und Tiere unterscheiden sich von denen der Bakterien vor allem dadurch, dass sie einen Zellkern besitzen.

Unterschiedliche Zellen bei Bakterien und höheren Lebewesen

Bakterien gehören zu den so genannten *Prokaryonten*, das heißt, sie sind Lebewesen ohne Zellkern. Sie besitzen auch keine Chloroplasten – obwohl einige von ihnen auch Photosynthese betreiben können – und es fehlen bei ihnen die Mitochondrien.

Tiere und Pflanzen gehören als höhere Lebewesen zu den so genannten *Eukaryonten*, denn sie besitzen einen Zellkern. Pflanzen haben zusätzlich zu den typischen Zellorganellen der Tiere (Zellkern, Mitochondrien, Endoplasmatisches Retikulum, Dictyosomen) auch noch Chloroplasten, Vakuolen und eine stabile Zellwand aus Cellulose. Diese ersetzt bei ihnen die Knochen, also ein Skelett, wie es für Tiere typisch ist

Zusammenfassung

In diesem Kapitel hast du Folgendes gelernt:

◇ Was Leben ausmacht

◇ Wie Zellen aufgebaut sind

◇ Welche Teildisziplinen es in der Biologie gibt

◇ Wie sich die Zellen der Bakterien von den Zellen aller anderer Lebewesen unterscheiden.

Aufgaben

1. Versuche zu erklären, warum eine elektrische Eisenbahn kein Lebewesen ist!

2. Warum haben Tiere keine Chloroplasten?

3. Viren können nur in anderen Zellen überleben. Warum?

2

Artenreichtum vor der Haustür

In diesem Kapitel lade ich dich zu einer spannenden Expedition ein. Wir werden in die geheimnisvolle Welt der Tiere und Pflanzen eintauchen. Auf unserer Reise lernst du Raubtiere und Fleisch fressende Pflanzen, Männer mordende Bestien und sanfte Blumen und Schmetterlinge kennen. Du möchtest sicher wissen, wo unsere Reise beginnt und wohin sie führt? Sie beginnt unmittelbar vor unserer Haustüre und führt in die nächste Umgebung! Denn du brauchst nicht in den tropischen Regenwald zu reisen, um die Artenfülle der Pflanzen und Tiere zu finden. Ein Ausflug vor deine Wohnung genügt.

In diesem Kapitel erkläre ich dir,

◎ welche Ausrüstung du auf deiner Expedition brauchst

◎ welchen Arten du im Verlauf eines Jahres mit großer Wahrscheinlichkeit begegnen wirst

◎ was beim Beobachten von Pflanzen und »wilden« Tieren wichtig ist

2

Ausrüstung für unsere Expedition vor unserer Haustür

Keine Sorge! Die Sache geht nicht ins Geld und das meiste Material wirst du schon zu Hause haben!

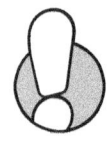

Als Hilfsmittel für deine Beobachtungen brauchst du

◇ eine Lupe

◇ eine Becherlupe: Sie besteht im Normalfall aus einem Kunststoffbecher und einer in den Deckel integrierten Lupe. Man bekommt sie zum Beispiel in Spielzeuggeschäften

◇ weiße Joghurt-Becher

◇ ein paar Stoffbeutel zum Transport von Pflanzen

◇ einen feinen Pinsel und eine Pinzette

◇ ein Taschenmesser

◇ wenn möglich ein einfaches Fernglas

◇ einen Rucksack, in dem du all diese Gegenstände verstauen kannst

◇ ein Heft als Expeditionstaschenbuch und einen Bleistift (der schreibt auch dann noch, wenn es feucht ist)

Zusätzlich empfehle ich dir auch, eine einfache Kamera mitzunehmen. Die modernen Digitalkameras bieten erstaunliche Möglichkeiten, vor allem auch für Nahaufnahmen (Blumen!). Ein »Fotoherbar« ersetzt heute in vielen Fällen das »klassische Herbar«, bei dem Pflanzen gesammelt, getrocknet und auf einen weißen Karton geklebt wurden.

Damit du die einzelnen Tiere und Pflanzen, die du noch nicht kennst, mit Namen kennen lernst, empfehle ich dir, ein Bestimmungsbuch zu besorgen!

Es gibt von verschiedenen Verlagen eine ganze Reihe wirklich hervorragender Bestimmungsbücher. Für den Anfang empfehle ich dir ein kostengünstiges, möglichst zahlreiche Arten umfassendes Buch, wie beispielsweise

BLV Tier- und Pflanzenführer für unterwegs, von Eisenreich/Handel/Zimmer, BLV Verlagsgesellschaft mbH

Was blüht denn da? von Aichele/Golte-Bechtle, Kosmos-Verlag

Wenn du jetzt auch noch eine dem Wetter angepasste Kleidung, Regen-schutz und feste Schuhe hast, steht unserer Expedition nichts mehr im Weg.

Ich verspreche dir, dass du am Ende dieses Kapitels mindestens 50 Tier- und Pflanzenarten kennen wirst und dein Ehrgeiz hoffentlich geweckt ist, in den Bestimmungsbüchern mindestens noch weitere 100 kennen zu ler-nen!

Expeditionsstart im Frühling

Auch wenn es etwas altmodisch erscheinen mag, sollten wir doch mit einem bekannten Gedicht auf unsere Reise gehen. Es drückt nämlich sehr gut aus, dass die Natur im zeitigen Frühjahr voll »Spannung« ist und nur darauf wartet, von Schnee und Eis befreit zu werden.

> *Frühling lässt sein blaues Band*
> *Wieder flattern durch die Lüfte*
> *Süße, wohlbekannte Düfte*
> *Streifen ahnungsvoll das Land*
> *Veilchen träumen schon,*
> *Wollen balde kommen*
> *Horch, von fern ein leiser Harfenton!*
> *Frühling, ja du bist's!*
> *Dich hab ich vernommen*
>
> *»Eduard von Mörike«*

Der Frühling kündigt sich an, wenn trotz Schnee- und Eisresten am frühen Morgen die ersten Singvögel ihr Lied trällern. Vor allem die Männchen tun dies, um ein Revier abzugrenzen, ihren Rivalen den nötigen Respekt ein-zujagen und eine liebe Partnerin anzulocken.

Vögel

In unseren heimischen Vorgärten und Parks – auch mitten in einer Groß-stadt – finden wir einen erstaunlichen Reichtum an Singvögeln:

◇ Amsel

◇ Haussperling, besser bekannt als Spatz

◇ Kohlmeise

◇ Blaumeise

◇ Buchfink

◇ Rotkehlchen

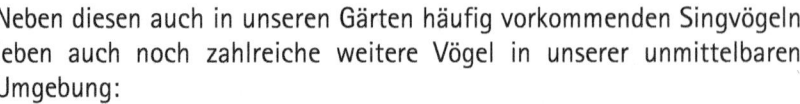

Neben diesen auch in unseren Gärten häufig vorkommenden Singvögeln leben auch noch zahlreiche weitere Vögel in unserer unmittelbaren Umgebung:

◇ Elster

◇ Wildente

◇ Mäusebussard

◇ Buntspecht

◇ Star

◇ Ringeltaube

◇ Saatkrähe

◇ Schwalbe

Diese Tiere sind relativ leicht zu unterscheiden und du kannst sie gut mit deinen Bestimmungsbüchern identifizieren. Die wenig scheuen Vögel haben sich an ein Leben in der Nähe des Menschen angepasst. Man nennt sie *Kulturfolger*! Du brauchst also nicht unbedingt ein Fernglas.

Gerade jetzt im Frühling ist eine gute Zeit, Vögel zu beobachten, denn die Laubbäume tragen noch keine Blätter und die Vögel sind sehr aktiv, sie befinden sich ja auf »Brautschau«.

Das wären jetzt schon 14 verschiedene, bekannte und häufig vorkommende Vogelarten unmittelbar in unserer Umgebung! Habe ich dir zu viel versprochen?

Durch Anbringen eines Nistkastens kannst du auch für die Ansiedlung von Singvögeln in deinem Garten einen Beitrag leisten. Nistkästen werden vor allem von Höhlenbrütern, wie beispielsweise den Meisen oder Sperlingen, genutzt. Besorge dir im Baumarkt ungehobelte Fichtenbretter, ca. 2 cm dick und säge nach folgender Vorlage die Teile aus dem Brett: Der Durchmesser des Einfluglochs entscheidet über die Vogelart, die sich im Nistkasten mit großer Wahrscheinlichkeit ansiedeln wird:

◇ 28 mm – Blaumeisen

◇ 30 mm – Haussperling

◇ 32 mm – Kohlmeisen

◇ 45–50 mm – Star

Den Nistkasten solltest du am besten schon im Februar im Garten an einem Baum oder einer geschützten Mauer aufhängen. Das Einflugloch zeigt in Richtung Osten, damit es nicht in den Kasten regnen kann. Zudem solltest du darauf achten, dass Katzen den Kasten nicht erreichen können.

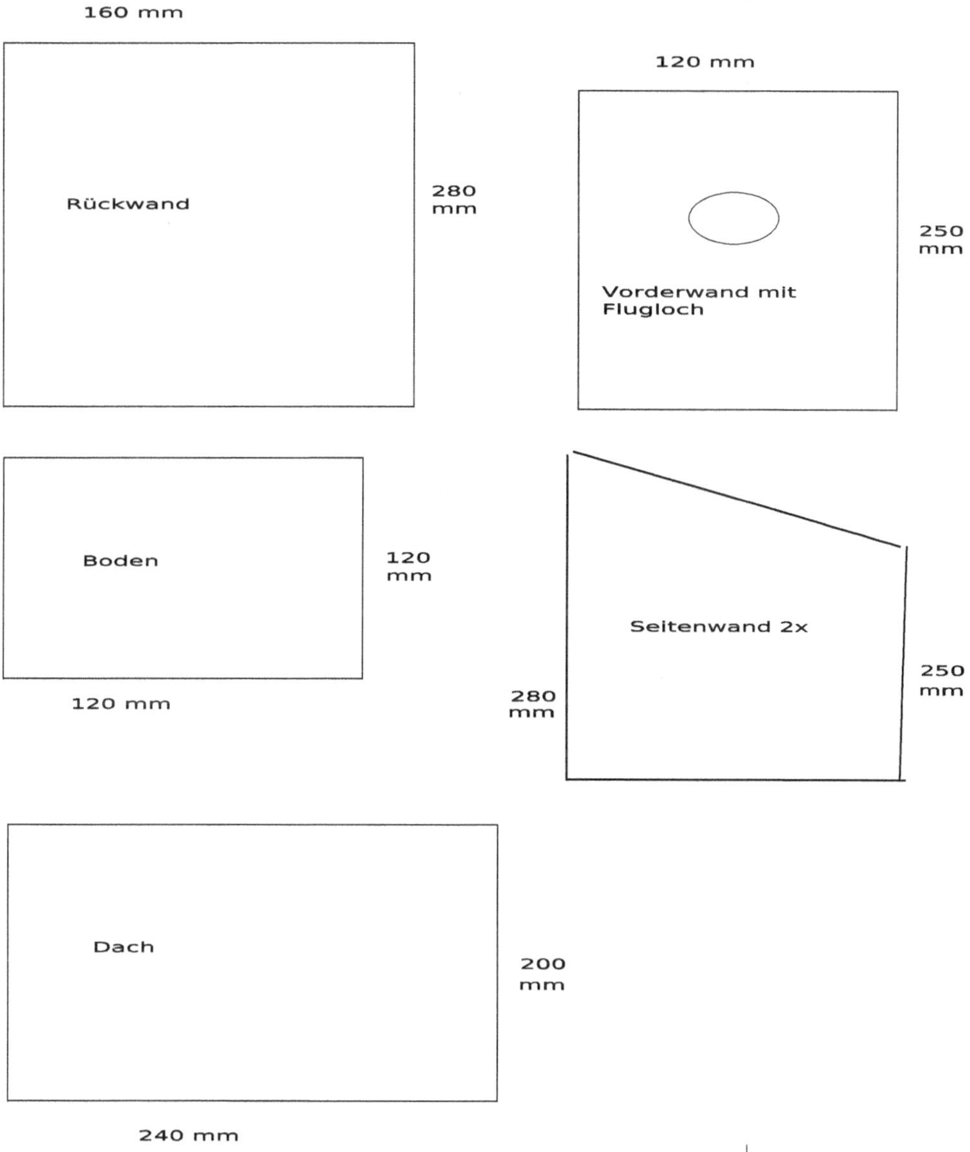

160 mm

Rückwand

280 mm

120 mm

Vorderwand mit Flugloch

250 mm

Boden

120 mm

120 mm

Seitenwand 2x

280 mm

250 mm

Dach

200 mm

240 mm

Abb. 2.1:
Bauplan
Nistkasten

Pflanzen

Aber nicht nur der Vogelgesang kündigt das Frühjahr an. Auch die ersten Blütenpflanzen kündigen das Ende des Winters an. Noch unter der

Schneedecke drängen sich die ersten Schneeglöckchen ans Licht, um sofort zu blühen, wenn der Schnee schmilzt. Aber auch Bäume, wie beispielsweise die Hasel, blühen schon im zeitigen Frühjahr. Gerade beim Beobachten der Blüten kann dir eine Lupe helfen. Halte dabei stets die Lupe vor das Auge und bewege das Objekt auf die Lupe zu und nicht umgekehrt!

Viele dieser Blütenpflanzen

◇ Schneeglöckchen

◇ Krokus

◇ Tulpe

◇ Narzisse

◇ Frühlingsknotenblume

kommen von Natur aus bei uns nicht oder nicht mehr vor. Sie wurden von Gartenliebhabern angepflanzt. Deshalb sind sie aber nicht weniger schön oder weniger wertvoll oder interessant.

Andere Blumen wachsen bei uns »wild«, ohne vom Menschen gepflanzt zu sein:

◇ Schlüsselblume

◇ Löwenzahn

◇ Gänseblümchen

◇ Hahnenfuß

◇ Taubnessel

Hast du mitgezählt?

Schon wieder zehn verschiedene Arten! Habe ich dir zu viel versprochen?

Da die Laubbäume noch nicht »ausgeschlagen« haben, das heißt noch keine Blätter tragen, wachsen jetzt auch zahlreiche kleinere Blütenpflanzen auf dem Waldboden wie auch in städtischen Parks. Diese, wir nennen sie *Kräuter*, bekommen um diese Jahreszeit noch ausreichend Licht, um Fotosynthese betreiben zu können. Später im Jahr wäre es dazu viel zu dunkel. Ein typischer Vertreter dieser Pflanzen ist z.B. das Buschwindröschen.

Wechselwarme und gleichwarme Tiere

Im zeitigen Frühjahr sind vor allem die gleichwarmen Tiere, die Vögel und die Säugetiere aktiv, während die wechselwarmen Tiere, wie zum Beispiel die Amphibien (Frösche und Kröten) und die Reptilien (Eidechsen und Schlangen) noch in Winterstarre verharren. Ihre Körpertemperatur ist von der Umgebungstemperatur abhängig. Deshalb sind sie bei den niedrigeren Temperaturen des Frühjahrs und auch nach Nachtfrösten sehr träge und entsprechend »unauffällig«.

Säugetiere

Auch einige Säugetiere können wir in den Parks und auf den Feldern schon beobachten:

◇ Eichhörnchen

◇ Feldhasen

◇ Rehe

◇ Kaninchen

Da die Artenzahl der wildlebenden Säugetiere im Vergleich zu den Vögeln deutlich niedriger ist, können wir auch weniger beobachten. Zudem sind viele Säugetiere bei uns bereits ausgerottet:

◇ Braunbär

◇ Wolf

◇ Luchs

Andere Säugetiere finden bei uns immer weniger einen für sie geeigneten Lebensraum:

◇ Rothirsch

◇ Dachs

◇ Fischotter

Dies hat unterschiedliche Gründe. Manchmal empfindet der Mensch nämlich die Tiere als Rivalen. Der Jäger hat Angst, dass der Luchs ihm sein Reh vor der Nase wegschnappt. Aber Luchse fressen nur alte und kranke Rehe und würden deshalb dem Jäger mehr nutzen als schaden.

Amphibien

Auch für die Amphibien wie Frösche und Kröten wird der Lebensraum durch uns Menschen immer weiter eingeschränkt. Da sie nur eine sehr dünne Haut besitzen, verlieren sie sehr viel Wasser durch Verdunstung. Sie schätzen deshalb Lebensräume, die relativ feucht sind, wie nasse Wiesen, Sümpfe oder Teichlandschaften.

2

Im Garten kannst du einen kleinen Teich anlegen und meist dauert es nicht lange und die ersten Frösche siedeln sich an. Wenn du Glück hast, kannst du dann im Frühjahr einem besonderen Konzert, einem Froschkonzert, lauschen. Am frühen Abend beginnen die Froschmännchen mit ihren »Trompetensoli«, um Weibchen anzulocken und Rivalen zu vertreiben. Gerne würden wir das natürlich auch auf unserem Balkon oder im Garten erleben. Du darfst jedoch keinen Froschlaich, also die Eier der Frösche, aus einem Teich holen und mit nach Hause nehmen. Frösche sind streng geschützt. Du musst also Geduld aufbringen, bis sich die Frösche selbst in deinem Gartenteich ansiedeln. Aber Geduld ist die wichtigste Eigenschaft aller Teilnehmer an einer Expedition in die Natur.

Besonders häufig findest du bei uns aber noch den kleinen, braun gefärbten Grasfrosch.

Die plumpe, schwerfällige Erdkröte zieht es jedes Jahr auf ihren Wanderungen wieder zurück in den Teich, in dem sie selbst aus einem befruchteten Ei geschlüpft ist. Da die Kröten offensichtlich die Gemeinschaft schätzen, wandern sie oft so zahlreich, dass sie von Naturliebhabern vor Autos geschützt werden müssen. Sie nehmen nämlich wenig Rücksicht auf neu gebaute Straßen, wenn diese ihre Wanderwege kreuzen. Deshalb liest du im Frühjahr häufig Warnschilder mit der Aufschrift »Achtung – Krötenwanderung«.

Der Sommer – Zeit zum Entdecken des Lebensraums Wasser

Es ist Sommer geworden. Die Natur hat ihre ganze Pracht entfaltet. Die Bäume tragen ihr sattes Grün. Überall zirpt es und summt es in unseren Gärten. Der Frühsommer ist die Zeit der Insekten. Als wechselwarme Tiere sind sie in der warmen Jahreszeit besonders aktiv. Hummeln und Bienen bestäuben die Blüten zahlreicher Pflanzen, Käfer krabbeln über den Boden und erheben sich schwerfällig zum Fliegen. Sie können nicht konkurrieren mit den vielleicht elegantesten Fliegern unter den Insekten, den Libellen. Sie treffen wir häufig an den Ufern von Tümpeln und Weihern. Diese Lebensräume sollen im Sommer unser erstes Expeditionsziel sein.

Du musst dich aber gerade diesem Ziel besonders langsam und vorsichtig nähern, damit du die empfindliche Lebensgemeinschaft nicht störst.

Um die Tiere und Pflanzen am Wasser besser beobachten zu können, empfehle ich dir folgende Ausrüstung:

◇ Küchensieb

◇ helle, flache Plastikschüssel

◇ Lupe oder Becherlupe

Mit dem Küchensieb kannst du vorsichtig Insekten von der Wasseroberfläche aufnehmen bzw. aus dem Schlamm fangen. Du schüttest den Inhalt des Siebes vorsichtig in die mit Wasser gefüllte Schüssel und wartest einige Zeit. Dann kannst du in Ruhe das geheimnisvolle Leben im Wasser beobachten. Anschließend solltest du bitte der Versuchung widerstehen, die gefundenen Tiere mit nach Hause zu nehmen. Sie müssen auf alle Fälle vorsichtig wieder in ihre gewohnte Umgebung zurückgesetzt werden.

Der Teich ist nicht nur ein Paradies für Naturforscher, sondern auch ein idealer Lebensraum für zahlreiche Arten. Je mehr Tier- und Pflanzenarten du am Teich findest, umso stabiler und gesünder ist dieser Lebensraum.

Vögeln bietet das flache Ufer eines Teichs ideale Bade- und Trinkmöglichkeiten. Zahlreiche Wasserinsekten, wie beispielsweise die Libellen und der Wasserläufer, leben im und am Teich.

Die langbeinigen Wasserläufer vollbringen ein wahres Wunder. Sie huschen über das Wasser, ohne einzusinken. Dies ist jedoch keine Zauberei, sondern beruht auf einer physikalischen Erscheinung, der hohen Oberflächenspannung des Wassers.

Experiment

Dieses Phänomen kannst du auch zu Hause nachahmen, indem du in einen mit Wasser gefüllten Becher auf die Wasseroberfläche vorsichtig ein kleines Stück Papier mit einer Büroklammer legst. Das Papier saugt sich mit Wasser voll und geht unter, die Büroklammer bleibt auf der Wasseroberfläche schwimmen. Hab Geduld, das Experiment braucht Zeit.

Für die viel gescholtenen Stechmücken ist der Gartenteich allerdings ein ungünstiger Lebensraum. Zu zahlreich sind in ihm ihre natürlichen Fressfeinde. Regenwassertonnen und andere Wasserbehälter sind für die Mückenlarven dagegen ideale Lebensräume. Wusstest du schon, dass nur

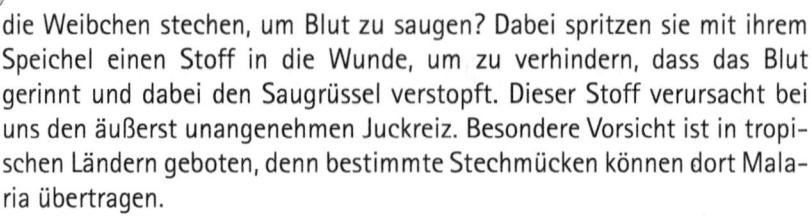

die Weibchen stechen, um Blut zu saugen? Dabei spritzen sie mit ihrem Speichel einen Stoff in die Wunde, um zu verhindern, dass das Blut gerinnt und dabei den Saugrüssel verstopft. Dieser Stoff verursacht bei uns den äußerst unangenehmen Juckreiz. Besondere Vorsicht ist in tropischen Ländern geboten, denn bestimmte Stechmücken können dort Malaria übertragen.

Die ganze Schönheit der Natur wird sich dir aber erst dann öffnen, wenn du versuchst, ganz ruhig zu werden. Du setzt dich an das Ufer eines Teichs und schließt die Augen. Du lauschst den Geräuschen, die dich umgeben. Du hörst auf das Summen der Bienen und das Zirpen der Heuschrecken. Wir haben diesen Weg, die Natur zu beobachten und auf uns wirken zu lassen, von den Indianern kennen gelernt. Sie waren Meister im Beobachten und im Leben mit der Natur.

Der Herbst – Zeit des Aufbruchs und der Ernte

Die Tage werden allzu schnell wieder kürzer und morgens ist es auch schon wieder recht kühl geworden. Das Sommergrün weicht den goldenen Farben des Herbstes.

Nicht nur wir Menschen bereiten uns auf den Winter vor. Bei vielen Tieren wirst du eine seltsame Unruhe spüren.

Große Säugetiere wie beispielsweise die Rehe, die Hirsche oder im Gebirge auch die Gämsen sind jetzt in Fortpflanzungsstimmung. Die Hirschbrunft beginnt. Doch warum paaren sich diese großen Tiere im Herbst? Da sie eine relativ lange »Tragzeit« haben, bringen sie ihre Jungen im Frühjahr zur Welt und die jungen Rehe und Hirsche können sich dann in Ruhe über den Sommer hinweg entwickeln. Unter *Tragzeit* versteht man die Zeit der Embryonalentwicklung im Mutterleib bei Säugetieren.

Mauser

Viele Vögel »mausern« sich jetzt. Sie verlieren nach und nach ihr leichtes Sommergefieder und ersetzen es durch die warmen Winterfedern. Gehst du mit offenen Augen durch die Landschaft, wirst du immer wieder verschiedene Federn finden.

◇ **Daunen:** kurze, buschige Federn. Sie erfüllen die Aufgabe, die Tiere vor Wärmeverlust zu schützen.

◇ **Deckfedern:** Sie sind zweigeteilt. Am Ansatz haben sie einen daunenartigen Flaum und zur Spitze hin die typische Federform. Sie bilden das Deckgefieder, das den Vogelkörper schützt.

◇ **Schwung- und Steuerfedern:** Sie besitzen einen sehr festen Kiel und sind die Federn der Flügel und des Schwanzes.

Vogelzug

Die Zugvögel sammeln Nahrung und legen ein gewaltiges Fettpolster an, um in die warmen, tropischen Länder zu fliegen und dort zu überwintern. Vor allem Insekten fressende Vögel ziehen in den Süden, denn sie finden bei uns im Winter keine Nahrung. Fett ist eine ideale Speicherform für Energie. Und diese benötigen die Zugvögel in gewaltigem Maß. Manche von ihnen ziehen zum Teil weit über den Äquator hinaus nach Südafrika.

◇ Gartenrotschwanz

◇ Mauersegler

◇ Rauchschwalbe

◇ Feldlerche

Dort finden sie auch im Dezember und Januar ihre gewohnte Insektennahrung. Sie sammeln sich in Hecken und auf Stromleitungsdrähten, um gemeinsam nach Süden zu fliegen. Warum tun sie das? Die Antwort ist ganz einfach. In großen Flugformationen sind sie vor angreifenden Raubvögeln besser geschützt.

Doch woher »wissen« die Zugvögel, dass die Zeit zum »Takeoff« gekommen ist? Sie besitzen eine innere Uhr. Dieses Zeitgefühl ist ihnen angeboren. Wenn die Tage kürzer und die Nächte kälter werden, wird ihre Motivation schließlich so stark, dass ein kleiner Anlass reicht, um aufzubrechen. Ohne Navigationssystem und Radar finden sie ihren Weg. Wie ist diese erstaunliche Leistung möglich? Vögel, wie beispielsweise die Stare, die tagsüber fliegen, orientieren sich am Stand der Sonne. Andere, wie beispielsweise die Grasmücken, die nachts fliegen, orientieren sich an den Sternen. Die Richtung ist ihnen angeboren.

Standvögel

Einige Vögel wie

◇ Amsel

◇ Rotkehlchen

◇ Haussperling

◇ Blaumeise

◇ Kohlmeise

◇ Buntspecht

bleiben das ganze Jahr über bei uns. Diese Vögel ernähren sich von Früchten und Beeren der Sträucher unserer Heimat. Deshalb ist es wichtig, die Früchte, wie beispielsweise die Hagebutten der Wildrosen und die Beeren der Vogelbeeren und des Holunders, an den Sträuchern zu lassen. Da dies oft nicht möglich ist, können die Vögel im Winter auch gefüttert werden.

Pflanzen im Herbst

Doch nicht nur die Tiere bereiten sich auf die Ruhe des Winters vor. Auch die Pflanzen ziehen sich immer mehr zurück. Es ist die Zeit des »Indian Summer«, des »Goldenen Herbstes«. Die Blätter der Laubbäume verfärben sich und nach dem morgendlichen Frühnebel nimmt ein Laubwald bei strahlend blauem Himmel eine geradezu mystische Farbe an. Wandere auf leisen Sohlen am frühen Vormittag durch diese Landschaft, setze dich an den Waldrand, schließe die Augen und nimm die Düfte und Geräusche in dich auf!

Aber warum diese Farbenpracht? Will die Natur uns einfach nur erfreuen?

Die Bäume und Sträucher werfen ihre Blätter im Herbst ab, um sich vor der Trockenheit des Winters zu schützen. Denn auch wenn es seltsam klingt, aber die Erde ist im Winter sehr trocken. Das Wasser gefriert im Boden. Somit haben die Bäume keine Möglichkeit mehr, mit ihren Wurzeln Wasser aufzunehmen. Ihre Blätter würden aber ständig Wasser abgeben. Deshalb »verlieren« sie also vorsichtshalber die Blätter. Würden sie nur einfach abgeworfen werden, gingen den Pflanzen wertvolle Stoffe verloren, die sie mühsam aus dem Boden aufgenommen haben. Sie bauen die Stoffe in den Blättern ab und versuchen zu retten, was zu retten ist. Die wertvollen Abbauprodukte werden über die Leitungsbahnen wieder zurück in den Stamm und die Wurzeln transportiert und dort gespeichert.

Der wichtige grüne Blattfarbstoff *Chlorophyll* wird abgebaut. Ist die grüne Farbe erst einmal verschwunden, färbt sich das Blatt gelb und orange.

Laub ist kein Abfall

Viele Gartenbesitzer beginnen nun, den Garten mit ihrem Wohnzimmer zu verwechseln. Mit »Laubsauger« und Besen versuchen sie, auch noch das letzte Blatt aus ihrem Garten zu entfernen.

Doch wovon sollen sich die vielen »Kleinlebewesen« unserer Gärten ernähren, wie sollen sie den Winter überstehen? Wir haben auf unserer Expedition vor unsere Haustüre bisher vor allem die auffälligeren Tiere beobachtet. Es gibt aber noch eine Vielfalt von Tieren und Pflanzen. Sie zu schützen und ihnen einen geeigneten Lebensraum zu sichern, ist die

Aufgabe jedes Natur liebenden Gartenbesitzers. Diese Organismen werden es ihm im nächsten Sommer durch ihre Tätigkeit als so genannte Destruenten danken. *Destruenten* sind die Lebewesen, die tote Substanzen wie beispielsweise Laub in einfache chemische Bestandteile zerlegen. Bitte also deine Eltern, im Garten einen Platz für einen Laubhaufen zu schaffen, in dem diese Kleinlebewesen überwintern können.

Das aufgeschüttete Laub ist nicht nur für das Überleben dieser kleinen Tiere wie

◇ Regenwürmer

◇ Kompostwürmer

◇ Tausendfüßer

◇ Ohrwürmer

◇ Mauerasseln

wichtig. Sie dienen im Winter und Frühjahr auch als wichtige Nahrungsquelle für die Vögel.

Auch dem Igel bietet Laub im Herbst eine Rückzugsmöglichkeit für den Winter. So ist der Laubhaufen im Herbst nicht Abfall, der entsorgt werden muss, sondern eine Arche Noah für viele Tiere im Winter.

Der Winter – Zeit der Stille

Es ist Ruhe eingekehrt in die Natur. Die Tiere haben sich zurückgezogen und die Pflanzen ihr prächtiges Kleid abgeworfen. Schnee und Raureif verzaubern unseren Garten in eine märchenhafte Landschaft. Für viele Menschen ist jetzt die Zeit der Besinnung und Ruhe gekommen. Und doch ist die Natur voll Leben – nicht nur im Futterhäuschen für die Vögel.

Vogelfütterung

Es gibt viele gute Gründe, die gegen die Vogelfütterung im Winter sprechen, und es gibt Gründe, warum wir es dennoch tun sollten.

Wenn wir im Winter im Garten die Vögel füttern, unterstützen wir nur die Arten, die sowieso schon sehr zahlreich in unseren Gärten zu finden sind (Amsel, Haussperling, Kohlmeise und Blaumeise) und dort auch im Winter genügend Futter finden würden. Besonders in Gärten, die im Herbst nicht »leer geräumt« wurden, finden die Vögel unter der Laubstreu genügend Nahrung.

Trotzdem gibt es auch gute Gründe, im Winter die Vögel zu füttern. Vor allem für dich als »Naturforscher« bieten Futterhäuschen eine gute Möglichkeit, die Vögel in Ruhe aus nächster Nähe zu beobachten. Du leistest zwar keinen Beitrag zum Artenschutz, verursachst aber auch keine Schäden, wenn du beim Füttern einige Regeln beachtest.

Regeln für das Füttern

◇ Füttere nur dann, wenn Schnee den Boden bedeckt oder Dauerfrost herrscht, aber sei zuverlässig. Die Vögel gewöhnen sich rasch an ihre tägliche Futterration und verlassen sich bei Schnee und Frost auf dich.

◇ Wildtiere sollen Wildtiere bleiben. Beende deshalb im Frühjahr mit dem letzten Schnee auch deine Fütterung. Das Winterfutter kann für den Vogelnachwuchs tödlich sein.

◇ Verfüttere auf keinen Fall Speisereste. Das Futter muss vor Nässe und Schmutz geschützt werden. Deshalb empfehle ich dir den Einsatz eines Futtersilos.

◇ Der Futterplatz sollte vor Regen und Schnee geschützt sein, Katzen sollten sich nicht unbemerkt anschleichen können. Dazu hängst du das Futterhäuschen am besten gut überschaubar an die Hauswand oder an einen Baumstamm.

Vogelfutter

Du kannst entweder im Gartencenter oder beim Zoohändler ein Fertigfuttergemisch und die bekannten Meisenknödel kaufen oder dir ein Futtergemisch selbst zusammenstellen:

◇ für Meisen, Finken, Haussperling, Gimpel und Kleiber ein Körnergemisch aus etwa 2/3 Sonnenblumenkernen und 1/3 klein gehackte Nüsse und Getreidekörner

◇ für Amseln, Drosseln und Rotkehlchen ein Weichfuttergemisch aus Haferflocken und Nüssen

◇ Fettfutter für Meisen, Kleiber und Spechte kannst du selbst leicht herstellen: Erhitze in einem Kochtopf etwa 300 Gramm klein gehackten Rindertalg und gib zur Schmelze etwa 100 Gramm Haferflocken und Weizenkleie. Nachdem du noch etwas Salatöl dazugegeben hast, kannst du die zähflüssige Masse in einen Blumentopf gießen. Nach dem Aushärten hängst du den Topf umgekehrt im Garten auf.

Futterhäuschen und Futtersilos kannst du dir im Baumarkt oder im Supermarkt besorgen.

Winterruhe-Winterschlaf

Die Vögel sind zwar die auffälligsten Tiere, denen du auf deiner Winterexpedition begegnen wirst, aber sie sind nicht die einzigen. Wenn du mit offenen Augen durch die weite Landschaft wanderst oder dich im Garten umsiehst, wirst du zumindest die Spuren anderer Tiere entdecken. Da Vögel und Säugetiere die einzigen sind, die über eine gleich bleibende Körpertemperatur verfügen (ungefähr 37° C), wird ihre Körpertemperatur nicht der Umgebungstemperatur angepasst. Im Gegensatz zu allen anderen Tieren, die wechselwarm sind, müssen sie sehr viel Mühe darauf verwenden, ihre Körpertemperatur konstant zu halten. Dazu haben sie unterschiedliche Strategien entwickelt:

◇ dichtes Haar und Gefieder mit sehr viel »eingelagerter« Luft zum Schutz vor Wärmeverlust. Luft ist ein sehr schlechter Wärmeleiter!

◇ Winterschlaf oder Winterruhe, um Energie zu sparen und den Stoffwechsel zu reduzieren

◇ »Einrollen«, um die Oberfläche zu vermindern

Typische Winterschläfer unserer Heimat sind:

◇ Fledermäuse

◇ Igel

◇ Siebenschläfer

Dagegen ist das Eichhörnchen kein typischer Winterschläfer. Wenn es sehr kalt ist, zieht es sich in sein gut mit Heu ausgepolstertes Schlafnest zurück. Wenn die Temperatur aber wieder ansteigt, begibt sich das Eichhörnchen zur Futtersuche wieder ins Freie. Im Gegensatz zu den echten Winterschläfern bleibt beim Eichhörnchen auch die Körpertemperatur konstant. Bei Fledermäusen kann beispielsweise die Körpertemperatur bis auf knapp über 0° C absinken. Bei dieser Temperatur sind wesentliche Organfunktionen wie Atmung und Kreislauf sehr stark eingeschränkt. Zum Teil schlägt das Herz nur noch zehn Mal in der Minute, während es bei aktiven Fledermäusen bis zu 600 Mal schlagen kann.

Als wechselwarme Tiere sind Amphibien, Reptilien und auch Insekten im Winter völlig von der Bildfläche verschwunden. Wo sind sie geblieben? Sie haben sich in ihre »Winterquartiere« zurückgezogen. Häufig findest du sie in den Laubhaufen, die im Herbst in einer Gartenecke liegen gelassen wurden. Du solltest aber die Laubhaufen auf der Suche nach ihnen nicht durchwühlen, sondern sie in Ruhe lassen. Nur ungestört können sie dort den harten Winter überleben. Auch für viele Insekten bietet ein nicht leer gefegter Garten ideale Überwinterungsmöglichkeiten. Andere Insekten, wie beispielsweise die Wintermücke, sind an sonnigen, klaren Wintertagen recht aktiv. Auch im Haus findest du in versteckten Winkeln immer wieder einmal Insekten. Schmetterlinge verbringen den Winter häufig im Speicher.

Im Schnee kannst du immer wieder einmal die Spuren von Hasen, Füchsen und Rehen entdecken. Eines der Bestimmungsbücher wird dir beim »Entziffern« der Fährtensprache helfen.

Der Winter ist aber auch die Zeit, in der du deine Expeditionsschätze sichtest. Vielleicht legst du dir ein Naturtagebuch an. Darin kannst du deine Naturfotos einkleben, Skizzen anfertigen und deine beobachteten Pflanzen und Tiere festhalten. Hast du mitgezählt, wie viele Pflanzen und Tiere du im letzten Jahr beobachtet und kennen gelernt hast? Es waren bestimmt mehr als die versprochenen 50! Und das vor unserer Haustür!

Zusammenfassung

In diesem Kapitel hast du gelernt:

◇ Was du für eine Expedition vor deiner Haustüre brauchst

◇ Welche Beobachtungen du während eines Jahres in deiner unmittelbaren Umgebung machen kannst

◇ Was du zum Vogelschutz beitragen kannst

Fragen

1. Überlege, warum Schwalben in den Süden ziehen, während die Meisen bei uns überwintern!

2. Worin besteht der Unterschied zwischen Winterruhe und Winterschlaf?

3. Warum verfärben sich die Blätter im Herbst?

4. Welche heimischen Tiere sind gleichwarm?

Eine Aufgabe

◇ Lege jetzt das Buch zur Seite, kleide dich der Jahreszeit entsprechend und suche vor deiner Haustür fünf Pflanzen, die du mit deinem Bestimmungsbuch bestimmst!

3

Was haben Pflanzen und Tiere mit einer Apotheke zu tun?

Du hast im letzten Kapitel viele Pflanzen und Tiere kennen gelernt. Von manchen wirst du noch nie in deinem Leben etwas gehört haben, von anderen vielleicht schon eine ganze Menge.

In diesem Kapitel lernst du

◎ wie die Biologen Ordnung in die Vielfalt der Organismen brachten

◎ die wichtigsten Merkmale der Säugetiere kennen

◎ wie sich die Pflanzen »fortpflanzen«

Heute sind weit über 1,5 Millionen verschiedene Tiere und eine vergleichbare Zahl Pflanzen beschrieben. Zwar sterben immer wieder Tiere und Pflanzen aus, aber täglich werden von Naturforschern wieder neue Arten entdeckt. Schon Aristoteles beschrieb 350 Jahre vor Christus etwa 500 verschiedene Tierarten. Bis ins 18. Jahrhundert kamen immer mehr hinzu. Die Biologen hatten nun ein Problem, das mit dem eines Apothekers vergleichbar ist: Wie bringe ich Ordnung in die Vielfalt? Stelle ich alle Salben in einen Schrank, alle Tabletten in einen anderen und alle Tropfen in wieder einen anderen? Oder ordne ich die Medikamente nach ihren Farben? Ich glaube, du verstehst, dass diese Ordnungskriterien wenig sinnvoll sind.

Aber wie sollte eine Ordnung aussehen?

Hast du eine Vorstellung?

Ich denke schon. Man könnte doch die Medikamente nach ihrer Bedeutung ordnen: Also beispielsweise die Herzmedikamente zusammenfassen oder die Grippemittel, die Kopfwehtabletten und die gegen Erkältungen und so weiter. Innerhalb einer Gruppe könnte man sie dann noch alphabetisch ordnen.

In den nächsten Abschnitten wirst du erfahren, nach welchen Kriterien die Biologen Ordnung in die Vielfalt der Pflanzen und Tiere gebracht haben.

Namen für Pflanzen und Tiere

Um 1750 hat der schwedische Naturforscher Carl von Linné über 4.000 Tierarten beschrieben und ihnen Namen zugeordnet. Auf diese Systematik geht auch die heute noch gültige Bezeichnung der Tiere und Pflanzen zurück. Eine Art wird mit zwei lateinischen Wörtern bezeichnet: der *Gattungsname* und der *Artname*

◇ Gattungsname: Homo

◇ Artname: sapiens

Die Menschen gehören also zur Gattung »Homo«, von der es allerdings nur noch einen Vertreter gibt, nämlich die Art »sapiens«. Eine Art wird dadurch definiert, dass ihre Mitglieder potenziell miteinander fortpflanzungsfähig sind. Ihre Nachkommen müssen dann auch wieder fortpflanzungsfähig sein. So sind Pferd und Esel zwei verschiedene Arten. Sie sind zwar miteinander fortpflanzungsfähig, denn eine Pferdestute kann beispielsweise von einem Eselhengst ein Fohlen bekommen. Ihre Nachkommen, die Maultiere, sind aber unfruchtbar.

Heute ist Englisch die Sprache der Naturwissenschaftler, aber die Namen für die Gattungen und die Arten werden immer noch traditionell in der alten Wissenschaftssprache Latein geschrieben.

Wie bekomme ich Ordnung in das System der Tiere?

In diesem Kapitel erfährst du, wie die Zoologen Ordnung in ihre Abteilung brachten. In mühseliger Kleinarbeit haben sie alle bisher bekannten Tiere und dann jeweils die neu entdeckten untersucht. Sie haben die Tiere

seziert, das heißt aufgeschnitten und ihre Anatomie untersucht. Dann verglichen sie die Tiere miteinander und brachten Ähnliche in eine »Abteilung«.

Diese wurden zu einer Gattung zusammengefasst, ähnliche Gattungen zu Familien, usw.

Abb. 3.1:
Rind mit Kalb

Ich möchte dir diese Systematik am Beispiel des Rindes kurz vorstellen:

◇ *Reich: Tiere*

＊ Weitere Reiche: Pflanzen, Pilze, Bakterien

◇ *Stamm: Wirbeltiere*

＊ Weitere Stämme beispielsweise Gliederfüßer (Insekten, Spinnen, Krebse), Weichtiere (Schnecken, Muscheln, Tintenfische)

◇ *Klasse: Säugetiere*

＊ Weitere Klassen: Vögel, Reptilien (= Kriechtiere), Amphibien, Fische

◇ *Ordnung: Paarhufer*

＊ Weitere Ordnungen beispielsweise Nagetiere, Rüsseltiere, Raubtiere, Wale

◇ *Familie: Rinder*

＊ Weitere Familien: beispielsweise Giraffen, Hirsche

◇ *Gattung: Echte Rinder (Bovinae)*

＊ Weitere Gattungen: Gazellen, Antilopen, Böcke

◇ *Art : Europäisches Hausrind (Bos primigenius)*

Doch welche Gemeinsamkeit haben beispielsweise so unterschiedliche Wirbeltiere wie eine Bachforelle und der Blauwal, der ja ein Säugetier ist?

◇ **Merkmale aller Wirbeltiere:**

* ✳ Wirbelsäule
* ✳ Gehirn und Rückenmark

◇ **Merkmale der Fische:**

* ✳ Wechselwarm
* ✳ Kiemenatmung
* ✳ Einfacher Blutkreislauf
* ✳ Fortbewegung mit Flossen
* ✳ Legen Eier

◇ **Merkmale der Amphibien**

* ✳ Wechselwarm
* ✳ Lungenatmung
* ✳ Entwicklung über Larven (Kaulquappen)
* ✳ Kein Verdunstungsschutz der Haut (keine Hornhaut)
* ✳ Legen Eier

◇ **Merkmale der Reptilien**

* ✳ Wechselwarm
* ✳ Lungenatmung
* ✳ Haut mit Hornschuppen
* ✳ Legen Eier

◇ **Merkmale der Vögel**

* ✳ Gleichwarm
* ✳ Hornschnabel ohne Zähne
* ✳ Federn
* ✳ Legen Eier

◇ **Merkmale der Säugetiere**

* ✳ Gleichwarm
* ✳ Fellkleid aus Haaren
* ✳ Bringen lebende Junge zur Welt, die gesäugt werden

Die Bachforelle hat mit dem Blauwal also die Wirbelsäule und ein Rückenmark gemeinsam, atmet aber mit Kiemen, während der Blauwal als Säugetier durch Lungen atmet, obwohl auch er im Wasser lebt!

Pflanzen – wunderschön oder langweilig?

Pflanzen sind im Unterricht oft nicht sehr beliebt. Sie gelten als »langweilig«. Warum schenkt man sich aber zu besonderen Anlässen Blumen? Sind Pflanzen doch etwas Besonderes?

Du wirst in Kapitel 5 erfahren, dass ein Leben ohne Pflanzen auf der Erde nicht möglich wäre. Wir haben ihnen also nicht nur viel Freude, sondern auch unser Leben zu verdanken.

In diesem Abschnitt wirst du einiges über die verwandtschaftlichen Beziehungen und die Fortpflanzung der Pflanzen lernen.

Noch vor wenigen Jahren gab es neben den Bakterien nur noch Pflanzen und Tiere. Heute werden die Pilze aus dem Reich der Pflanzen ausgegliedert und bilden ein eigenes Reich. Für Biologen sind also Pilze keine Pflanzen, sondern eine völlig eigenständige Gruppe von Organismen.

Wie werden aber die Pflanzen eingeteilt?

Pflanzen werden in verschiedene Abteilungen unterteilt:

◇ Grünalgen

◇ Rotalgen

◇ Moose

◇ Farngewächse

    ✳ Bärlappgewächse

    ✳ Schachtelhalme

    ✳ Farne

◇ Nacktsamer

    ✳ Nadelhölzer

◇ Bedecktsamer

    ✳ Zweikeimblättrige Pflanzen

    ✳ Einkeimblättrige Pflanzen

Besonders die Algen sind oft mikroskopisch klein. Die Moose und Farne hingegen sind teilweise auffälliger und stellten vor rund 300 Millionen Jahren die dominierende Pflanzenwelt dar. Farne waren damals so groß wie unsere Urwaldriesen heute. Als die Farnwälder abstarben, sind aus ihnen die Steinkohlelagerstätten entstanden. Wir verdanken also den Pflanzen sogar die Kohle.

Heute sind Moose und Farne wesentlich kleiner und von den Blütenpflanzen verdrängt worden. Diese haben gegenüber den Farnen und Moosen den Vorteil, dass bei ihnen die Fortpflanzung »einfacher« geworden ist. Farne und Moose haben im Gegensatz zu den Nacktsamigen und Bedecktsamigen Pflanzen keine Blüten, sondern vermehren sich durch mikroskopisch kleine Sporen. Zudem sind sie auf flüssiges Wasser angewiesen, damit die Samenzellen zu den Eizellen »schwimmen« können.

Doch woher kommen die seltsam klingenden Namen der Nacktsamigen und Bedecktsamigen Pflanzen?

Bei den *Nacktsamigen Pflanzen*, zu denen alle Nadelbäume gehören, sind die Samenanlagen, in denen sich die weiblichen Eizellen befinden, nicht von einem Fruchtknoten eingeschlossen.

Bei den *Bedecktsamigen Pflanzen* befinden sich die Eizellen stets in einem Fruchtknoten, der Bestandteil des so genannten Stempels ist.

Die Lilienblüte zeigt die typischen Blütenteile Bedecktsamiger Pflanzen:

◇ Blütenblätter

◇ Staubblätter

◇ Stempel

Die *Blütenblätter* haben vor allem die Aufgabe, durch ihre auffällige Färbung Insekten anzulocken. Die Insekten sollen den Blütenstaub von einer Blüte zur nächsten Blüte der gleichen Art übertragen. Diesen Vorgang bezeichnet man als *Bestäubung*. Sie ist die Voraussetzung für eine anschließende *Befruchtung*. Die Zahl und Farbe der Blütenblätter sind für die Bestimmung der Pflanzen (»Who is who?«) sehr wichtig. Bei Blütenpflanzen, die nicht durch Insekten bestäubt werden, sondern durch den Wind, wie beispielsweise die Hasel, sind die Blütenblätter unscheinbar oder können auch ganz fehlen.

Die *Staubblätter* enthalten in ihren Staubbeuteln den Blütenstaub, der auch als Pollen bezeichnet wird. Im *Pollenkorn* befindet sich die männliche Keimzelle der Blütenpflanzen, die *Samenzelle*.

Der *Stempel* besteht aus der Narbe, dem langstieligen Griffel und dem Fruchtknoten. In ihm befindet sich die weibliche Keimzelle, die *Eizelle*.

Gelangt durch Bestäubung ein Pollenkorn auf die meist klebrige Narbe eines Fruchtknotens, wächst aus ihm ein dünner Schlauch durch den Griffel. Durch ihn gleitet die Samenzelle in den Fruchtknoten und verschmilzt dort mit der Eizelle. Diesen Vorgang bezeichnet man als Befruchtung.

Abb. 3.2:
Lilienblüte

Aus der befruchteten Eizelle entwickelt sich ein Keimling, aus den Samenanlagen ein Samen und aus dem Fruchtknoten eine Frucht.

Hat der Keimling nur ein Keimblatt, so spricht man von *einkeimblättrigen Pflanzen*. Man erkennt sie später daran, dass sie parallele Blattadern haben, wie beispielsweise Gräser, Tulpen und Lilien.

Bei zwei Keimblättern handelt es sich um *zweikeimblättrige Pflanzen*. Sie erkennt man an den verzweigten Blattadern. Zu ihnen gehören alle Laubbäume und viele Blumen.

Zusammenfassung

In diesem Kapitel hast du Folgendes gelernt:

◇ Wie die Biologen Ordnung in das System der Lebewesen bringen

◇ Welches die wichtigsten Merkmale der Wirbeltiere sind

◇ Wie sich Pflanzen fortpflanzen

Fragen

1. Warum sind Pferd und Esel zwei verschiedene Tierarten?

2. Warum ist die Blindschleiche im Gegensatz zum Regenwurm ein Wirbeltier?

3. Sind Fische Wirbeltiere?

4. Wie pflanzen sich die Pflanzen fort?

4

»Öko« – Wissenschaft oder Weltanschauung?

Der Begriff »Ökologie« wurde vor mehr als 100 Jahren von dem deutschen Biologen Ernst Haeckel geprägt. Er ist aus den griechischen Wörtern oikos für »Haus« und logos für »Lehre« zusammengesetzt. Ökologie ist also die Lehre vom Haushalt in der Natur. Hinter diesem Begriff verbirgt sich ein äußerst komplexes Gebiet der Biologie. Ökologie ist keine Heilsbotschaft, sondern eine ernst zu nehmende Teildisziplin der modernen Biologie. Selten wird ein Teil der modernen Biologie so missverstanden wie die Ökologie. Plötzlich ist alles »Öko«, von den Semmeln bis zum Waschmittel. Mit Vorsilben lässt sich offensichtlich manchmal viel Geld verdienen.

In diesem Kapitel lernst du

◎ die Bedürfnisse einzelner Organismen kennen

◎ die Entwicklung von Populationen zu verstehen

◎ die Zusammenhänge in der Natur zu verstehen

◎ wie unsere Mitwelt geschützt werden kann

4

Ein Ökosystem im Glas

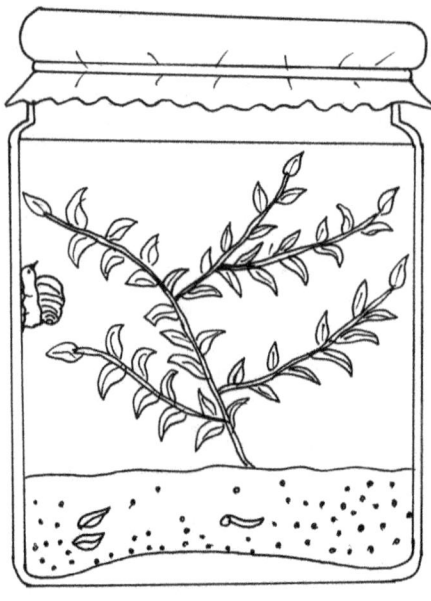

Abb. 4.1: Ökosystem im Glas

Besorge dir ein Marmeladenglas. In das Glas gibst du etwas Sand und füllst es dann mit Wasser auf. Aus einem Teich oder aus dem Gartencenter holst du dir ein paar Wasserpflanzen und einige Wasserschnecken. Vorsichtig siedelst du sie in das Marmeladenglas um und verschließt es.

Keine Sorge! Es handelt sich hier nicht um einen Tierversuch, der den Tieren schadet. Dieses Ökosystem im Glas ist monatelang sehr stabil, die Tiere und Pflanzen werden keinen Schaden nehmen. Wichtig ist noch, dass du das Glas ans Licht auf ein Fensterbrett stellst. Den Deckel kannst du monatelang verschlossen halten, die Tiere und Pflanzen werden sich sehr wohl fühlen.

Wir werden dieses Mini-Ökosystem im Glas immer wieder für unsere »Forschungsarbeit« heranziehen.

Was sind nun die Fragestellungen der Ökologie? Die Ökologie beschäftigt sich mit:

◇ den Verhaltensweisen und körperlichen Reaktionen, die es einzelnen Organismen ermöglicht, den Herausforderungen ihrer belebten (biotischen) und unbelebten (abiotischen) Umwelt zu begegnen (*Autökologie*).

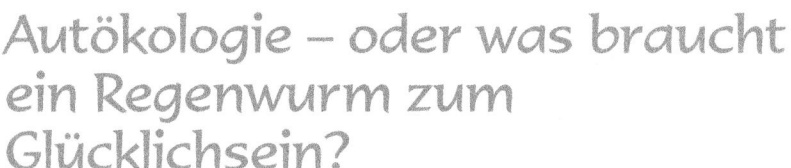

◇ der Entwicklung von Populationen. Unter *Populationen* versteht man eine Gruppe von Individuen der gleichen Art, die ein bestimmtes geografisches Gebiet besiedeln (*Populationsökologie*).

◇ Ökosystemen, das heißt mit der Entwicklung von Lebensgemeinschaften (*Biozönosen*) und ihren Abhängigkeiten von abiotischen Faktoren. Die entscheidenden Fragen der Ökosystemforschung sind solche, die sich mit Stoffkreisläufen und Energieflüssen beschäftigen (*Synökologie*).

Autökologie – oder was braucht ein Regenwurm zum Glücklichsein?

Biotop + Biozönose = Ökosystem

Wie bereits erwähnt, untersucht die Autökologie die Bedürfnisse einzelner Lebewesen. Der Regenwurm hat beispielsweise folgende Bedürfnisse:[1]

◇ **Abiotische Faktoren**

　＊ empfindlich gegen UV-Licht

　＊ Bodenfeuchtigkeit minimal 30–35 Vol%

　＊ Bodentemperatur 0–32° C

　＊ Boden-CO_2-Gehalt: enger Toleranzbereich

　＊ Boden-pH-Wert: breiter Toleranzbereich

　＊ Bodensalzgehalt: enger Toleranzbereich

◇ **Biotische Faktoren**

　＊ Luftfeinde: Amsel, Star, Krähe, Kiebitz

　＊ Bodenfeinde: Kröten, Maulwürfe, Laufkäfer

　＊ Parasiten: Sporentierchen, Schnepfenfliege

◇ **Nahrung**: verwesende Blätter und Wurzeln, Bakterien, Fadenwürmer, Pilze

Erstaunlich, wie gut untersucht ein so unscheinbares Tier doch ist und wie genau wir seine Bedürfnisse kennen.

---

1. Nach Daumer, Schuster: *Stoffwechsel, Ökologie und Umweltschutz*, Bayerischer Schulbuchverlag, München

Warum bemühen sich die Biologen so sehr, die Tiere und Pflanzen genauer kennen zu lernen?

Je genauer wir die Ansprüche der Organismen kennen, umso besser können wir sie auch schützen oder vielleicht uns auch vor ihnen schützen, wie beispielsweise vor Wespen, Mäusen, Ratten, Flöhen, Läusen und Gartenunkräutern.

Doch wir wollen noch etwas beim Regenwurm verweilen. Den Raum, in dem Regenwürmer leben und der durch die abiotischen Faktoren näher beschrieben wird, bezeichnen wir als *Biotop*.

Die Lebewesen, die mit dem Regenwurm in diesem Biotop leben, wie beispielsweise Maulwurf, Amsel, Star, Pflanzen, Bakterien und Pilze bilden zusammen mit ihm eine Lebensgemeinschaft, eine *Biozönose*.

Ein Ökosystem besteht also aus einer Biozönose in einem Biotop.

Ökologische Nische

In diesem Ökosystem nimmt nun der Regenwurm einen bestimmten »Platz« ein, der durch seine biotischen und abiotischen »Ansprüche« an seine Umwelt charakterisiert wird. Diesen Platz bezeichnet man als »ökologische Nische«. Sie ist gewissermaßen die Adresse des Regenwurms im Ökosystem. Genau wie du es nicht schätzt, wenn ein Fremder in deine Wohnung kommt, um dich zu stören, liebt es auch der Regenwurm nicht, wenn andere Organismen ihm seine Nische streitig machen. Ökologen sprechen vom »Konkurrenzausschlussprinzip«.

Versuche doch einmal, für deine Wasserschnecken ihre ökologische Nische zu beschreiben!

Je mehr ökologische Nischen ein Lebensraum bietet, desto artenreicher kann er sein.

So bietet etwa ein einzelner Nadelbaum unterschiedliche ökologische Nischen:

◇ Der Fliegenschnäpper, ein Zugvogel, fängt in der Gipfelregion Insekten.

◇ Der Fichtenkreuzschnabel, der den Winter bei uns verbringt, frisst die Samen aus den Zapfen.

◇ Der Specht, der ebenfalls im Winter bei uns bleibt, holt aus dem Stamm Insektenlarven.

◇ Der Kleiber, ein Standvogel, pickt die Insektenlarven von der Rinde.

◇ Das Sommergoldhähnchen, ein Zugvogel, fängt Insekten aus dem Bereich der Zweige.

Auf diese Weise gehen sich die Vögel »aus dem Weg«, obwohl sie auf engstem Raum zusammenleben.

Warum ist der Eisbär so groß?

Ist dir auch schon einmal aufgefallen, dass in den kältesten Regionen auf der Erde die größten Tiere einer Familie leben?

So lebt beispielsweise in der Arktis der größte lebende Bär, der Eisbär, während in der Antarktis am Südpol die größten Pinguine leben. Natürlich ist der in den Tropen beheimatete Elefant noch größer. Aber er ist

1. mit den Bären nur entfernt verwandt und

2. es gab während der Eiszeit in Sibirien und in Mitteleuropa Elefanten, die noch wesentlich größer waren als die heute lebenden.

Doch warum werden verwandte Tierarten immer größer, je kälter es wird?

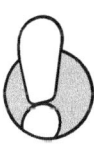

Ob wir wollen oder nicht – wir müssen uns an dieser Stelle mit Mathematik beschäftigen. Aber keine Angst, du musst dir die folgenden Formeln nicht unbedingt merken!

Wenn wir eine Kugel betrachten, so beträgt ihr Volumen $V = 4/3*pi*r^3$, während ihre Oberfläche $A_o = 4*pi*r^2$ beträgt. Mit zunehmendem Radius wächst also das Volumen stärker als die Oberfläche. Daraus lässt sich für die Tiere folgern, dass große Tiere zwar ein großes Körpervolumen haben, aber im Vergleich dazu eine *relativ* kleinere Oberfläche. Große Tiere verlieren also im Vergleich zu ihrem Körpervolumen weniger Wärmeenergie und das ist ein Vorteil in kalten Regionen.

Deshalb leben die kleinsten Bärenarten, die Braunbären, in den wärmeren Regionen, wie beispielsweise in den Abruzzen in Italien, während die Eisbären in der Arktis, im Dauerfrost leben.

Und noch etwas fällt auf:

Je kälter es wird, umso kleiner werden die Ohrmuscheln! So hat der Polarfuchs relativ kleine Ohren, während der Wüstenfuchs sehr große Ohren hat.

4

Warum?

Ohrmuscheln dienen unter anderen auch der Temperaturregulation, das heißt, über die gut durchbluteten Ohrmuscheln kann Wärme abgegeben werden. Sicher hast du nach einer körperlichen Anstrengung schon einmal rote Ohren gehabt.

Es ist aber wenig sinnvoll, in kalten Regionen die mühsam erworbene Körperwärme über die Ohren wieder zu verlieren. Deshalb hat der Polarfuchs kleine Ohren.

Der Wüstenfuchs hat das umgekehrte Problem. Damit er beim Laufen nicht »heißläuft«, muss er Wärme abgeben. Dies geschieht über große, gut durchblutete Ohrmuscheln.

Wenn du also Pflanzen und Tiere genau beobachtest, kannst du einiges über ihre Lebensweise erfahren.

Wo glaubst du, dass Pflanzen mit dicken, fleischigen Blättern und einer »wächsernen« Oberfläche wachsen?

Richtig! Sie haben offensichtlich Mühe, Wasser zu speichern, bzw. sie sind froh, endlich einmal genügend vom kühlen Nass bekommen zu haben. Sie setzen also alles daran, das für sie kostbare Wasser in dicken und fleischigen Blättern zu speichern und es nicht mehr zu verlieren. Dabei hilft ihnen die Wachsschicht an der Oberfläche.

Diese Pflanzen wachsen deshalb in Gebieten, in denen es meist relativ trocken ist und seltener regnet.

Überlege einmal, wie die Blätter von Sumpfpflanzen und Wasserpflanzen gebaut sind?

Pflanzen sind häufig auch an unterschiedliche Lichtverhältnisse angepasst:

Selbst beim gleichen Baum können wir die Blätter, die außen an der Baumkrone wachsen und sehr viel Licht empfangen, von den »Schattenblättern« unterscheiden, die im Inneren der Krone wachsen.

Oder erinnerst du dich noch an unseren Frühlingsspaziergang?

Richtig! Kräuter bei Laubbäumen wachsen und blühen im zeitigen Frühjahr, noch ehe die Blätter der Bäume austreiben. So bekommen sie genügend Licht.

Harmonie zwischen Pflanzen und Tieren?

Lange Zeit galt die Natur als das Ideal einer friedvollen, harmonischen Lebensgemeinschaft.

Erst wenn der letzte Baum gerodet, der letzte Fluss vergiftet und der letzte Fisch gefangen ist, werdet ihr feststellen, dass man Geld nicht essen kann.

Diese »Weissagung« der Cree-Indianer war für eine ganze Generation von Naturschützern die Hymne schlechthin. Doch herrscht in den Lebensgemeinschaften von Pflanzen, Tieren, Pilzen und Bakterien wirklich nur »eitel Sonnenschein«?

In diesem Abschnitt wirst du versuchen, die biotischen Faktoren eines Ökosystems genauer zu verstehen. Du musst deshalb lernen, Tiere und Pflanzen genau zu beobachten.

Anleitungen zur Beobachtung von Tieren

◇ Name des Tieres (Gattungsname, Artname)

◇ Wo lebt das Tier? (Beschreibung des Lebensraums)

◇ Wie verhält sich das Tier im Winter?

◇ Beschreibe die körperliche Anpassungsform für das Leben

  ✳ auf und im Boden

  ✳ in der Luft

  ✳ im Wasser

◇ Wie nimmt das Tier Nahrung auf?

◇ Wie verteidigt sich das Tier?

◇ Welche Bedeutung hat die Färbung des Tieres?

◇ Tier und Pflanze

  ✳ Was gibt die Pflanze dem Tier?

  ✳ Wie hilft das Tier der Pflanze?

◇ Lebt das Tier gesellig oder ist es ein Einzelgänger?

◇ Aufzucht der Jungen?

◇ Halte deine Beobachtungen in deinem »Naturtagebuch« und mit dem Fotoapparat fest!

4

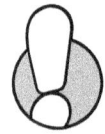

Anleitung zur Beobachtung von Pflanzen

◇ Name der Pflanze (Gattungsname, Artname)

◇ Wo wächst sie?

* Sonne – Schatten

* trockener Boden – Sumpf – Wasser – Gebirge?

◇ Wann kommen die ersten Blüten, wann treiben die Blätter aus?

◇ Beschreibung des Blütenbaus!

◇ Handelt es sich um eine einjährige oder um eine mehrjährige Pflanze?

◇ Wie überwintert die Pflanze?

◇ Wie wird die Pflanze bestäubt?

◇ Wird sie von Tieren gefressen?

◇ Welche Schutzvorrichtungen vor Tierfraß hat die Pflanze?

Ob Tiere und Pflanzen in einem bestimmten Lebensraum vorkommen, hängt sowohl von den abiotischen als auch den biotischen Faktoren ab.

Tiere sind von anderen Lebewesen abhängig, da sie sich von ihnen Ernähren. Pflanzen sind dagegen als autotrophe Lebewesen vor allem von den abiotischen Faktoren abhängig.

Ob bestimmte Tiere in einem Ökosystem vorkommen können, hängt vor allem auch von den anderen »Mitbewohnern« ab. Vögel, die sich von Insekten ernähren, müssen im Winter in den Süden ziehen, da die Insekten bei uns als wechselwarme Tiere den Winter in Winterstarre überleben. Dagegen können Samen und Beeren fressende Vögel bei uns den Winter verbringen, da sie meist genügend Nahrung finden.

Unter den Tieren gibt es sowohl »Generalisten« wie beispielsweise Braunbären, Schweine und Ratten, die nahezu alles fressen, was ihnen auf ihren Beutestreifzügen am Weg begegnet, als auch außerordentliche Nahrungsspezialisten wie die Wachsmotte, deren Raupen sich ausschließlich von Bienenwachs ernähren. Auch viele Raupen unserer Tagfalter ernähren sich nur von einer einzigen Futterpflanze. »Dumm gelaufen«, wenn wir Menschen diese Futterpflanze als Unkraut bezeichnen und ausrotten. Diese Raupen finden dann keine Nahrung mehr. Sie können sich nicht umstellen und sterben aus.

Du glaubst das nicht?

Einer der Gründe, warum wir immer weniger Schmetterlinge in unseren Gärten finden, ist der, dass die Raupen vieler Schmetterlingsarten sich nur von Brennnesseln ernähren. Viele Gartenbesitzer reißen sie aus. Die Raupen finden keine Nahrung mehr.

Symbiose und Parasitismus

Weitere Formen enger Lebensgemeinschaften sind Symbiose und Parasitismus.

Darunter versteht man das Zusammenleben zweier Arten, wobei bei

◇ *Symbiose* die beiden Arten gegenseitig Nutzen aus dem Zusammenleben ziehen, während bei

◇ *Parasitismus* nur eine Art den Nutzen hat, nämlich der Parasit, während die andere Art den Schaden davon trägt, der Wirt.

Ein Beispiel einer bekannten Symbiose ist das Zusammenleben von Pilzen und Waldbäumen. Der Pilz trägt zur Wasserversorgung der Bäume bei, während die Bäume die Pilze mit Nährstoffen versorgen. Diese besondere Form der Symbiose wird auch als *Mykorrhiza* bezeichnet.

Die bekannten Misteln sind ein Beispiel für Parasitismus. Sie wachsen auf Bäumen und entziehen diesen, das heißt ihren Wirten, Wasser und Mineralstoffe, ohne eine »Gegenleistung« zu erbringen.

In der Natur herrscht also nicht unbedingt ein »friedvolles Miteinander«, sondern Tiere und Pflanzen sind aufeinander angewiesen, wobei vor allem die Tiere als heterotrophe Organismen von anderen Lebewesen leben müssen.

Tiere »töten« in jedem Fall ein Lebewesen bei ihrer Nahrungsaufnahme, einerlei ob sie Fleischfresser oder Pflanzenfresser sind. Die Natur kann uns somit nur bedingt als Vorbild für ein friedvolles Miteinander dienen.

4

Vermehren sich Kaninchen »wie die Karnickel«?

Damit du verstehst, wie sich Populationen im Laufe der Zeit verändern, möchte ich dir eine bekannte Legende aus dem Orient erzählen.

> Sissa ibn Dahir, der vor etwa 1700 Jahren lebte, gilt als der Erfinder des Schachspiels. Er stellte das Spiel seinem Herrscher, dem indischen Fürsten Shihram vor. Dieser war so begeistert, dass er ihm einen Wunsch freistellte.
>
> Sissa ibn Dahir wünschte sich Weizenkörner. Er wollte auf das erste Feld des Schachbrettes ein Korn, auf das zweite Feld zwei Körner, auf das dritte Feld vier Körner, auf das vierte Feld acht Körner, auf das fünfte Feld sechzehn Körner usw. bis zum vierundsechzigsten. Feld. Er wünschte sich also immer die doppelte Anzahl des vorhergehenden Feldes.
>
> Shihram befahl einen Sack Weizen herbeischaffen zu lassen. Er konnte Sissa ibn Dahir aber den Wunsch dennoch nicht erfüllen. Die Weisen seines Landes errechneten, dass er 18 Trillionen Getreidekörner bräuchte – und so viel konnte er im ganzen Land nicht aufbringen.

Du glaubst es nicht? Dann rechne doch selbst nach!

Was hat dies nun mit dem Wachstum von Populationen zu tun?

In diesem Abschnitt wirst du erfahren, dass ein Wachstum immer begrenzt sein muss. Auch die Kaninchen können sich nicht »wie die Karnickel« vermehren.

Die biotischen und abiotischen Faktoren eines Ökosystems beeinflussen die Größe einer Population. Auch in Ökosystemen, die vom Menschen unbeeinflusst sind, schwankt die Größe einer Population. Über einen längeren Zeitraum hinweg ist jedoch die Größe einer Population nahezu konstant. Im Idealfall stellt sich zwischen den Populationen einer Lebensgemeinschaft (Biozönose) ein stabiles »biologisches Gleichgewicht« ein. Ökosysteme, die vom Menschen unbeeinflusst sind, gibt es immer seltener. Nur noch in den kümmerlichen Resten des tropischen Regenwaldes oder in den Kerngebieten großer Nationalparks lassen sich Biozönosen in einem Gleichgewicht beobachten.

Weltweit greift der Mensch immer häufiger in Biozönosen ein, indem er

◇ »Schädlinge« bekämpft

◇ für ihn wertvolle Pflanzen und Tiere entnimmt

◇ auch noch die letzten Winkel für den Tourismus nutzt

◇ Rohstoffe, wie beispielsweise Holz, hemmungslos ausbeutet

◇ immer mehr Straßen in die entlegenen Orte baut

Durch diese Ausbeutung der Natur zerstören Menschen immer mehr die Biotope der in ihnen lebenden Gemeinschaften.

Doch wie wird in einem vom Menschen nicht beeinflussten Lebensraum die Größe einer Population reguliert, so dass sie nicht »explodiert«, aber auch nicht ausstirbt?

Für diese Überlegungen eignen sich besonders gut Laboruntersuchungen an Bakterien. Unter optimalen Bedingungen, nämlich bei 37° C und ausreichendem Nährstoffangebot, kann sich ein Bakterium alle 20 Minuten teilen. Nach 20 Minuten also 2 Bakterien, nach 40 Minuten 4, nach 60 Minuten 8, nach 80 Minuten 16 ... Erinnert dich das nicht an die Legende von der Erfindung des Schachspiels?

In der Tat würden sich Bakterien unter diesen »optimalen«Bedingungen geradezu gigantisch vermehren.

Exponentielles Wachstum

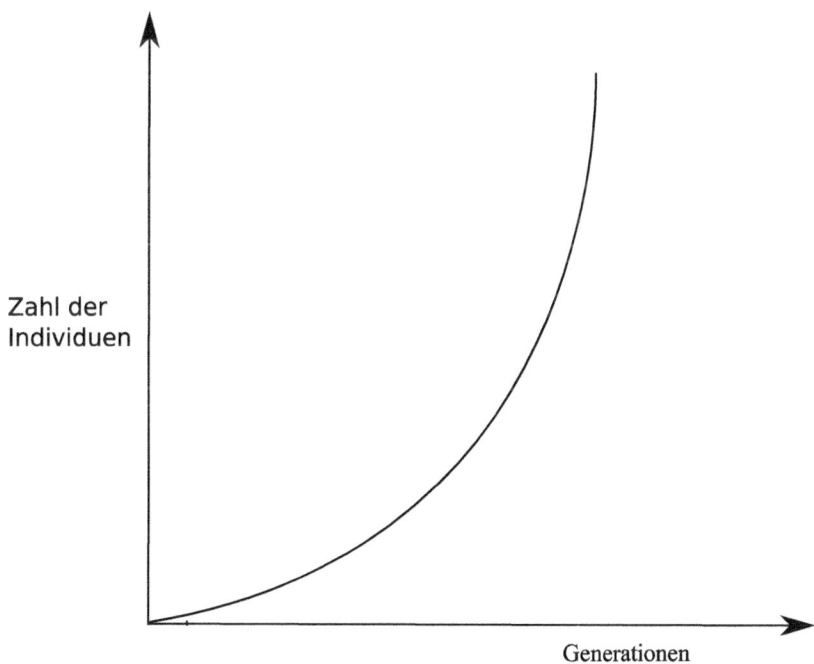

Abb. 4.2: Exponentielles Wachstum einer Bakterienpopulation

Populationsökologen haben diesen Zusammenhang in einer Formel zum Ausdruck gebracht. Du musst mit dieser Formel nicht rechnen können, ich will sie dir nur einmal zeigen.

$$N_t = N_0 * e^{rt}$$

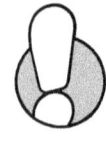

◇ N_t – Individuenzahl zum Zeitpunkt t

◇ N_0 – Individuenzahl zum Zeitpunkt 0 (z.B. 100)

◇ e – Basis des natürlichen Logarithmus

◇ r – spezifische Vermehrungsrate (für Bakterien 2.1; dies bedeutet, dass in zwanzig Minuten bezogen auf zehn Bakterien die Population um 21 Bakterien wächst)

◇ t – Dauer des Populationswachstums (z.B. 12 Stunden)

Du kannst mit einer Tabellenkalkulation (beispielsweise Excel) folgende Formel in eine Zelle eingeben

=100*EXP(2,1*12)

und erhältst ein erstaunliches Ergebnis:

Nach 12 Stunden sind aus 100 Bakterien 8.794.698.265.172 geworden!

Doch genug an dieser Stelle mit hoher Mathematik, wir wenden uns wieder biologischen Sachverhalten zu!

Würden sich Bakterien tatsächlich so ungehemmt vermehren, wäre in kürzester Zeit die Erdoberfläche mit Bakterien übersät. Dies trifft nicht zu. Also muss das unkontrollierte Wachstum der Bakterien begrenzt werden. Aber wie?

Begrenztes Wachstum

Ein Teil der Organismen – in unserem Beispiel also Bakterien – stirbt in der Zeit, in der sich die Bakterien so stark vermehren. Für das Wachstum von Populationen muss also sowohl die Geburtenrate als auch die Sterberate berücksichtigt werden. Wenn jedoch die Geburtenrate höher als die Sterberate ist, geht das exponentielle Wachstum weiter.

An dieser Stelle sei noch einmal betont, dass die Bakterien für uns »Modellorganismen« unter Laborbedingungen sind. Wodurch wird aber »draußen« in der Natur das Wachstum von Populationen begrenzt?

Die Populationsdichte kann durch verschiedene Faktoren gebremst werden:

◇ Konkurrenz um Nahrung und Raum

◇ Stress

◇ Seuchen

◇ Klima

◇ Nahrung

◇ Fressfeinde

Auch Räuber-Beute-Beziehungen tragen zur Begrenzung des Populationswachstums bei. Als einfaches Beispiel soll uns das Verhältnis vom »Räuber« Mäusebussard und seiner »Beute«, den Mäusen dienen. Dieses Verhältnis lässt sich in einem einfachen Pfeildiagramm zeigen:

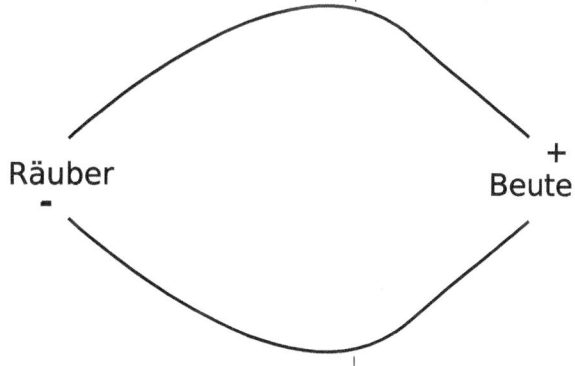

Abb. 4.3: Räuber-Beute-Beziehung

Was bedeuten die Vorzeichen im Diagramm?

◇ + bedeutet:

＊ je mehr ... umso mehr

＊ je weniger ... umso weniger

◇ - bedeutet:

＊ je weniger ... umso mehr

＊ je mehr ... umso weniger

Auf unser konkretes Beispiel bezogen können wir diese Räuber-Beute-Beziehung wie folgt interpretieren:

◇ Je mehr Mäuse es gibt, umso mehr Mäusebussarde können von ihnen leben (+).

4

◇ Je mehr Mäusebussarde es nun gibt, umso mehr Mäuse fressen sie, das heißt, die Zahl der Mäuse nimmt ab (−).

◇ Je weniger Mäuse überleben, umso weniger Mäusebussarde können von ihnen leben (+).

◇ Und je weniger Mäusebussarde überleben, umso mehr nimmt die Population der Mäuse wieder zu. Damit ist der Anfangszustand wieder erreicht!

Durch Räuber-Beute-Beziehungen, Seuchen und Krankheiten, Nahrungsmangel und ungünstige Klimabedingungen wird die Sterberate erhöht. Dadurch kommt es im langjährigen Durchschnitt zu einer Begrenzung des Populationswachstums. Räuber- und Beutepopulationen können sich so im Gleichgewicht halten.

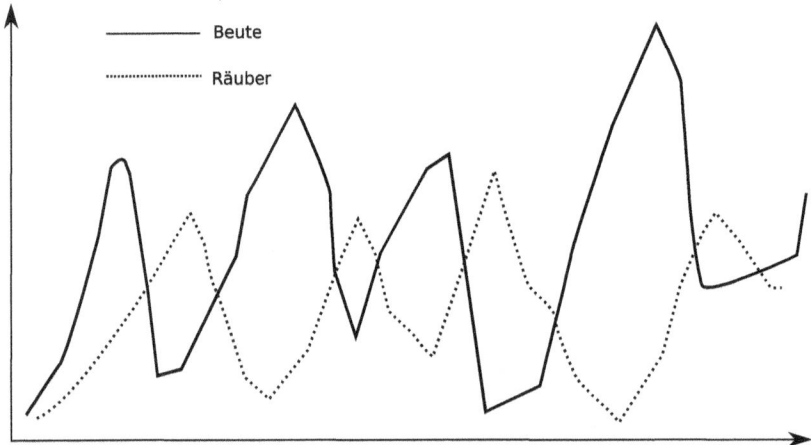

——— Beute

.... Räuber

Abb. 4.4: Räuber-Beute-Beziehungen über mehrere Jahre

Häufig muss heute der Mensch die Funktion des Räubers übernehmen. Bär, Luchs und Wolf, die natürlichen Feinde der Rehe, sind bei uns ausgerottet. Würden die Jäger die Rehe nicht schießen, würden sie sich sehr stark vermehren und das Gleichgewicht im Wald wäre gestört. Der Mensch hält also »künstlich« das Gleichgewicht in unseren Wäldern aufrecht, damit für alle Arten, die in ihnen noch leben, das Wachstum begrenzt wird.

Nur noch in wenigen Gebieten, wie beispielsweise im Nationalpark »Bayerischer Wald«, ist dies ohne den Einfluss des Menschen möglich.

Entwicklung der Weltbevölkerung

Doch wie schaut es mit dem Wachstum der »Population« Mensch aus?

Dazu solltest du dir eine Grafik zur Entwicklung der Weltbevölkerung anschauen.

Vermehren sich Kaninchen »wie die Karnickel«?

Wie du dem Kurvenverlauf der Abbildung 4.5 unschwer entnehmen kannst, befinden wir uns im Moment in der Phase des exponentiellen Wachstums. Viele Faktoren, die das Wachstum der Weltbevölkerung bisher hemmten, fielen in den letzten Jahrhunderten immer mehr weg. Stattdessen haben wir:

◇ verbesserte medizinische Versorgung

◇ Hygiene

◇ Industrialisierung

◇ moderne Landwirtschaft

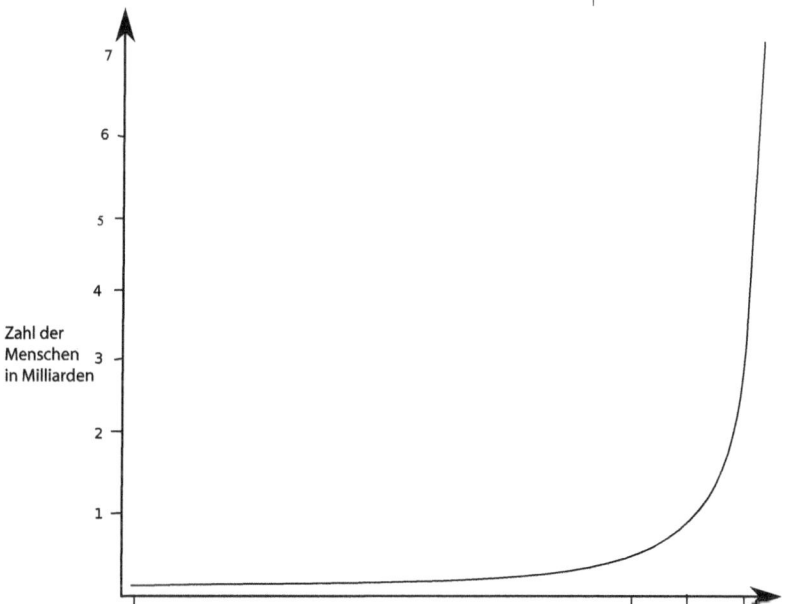

Abb. 4.5: Entwicklung der Weltbevölkerung

Diese Faktoren trugen erheblich zum Anstieg der Weltbevölkerung bei. Auch der Rückgang der Säuglingssterblichkeit macht sich hier bemerkbar. Aber gerade die moderne Medizin trug durch die Bekämpfung von Infektionskrankheiten, Herz- und Kreislauferkrankungen und Krebs erheblich zur Erhöhung der Lebenserwartung und zur »Bevölkerungsexplosion« bei.

Wir müssen auch bedenken, dass zusammen mit der Bevölkerung auch deren Ansprüche steigen. Mehr Menschen brauchen und wollen

◇ mehr Energie

◇ mehr Rohstoffe

◇ mehr Wasser

61

◇ mehr Platz zum Leben

◇ und produzieren auch entsprechend mehr Abfall!

Machen wir uns also ernsthaft Gedanken um eine menschenwürdige Zukunft.

Unsere Erde, ein vernetztes System!

Ich möchte dich jetzt in eine Art zu denken einführen, die für Biologen, vor allem für Ökologen typisch ist. Wir denken im Alltag oft sehr »einfach«. Wir beobachten etwas und wollen dafür eine einfache, unmittelbare Erklärung.

Wenn wir beispielsweise unter einem Apfelbaum liegen und ein reifer Apfel fällt uns auf den Kopf, fragen wir uns vielleicht, warum der blöde Apfel nicht nach oben weggeflogen ist! Wir finden eine relativ plausible Erklärung, denn der Apfel wird durch die Schwerkraft nach unten gezogen, er kann also gar nicht nach oben wegfliegen.

Wenn wir in der Natur, in einem Ökosystem wie beispielsweise am Wattenmeer oder im Hochgebirge, im Schwarzwald oder im tropischen Regenwald den Rückgang einer Tier- oder Pflanzenart beobachten können, finden wir häufig keinen unmittelbaren Grund. Die Ursache für diesen Rückgang ist möglicherweise an einer Stelle zu suchen, die weit entfernt liegt, aber über zahlreiche Knoten mit unserem System vernetzt ist. Wenn du jetzt vielleicht an ein Spinnennetz denkst, liegst du gar nicht so falsch.

In diesem Abschnitt möchte ich dir

◇ die Zusammenhänge in einem Ökosystem aufzeigen

◇ verschiedene Ökosysteme vorstellen

Ich werde dich wieder einladen, hinaus in die Natur zu gehen, still zu werden und die Tiere und Pflanzen in ihren Lebensräumen zu beobachten!

Der See – Beispiel eines Ökosystems

Ein »See« eignet sich hervorragend für die Beobachtung und Untersuchung eines Ökosystems. Denn bei Landökosystemen, wie beispielsweise einem Laubmischwald, einer Heide, einem Moor oder einer Trockenwiese, ist das »System« gegenüber seiner Umgebung nicht klar begrenzt. Die einzelnen Ökosysteme gehen ohne scharfe Abgrenzung ineinander über, beispielsweise eine Wiese in einen Wald. Dadurch wird es unter Umständen

sehr schwierig, »Reaktionen« des Ökosystems von den Einflüssen aus seiner Umgebung klar zu trennen. Doch erinnere dich an das Ökosystem im Glas: Hier sind Biozönose und Biotop eindeutig von der Umgebung abgegrenzt.

Auch bei Seen ist eine Begrenzung gegenüber der Umgebung nicht immer eindeutig. Ein Zufluss bringt beispielsweise verunreinigtes Wasser in den See, durch einen Abfluss verlässt Wasser den See, Niederschläge fallen in ihn und mit ihnen Schadstoffe. Aber dennoch sind Seen allein schon durch das Ufer klar von ihrer Umgebung abgegrenzt. Es muss nicht unbedingt ein großer See wie der Bodensee sein, ein kleiner See – auch ein Gartenteich – ist unter Umständen für dich sogar besser geeignet.

Anleitung zur Beobachtung des Ökosystems See

◇ Geografische Lage: Höhenmeter, Lage und Umgebung

◇ Pflanzen im unmittelbaren Uferbereich, vor allem auch im Übergang Land – Wasser

◇ Tiere im Ökosystem, wie beispielsweise Standtiere und Zugvögel, ihre Anpassungen an den Lebensraum und ihre Bedeutung für das Ökosystem; Aktivitätsänderung im Verlauf der Jahreszeiten

◇ Pflanzen und Tiere im Ökosystem: ihre gegenseitige Abhängigkeit, »Gleichgewicht«

◇ Einfluss des Menschen in diesem Ökosystem

◇ Farbe des Teichwassers: braun – mit viel Humusgehalt; grün – wenig Humus; blau – ohne Humus

◇ Tatsächliche Tiefe und Sichttiefe

◇ Veränderung der Sichttiefe im Verlauf des Jahres

◇ Messung der Temperatur im Verlauf des Jahres

◇ Entstehung des Teiches

◇ Veränderung durch Wassermangel, vor allem Auswirkungen auf die Tier- und Pflanzenwelt

Um Ökosysteme wirklich kennen zu lernen, musst du hinaus in die Natur gehen. Dort kannst du sie beobachten und mit Hilfe von Fotos und Notizen alles Wichtige dokumentieren. Auch einige Messungen wie beispielsweise Temperatur, Sichttiefe, Luftdruck und Luftfeuchtigkeit sind leicht durchzuführen. Ich empfehle dir, mit Hilfe einer Tabellenkalkulation eine kleine Datenbank aufzubauen. Die Mühen für deine Untersuchungen lohnen sich nur dann, wenn du deine Beobachtungen auch auswertest!

Abb. 4.6: Gliederung des Sees

Gliederung des Sees in Lebensräume

Ein See kann in verschiedene Biotope unterteilt werden:

◇ Bodenzone (der Fachbegriff dafür heißt *Benthal*)

  ✳ Boden im Uferbereich (der Fachbegriff dafür heißt *Litoral*)

  ✳ Boden im Bereich des tiefen Wassers, dunkel, nahezu pflanzenlos

◇ Freiwasserzone

  ✳ Oberflächenwasser, ausreichend Licht

  ✳ Tiefenwasser, kaum Licht

Die einzelnen Biotope lassen sich durch unterschiedliche Biozönosen charakterisieren.

Bei kleineren, flachen Seen kann das Tiefenwasser und die dazu gehörende Bodenzone fehlen. Sie sind bis auf den Seeboden lichtdurchflutet.

Kannst du dir vorstellen, welche Konsequenz dies für die Zusammensetzung der Biozönosen hat?

  ✳ Richtig: Nur in flachen Gewässern kommen auch am Seeboden noch grüne Pflanzen vor, die Fotosynthese betreiben können.

Das Ökosystem See lässt sich jedoch nur verstehen, wenn wir eine Besonderheit des Wassers berücksichtigen, nämlich die so genannte *Dichteanomalie*. Dieses Beispiel zeigt sehr schön, dass die Naturwissenschaften nicht getrennt für sich allein die Natur beschreiben, sondern sie ist nur

aus dem Blickwinkel aller Naturwissenschaften, nämlich der Biologie, Physik und Chemie, zu erfassen. Zudem liefern die Naturwissenschaften nur einen möglichen Zugang zum Verständnis der Natur – neben anderen Wissenschaften, wie beispielsweise Theologie, Philosophie und Psychologie.

Doch was hat dies mit der Dichteanomalie des Wassers und mit dem Verständnis für das Ökosystem See zu tun?

Wasser hat seine größte Dichte bei 4° C. Es dehnt sich sowohl beim Erwärmen als auch beim Abkühlen aus. Festes Wasser, also Eis, hat eine geringere Dichte als flüssiges Wasser, schwimmt somit auf dem Wasser und geht nicht unter! Dies gilt ebenso für Wasser, das wärmer als 4° C ist.

Ein See kann also nicht von unten nach oben gefrieren, da das Eis nicht absinken kann. Deshalb haben die Pflanzen und Tiere im See auch im Winter eine Überlebenschance. Zudem ist Eis durch die eingelagerte Luft ein sehr schlechter Wärmeleiter und verhindert bei nicht allzu flachen Seen ein völliges Durchfrieren.

Ein See im Jahreskreislauf

Seen sind im Verlauf des Jahreskreises charakteristischen Veränderungen unterworfen:

1. Frühjahrsvollzirkulation

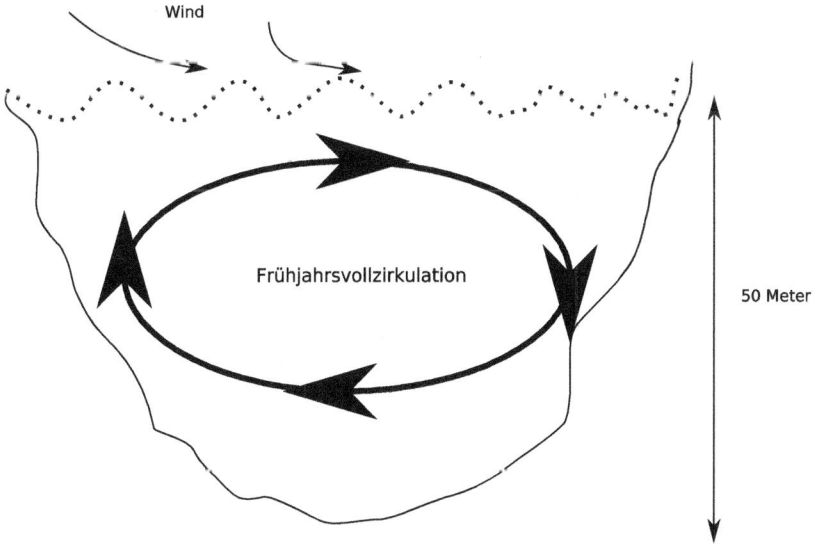

Abb. 4.7: Frühjahrsvollzirkulation

4

Während der Frühjahrsvollzirkulation ist das Wasser im See gleichmäßig 4° C warm. Die Frühjahrsstürme treiben das mit Sauerstoff angereicherte Oberflächenwasser gegen das Seeufer und »pflügen« es dort unter, das heißt, frisches Wasser gelangt auch in die Tiefen des Sees.

1. **Sommerstagnation**

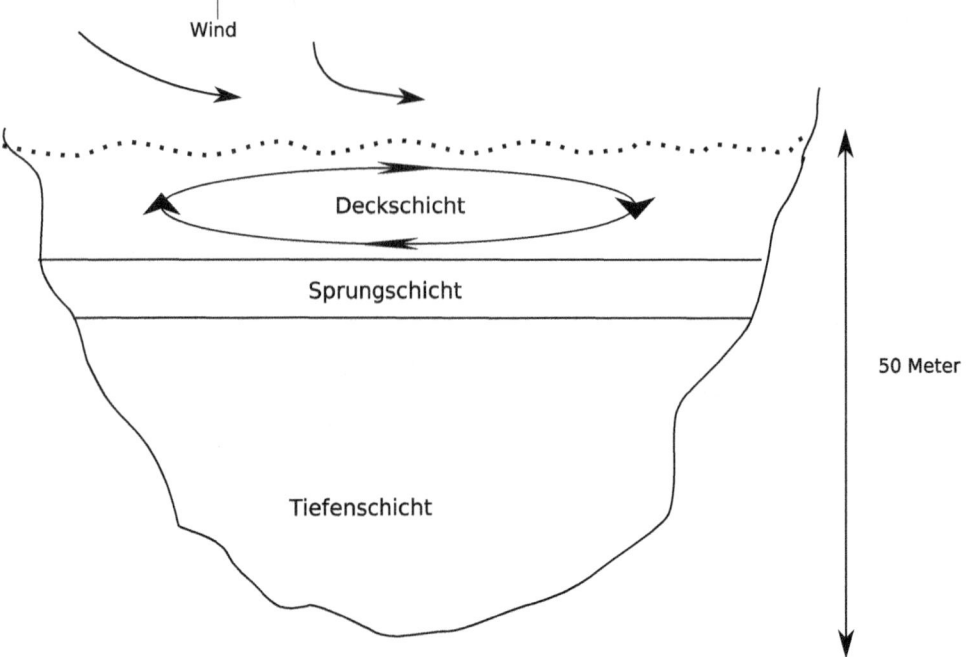

Abb. 4.8: Sommer-stagnation

Während der Sommerstagnation lassen sich drei Schichten unterscheiden:

* **Deckschicht:** Hier ist das Wasser wärmer als 4° C. Es hat also eine relativ geringe Dichte und Gewitterstürme können im Sommer das sauerstoffreichere Oberflächenwasser nicht in größere Tiefen transportieren. Sie können das »leichtere« Wasser nicht unter das »schwerere« kalte Wasser drücken. Obwohl in der Deckschicht auch reichlich Licht vorhanden ist und somit durch Fotosynthese viel Sauerstoff produziert wird, haben die Tiere in tieferen Schichten nichts davon, denn das lebenswichtige Gas bleibt in der Deckschicht.

* In der **Sprungschicht** »springt« die Temperatur rasch auf 4° C.

* In der **Tiefenschicht** hat das Wasser gleichmäßig eine Temperatur von 4° C.

Zwischen diesen drei Schichten kommt es kaum zu einem Stoffaustausch, deshalb sprechen die Biologen von Sommerstagnation.

1. **Herbstvollzirkulation.** Die Herbstvollzirkulation entspricht der Frühjahrsvollzirkulation. Sauerstoffreiches Oberflächenwasser gelangt in die Tiefe des Sees.

2. **Winterstagnation.** Während der Winterstagnation müssen die Tiere und Pflanzen mit dem Sauerstoff auskommen, der während der Herbstvollzirkulation in die Tiefen des Sees transportiert wurde.

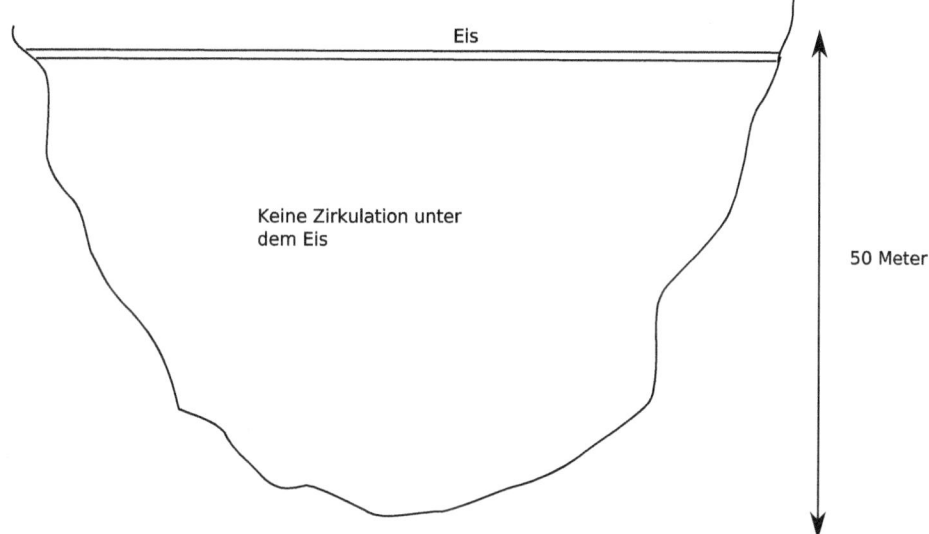

Eis

Keine Zirkulation unter dem Eis

50 Meter

Abb. 4.9:
Winterstagnation

Umkippen eines Sees

Während der beiden Stagnationen kommt es auch kaum zu einem Stoffaustausch zwischen Oberfläche und Tiefe des Sees. Vor allem während der Sommerstagnation kann es bezüglich der Sauerstoffversorgung in den Tiefezonen zu bedrohlichen Zuständen für die dort lebenden Organismen kommen, der See »kippt um«!

Seen unterscheiden sich häufig durch ihren Gehalt an gelösten Nährstoffen. Vor allem gelöstes Phosphat begrenzt als so genannter »Minimumfaktor« das Wachstum der Pflanzen. Dies bedeutet, dass die Pflanzen, vor allem die Algen, im See besser wachsen würden, wenn genügend Phosphat vorhanden wäre. Aber wäre es vielleicht nicht sogar vorteilhaft, wenn mehr Algen wachsen würden? Würde dann nicht mehr Sauerstoff von ihnen produziert? Hier ist es wie bei Radio Eriwan: »Im Prinzip ja, aber ...«. Denn von mehr Algen und Sauerstoff können auch mehr Tiere leben. Tiere und Pflanzen sterben, sinken zu Boden und werden von Bakterien mit Hilfe von Sauerstoff zersetzt. Wenn aber in phosphatreichen Seen immer mehr Algen wachsen, von denen immer mehr Tiere leben, die aber auch immer mehr Sauerstoff verbrauchen, dann verbrauchen auch mehr Bakterien auf dem Seeboden immer mehr Sauerstoff zum Abbau der toten Organismen. Vor allem während der Sommerstagnation kann der Sauerstoff in der Tiefenzone so knapp werden, dass er zur Neige geht und nur noch Fäulniserreger ohne Sauerstoff die toten Pflanzen und Tiere zerstören. Dabei entstehen giftige Faulgase, der See kippt um.

Vielleicht verstehst du jetzt auch eher die Überschrift »... ein vernetztes System«. Die Pflanzen, Tiere und Bakterien sind in einem Ökosystem miteinander vernetzt. Wenn sich die einen unkontrolliert vermehren, hat dies auch Auswirkungen auf die anderen Glieder der Biozönose.

Doch wie kommt das Phosphat in einen See, wie wird er nährstoffreich? Häufig ist dafür der Mensch verantwortlich, denn Seen sind von Natur aus meist nährstoffarm oder *oligotroph*. Erst durch das Einleiten von Abwässern aus privaten Haushalten oder aus der Düngung der Landwirtschaft wird ein See nährstoffreich oder *eutroph*.

Es mag zwar seltsam erscheinen, aber bei Seen ist »nährstoffarm« ein positives Merkmal, denn die Organismen befinden sich dann in einem ausbalancierten Gleichgewicht.

Die Maßnamen zur Gewässerreinhaltung werde ich dir in einem späteren Abschnitt dieses Kapitels vorstellen.

Doch jetzt wollen wir uns die Biozönose eines Ökosystems, das heißt die wechselseitigen Abhängigkeiten von Pflanzen, Tieren und Bakterien einmal etwas genauer anschauen.

Produzenten, Konsumenten, Destruenten – Dreiklang im Ökosystem

Produzenten, Konsumenten und Destruenten bilden die drei Glieder des Stoffkreislaufs in jedem Ökosystem.

◇ Die grünen Pflanzen sind die *Produzenten*. Im Rahmen der Fotosynthese produzieren sie als autotrophe Organismen aus den einfachen Bausteinen Kohlenstoffdioxid, Nitrat, Sulfat, Phosphat und Wasser den Sauerstoff und die Nährstoffe, die sie selbst und vor allem die heterotrophen Tiere, Pilze und Bakterien benötigen.

◇ Die Tiere sind die *Konsumenten*. Als heterotrophe Organismen konsumieren sie den Sauerstoff und die Nährstoffe, die die Pflanzen produzieren. Sie sind also bedingungslos auf die Pflanzen angewiesen.

◇ Die Bakterien und viele Pilze sind die *Destruenten* in einem Ökosystem. Das Wort kommt aus dem Lateinischen und bedeutet zerstören, vernichten. Sie haben die Aufgabe, tote Pflanzen und Tiere beziehungsweise auch Ausscheidungen der Tiere abzubauen und in eine Form umzuwandeln, in der sie von den Pflanzen wieder aufgenommen werden können. Tote organische Stoffe werden »remineralisiert«, das heißt in anorganische »Salze« umgewandelt.

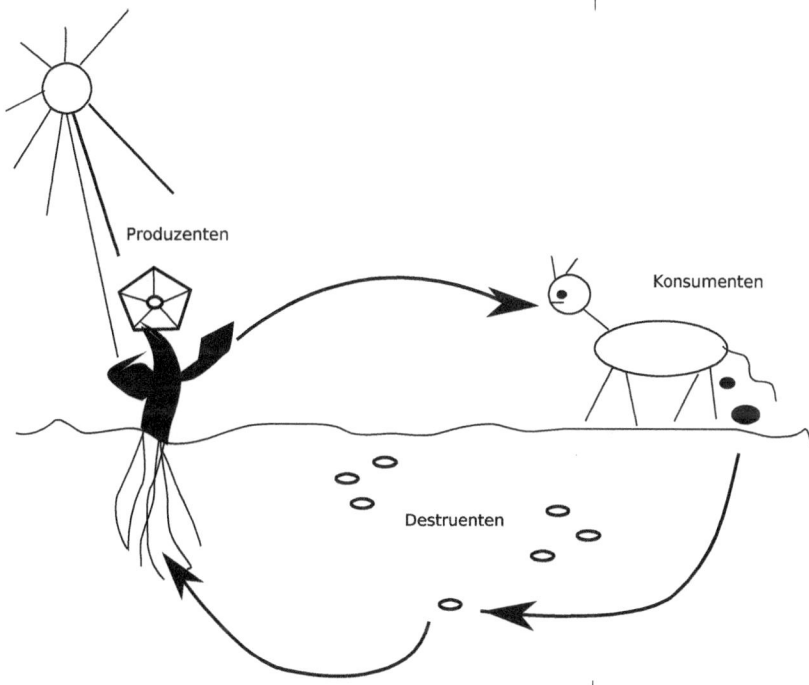

Abb. 4.10:
Stoffkreislauf
im Ökosystem

Ökosysteme sind prinzipiell »offene« Systeme. Dies bedeutet, dass beispielsweise im Ökosystem See durch Niederschläge oder Zuflüsse Nährstoffe in den See gelangen. Andererseits können durch Abflüsse auch wieder Stoffe aus dem See abtransportiert werden. Dies macht die Beurteilung eines Ökosystems sehr schwierig.

Schwierig ist auch die Charakteristik der energetischen Verhältnisse. Der entscheidende Unterschied zum Kreislauf der Stoffe besteht darin, dass sich die Energie »auf einer Einbahnstraße« befindet. Die von den grünen Pflanzen aufgenommene Sonnenenergie wird nicht an die Pflanzen »zurückgegeben«, sondern von Stufe zu Stufe (über die Nahrungskette) in Form eines Energieverlusts vor allem als Wärme an die Umgebung abgegeben.

Der in Abbildung 4.10 dargestellte Stoffkreislauf soll bei dir aber nicht den Eindruck erwecken, dass »einer den anderen frisst«! Jetzt wird es erst so richtig schön vernetzt!

Wahrscheinlich hast du in der Schule schon einmal eine Nahrungskette kennen gelernt:

1. Die Rose betreibt Fotosynthese.

2. Die Blattlaus frisst Teile der Rose.

3. Der Marienkäfer frisst die Blattlaus.

4. Die Meise frisst den Marienkäfer.

5. Die Katze frisst die Meise.

Doch so einfach ist es in der Natur draußen nicht.

Denn die Rose hat mehr Fressfeinde als nur die Blattlaus, Blattläuse fressen nicht nur Rosen. Der Marienkäfer wird auch von anderen Vögeln gefressen. Diese fressen nicht nur Marienkäfer, sondern auch andere Insekten usw.

Auf diese Weise entsteht ein mehr oder weniger kompliziertes Nahrungsnetz.

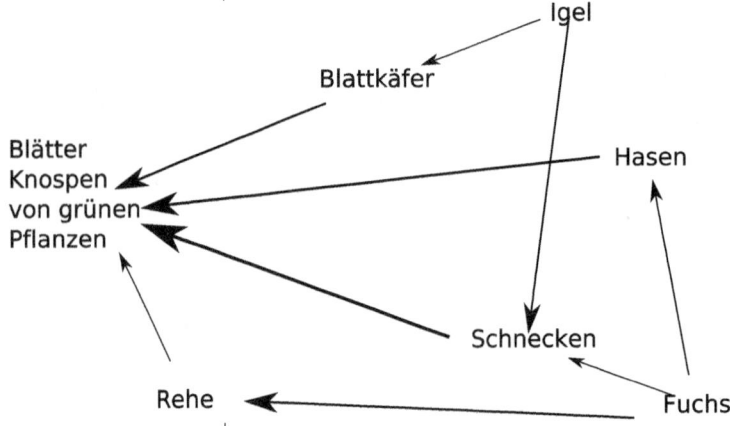

Abb. 4.11:
Nahrungsnetz

Abbildung 4.11 zeigt einen kleinen Ausschnitt aus einem einfachen Nahrungsnetz. Du brauchst nicht viel Fantasie, um dir vorzustellen, wie ein Nahrungsnetz im tropischen Regenwald ausschaut. Hier siehst du tatsächlich den »Wald vor lauter Bäumen« nicht mehr. Auch Ökologen resignieren häufig angesichts dieser komplizierten Beziehungen. Bisher ist es nur in relativ einfachen und artenarmen Ökosystemen, wie beispielsweise in der Tundra, in der Wüste oder artenarmen Gebirgsseen, gelungen, Nahrungsbeziehungen genauer zu entschlüsseln.

Nahrungspyramide

Von Stufe zu Stufe kommt es in einer Nahrungskette zu einem Verlust an »Biomasse«. So muss ein Kalb etwa zehn Kilogramm Heu fressen, damit es ein Kilogramm mehr an körpereigener Biomasse zunimmt, das heißt mehr wiegt.

Wenn wir dies über mehrere Stufen der Nahrungskette verfolgen, ergibt sich eine typische Nahrungspyramide.

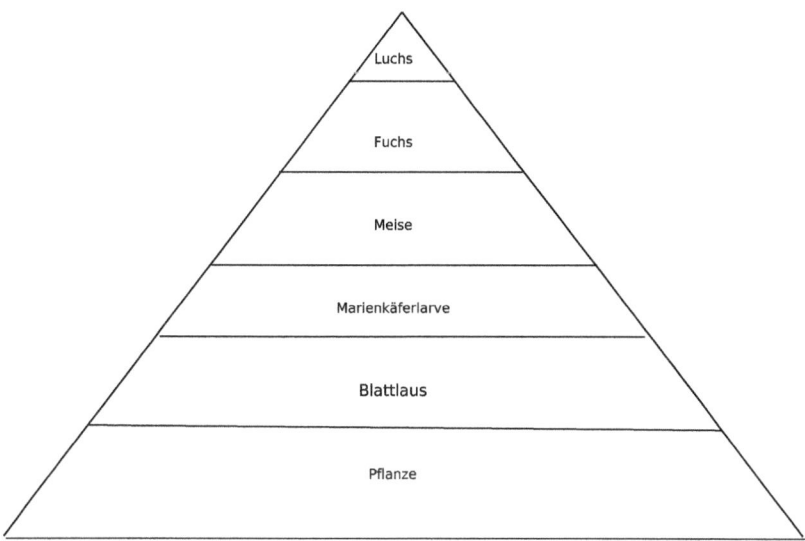

Luchs

Fuchs

Meise

Marienkäferlarve

Blattlaus

Pflanze

Abb. 4.12: Nahrungspyramide

Diese typische Nahrungspyramide soll dir zeigen, dass von Stufe zu Stufe weniger »Biomasse« vorhanden ist. Dies bedeutet, dass beispielsweise auf einer bestimmten Fläche eines Laubmischwaldes etwa Hunderttausende Regenwürmer leben können, aber nur ein Reh.

Wiesen und Wälder – typische Ökosysteme unserer Heimat

In diesem Abschnitt sollst du lernen, welche Ökosysteme für bestimmte Gebiete kennzeichnend sind.

Es hängt vor allem von abiotischen Faktoren ab, welche Biozönose sich in einem bestimmten Biotop einstellt. Für weite Gebiete von Deutschland ist ein Laubmischwald das charakteristische Ökosystem. Wiesen sind meist im Verlauf der letzten Jahrhunderte durch die Rodungstätigkeit des Menschen entstanden. Heute liegen zahlreiche, ursprünglich von den Bauern genutzte Flächen brach. Man kann dann beobachten, dass diese Felder oder Wiesen nach einigen Jahren »verbuschen«, das heißt, dass auf ihnen im Laufe der Jahre wieder Büsche und Bäume zu wachsen beginnen. Diesen Vorgang bezeichnet man als *Sukzession.* Überlässt man die Natur sich selbst, so stellt sich ein mehr oder weniger stabiler Endzustand ein. Dieser Endzustand ist das typische Ökosystem dieser Landschaft, hier bei uns also meist ein Laubmischwald.

4

Welche Baumarten in diesen Wäldern wachsen, hängt von den Bodenver-hältnissen und den Klimafaktoren ab. Beispielsweise liebt die Fichte flachgründige Böden und hält relativ tiefe Temperaturen aus. Sie ist also ein typischer Baum für höher gelegene Bergmischwälder. Die Tanne liebt dagegen ein milderes Klima und kommt bevorzugt in den Wäldern der tieferen Lagen vor. Buchen tolerieren ebenfalls ein etwas raueres Klima, sind also der typische Baum für einen höher gelegenen Mischwald, wäh-rend die Eichen und die Kastanien ein milderes Klima wollen.

Du wirst im nächsten Kapitel lernen, dass es immer problematisch ist, wenn eine Pflanze, beispielsweise ein Baum, standortsfremd wächst. Trotzdem werden auch im Tiefland häufig Fichten gepflanzt. Sie wachsen rascher und bringen so mehr Ertrag.

Aufbau eines typischen Laubmischwalds

◇ **Krautschicht:** Unverholzte Pflanzen, wie beispielsweise

* Buschwindröschen

* Leberblümchen

* Frühlinsscharbockskraut

* Veilchen

* Moose und Farne

◇ **Strauchschicht:** Verholzte Pflanzen, ohne deutlichen Stamm, von den Wurzeln ab verzweigt

* Brombeere

* Himbeere

* Holunder

* Wildrosen

* Hasel

◇ **Baumschicht:** Verholzte Pflanzen mit deutlichem Stamm

* Buche

* Tanne

* Kiefer

* Birke

* Esche

Du wirst jedoch nur noch selten einen Wald mit dieser Struktur finden. Viele Wälder wurden von Menschen gepflanzt, um Holz möglichst schnell und möglichst günstig zu bekommen. Die Waldbauern haben dabei wenig Rücksicht auf die natürliche Vegetation genommen. Nur noch in den Extremlagen der Alpen oder im Nationalpark Bayerischer Wald finden wir heute noch natürliche Waldgesellschaften.

Neben dieser weit verbreiteten Waldgesellschaft gibt es in der Bundesrepublik noch weitere, die jeweils typisch für bestimmte Biotope sind:

◇ Auwälder in den Flussniederungen

◇ Kiefernwälder an trockenen Standorten

◇ Bergwälder, deren Zusammensetzung von der Höhenlage abhängig ist

Wiesen – vom Menschen beeinflusste Ökosysteme?

Wiesen sind häufig, wie schon erwähnt, vom Menschen geschaffene Ökosysteme. So sind auch die typischen Almwiesen des Gebirges durch die Rodungstätigkeit des Menschen entstanden. Die Artenfülle der Wiesen hängt meist von den Nährstoffen ab, die der Boden den Pflanzen zur Verfügung stellt. Auf nährstoffarmen Böden kann sich häufig eine größere Artenfülle ausbilden, während auf nährstoffreichen Böden neben Gras häufig nur noch der Löwenzahn wächst. Es gibt jedoch an besonderen Standorten auch »natürliche« Wiesen. Dort, wo keine Bäume mehr wachsen können, weil der Boden zu sumpfig oder der Hang zu steil ist, können Wiesen auf natürliche Weise entstehen.

Zusammenfassung

In diesem Kapitel hast du Folgendes gelernt:

◇ Lebewesen stellen bestimmte Ansprüche an ihren Lebensraum und können sich nur gut entwickeln, wenn die Ansprüche auch erfüllt werden.

◇ Populationen würden »explodieren«, wenn ihr Wachstum nicht begrenzt wäre.

◇ Ökosysteme sind komplizierte Netzwerke, die nur schwer zu durchschauen sind.

◇ Wälder, Wiesen und Seen sind typische Ökosysteme Mitteleuropas.

Fragen und Aufgaben

1. Woran könnte es liegen, dass bestimmte Baumarten eher häufig (beispielsweise die Buche und Fichte), andere aber sehr selten sind (beispielsweise Tanne und Eiche)?

2. Suche dir einen möglichst naturnahen Laubmischwald. Beobachte ihn zu verschiedenen Jahreszeiten und bestimme mit deinem Pflanzenbestimmungsbuch die wichtigsten Arten.

3. Sind die vorkommenden Arten immer gleichmäßig über dein Untersuchungsgebiet verteilt?

4. Kannst du dir Gründe für eine ungleichmäßige Verteilung vorstellen?

5. Wie kann das Wachstum von Populationen begrenzt werden?

5

Umweltschutz – Aufgabe für uns alle?

Umweltschutz ist in Zeiten zunehmender Verknappung der Rohstoffe ein heiß diskutiertes Thema. Die steigende Weltbevölkerung produziert, wie du schon im letzten Kapitel gesehen hast, immer mehr Abfall, benötigt mehr Rohstoffe, Energie und Raum. Umweltschutz klingt häufig nach Verzicht und schmerzvollen Einschnitten in das tägliche Leben.

In diesem Kapitel lernst du

◎ dass Verzicht auch mit lustvollen Erfahrungen verbunden sein kann

◎ dass wir Verantwortung sowohl für kommende Generationen als auch für unsere Mitmenschen übernehmen müssen

◎ was du selbst beitragen kannst, damit wir den Ast nicht absägen, auf dem wir sitzen

◎ wie Land- und Forstwirtschaft unsere Umwelt beeinflussen

◎ dass Wasser ein kostbares Gut ist

◎ dass wir bald im Abfall ersticken

◎ welche Auswirkungen die drohende Klimakatastrophe möglicherweise hat

Erwin Chargaff, ein bekannter Genetiker, sagte einmal in einem Interview auf die Frage, was er über die Zukunft der Menschheit denke, sinngemäß Folgendes: »An den ungeraden Tagen des Jahres bin ich Pessimist, an den geraden Tagen Optimist. Leider hat das Jahr mehr ungerade als gerade Tage«. Ich teile seinen Pessimismus nicht und möchte dir vermitteln, dass ich anders denke. Ich bin nämlich an den geraden Tagen Pessimist und an den ungeraden Optimist – und Gott sei Dank hat das Jahr mehr ungerade Tage!

Vor einigen Jahren zog eine politische Partei in der Bundesrepublik mit folgender Parole in den Wahlkampf: »Es gibt viel zu tun. Packen wir es an!« Ich glaube, wir können dies bedenkenlos auf das Thema dieses Kapitels anwenden!

Moderne Land- und Forstwirtschaft – Segen oder Fluch?

»Im Märzen der Bauer die Rösser anspannt ...« So beginnt zwar ein altes Volkslied, aber der Bauer wirft heute im »Märzen« ein paar Hundert PS seines Traktors an, um zum Pflügen aufs Feld zu fahren. Wo auf einem Bauernhof vor einem halben Jahrhundert noch fünf bis zehn Arbeitskräfte nötig waren, bewirtschaftet heute ein Bauer mit seiner Frau allein den Hof. Noch vor wenigen Jahrzehnten fand man auf einem Bauernhof sowohl Kühe als auch Schweine, Hühner, Enten und vielleicht auch Schafe. Heute hat auch auf dem Bauernhof die Spezialisierung Einzug gehalten. Ein Bauer konzentriert sich meist auf ein einzelnes Produkt. So gibt es beispielsweise Geflügelzüchter, die nur Puten halten, Milchbauern, die ausschließlich Milchkühe versorgen und Futter für sie anbauen, oder »viehlose« Bauern, die nur Getreide anbauen. Immer mehr Bauern verlassen ihren Hof und verpachten ihn. Die wenigen Bauernhöfe, die übrig bleiben, werden dadurch immer größer.

Landwirtschaftliche Monokulturen

Die »Konzentrierung« der modernen Landwirtschaft führt zu Veränderungen der Anbaumethoden. Noch vor wenigen Jahrzehnten war unsere Landschaft durch ein »Mosaik« kleinerer Anbauflächen und Wälder charakterisiert. Kartoffeläcker wechselten mit Weiden, Getreidefelder mit Hecken und kleinen Wäldern ab. Diese kleinräumige Landschaft war zwar für das Auge schön und auch ökologisch sinnvoll, lässt sich aber mit den modernen Arbeitsmethoden und vor allem auch mit den großen Maschinen nur schwer bewirtschaften.

Es gibt einige Argumente, die für diese moderne Form der Landwirtschaft sprechen:

◇ Eine steigende Weltbevölkerung muss ausreichend ernährt werden

◇ Es steht nicht mehr überall ausreichend ertragreicher, landwirtschaftlicher Grund zur Nutzung zur Verfügung

◇ In den Zeiten der Globalisierung treten die Bauern der Bundesrepublik in Konkurrenz mit den Bauern weltweit – auch mit den Farmern des »corn belt« der USA.

◇ Würdest du auf Urlaub und ein freies Wochenende verzichten wollen, nur weil die Kühe nicht warten, bis sie gemolken werden? Unsere Ansprüche und auch die der bäuerlichen Bevölkerung sind gestiegen!

◇ Große Maschinen, wie beispielsweise Mähdrescher, Traktoren und Maishäcksler, können nur auf entsprechend großen Anbauflächen wirtschaftlich betrieben werden.

Aber »wo viel Licht ist, ist auch viel Schatten«. Wir sollten überlegen, welche Konsequenzen diese Form der modernen Landwirtschaft für uns hat. Vor allem die »Konzentration« von Organismen der gleichen Art auf einen kleinen Lebensraum, das heißt *Monokultur* und *Massentierhaltung* führen zu erheblichen Problemen.

Landwirtschaftliche Monokultur

Monokulturen, das heißt der Anbau einer bestimmten Pflanze, wie beispielsweise Mais, Raps, Zuckerrüben oder Kartoffeln, machen nicht nur die Landschaft langweilig, sie bringen auch erhebliche Probleme mit sich.

> Erinnere dich: Insekten sind teilweise ausgesprochene Spezialisten, was ihre Futterpflanzen angeht. Viele Parasiten sind äußerst wirtsspezifisch. Organismen haben oft sehr spezifische abiotische Ansprüche. In einem natürlichen Ökosystem halten sich Produzenten, Konsumenten und Destruenten die Waage.

Einen viele Hektar großen Kartoffelacker kann man aber nicht mehr mit einem natürlichen Ökosystem vergleichen. Wenn sich hier ein Schädling einstellt, wie beispielsweise der Kartoffelkäfer, findet er hervorragende Bedingungen – für ihn. Er fühlt sich wie im Schlaraffenland, er frisst und pflanzt sich fort. Es stellt sich nahezu ein exponentielles Wachstum ein. Auf solch großen Feldern hilft dann kein »Einsammeln« der Schädlinge mehr, keine »Fliegenklatsche«. Da es sich auch um kein Ökosystem mit natürlichen Feinden wie beispielsweise Insekten fressenden Vögeln mehr handelt, hilft offensichtlich in vielen Fällen nur noch die »chemische Keule«, das heißt der Einsatz von Schädlingsbekämpfungsmitteln. Sie werden auch als *Pestizide* bezeichnet. Diese Chemikalien werden zwar heute auf ihre Gesundheitsgefährdung getestet, sie bleiben aber dennoch gefährlich, vor allem bei nicht sachgemäßem Gebrauch. Es handelt sich eben um Gifte, die gegen Leben gerichtet sind. Dem Boden werden durch bestimmte Nutzpflanzen häufig einseitig Mineralstoffe entzogen, so dass mit Kunstdünger die fehlenden Nährsalze ersetzt werden müssen.

Alternativen

Es ist sicher schwierig, in einem dicht besiedelten Land, beispielsweise in Deutschland, »traditionelle« Landwirtschaft zu betreiben. Ich werde hier auch nicht die Frage diskutieren, ob dies überhaupt sinnvoll ist. Es gibt aber sehr wohl Möglichkeiten, die größten Hindernisse zu überwinden:

◇ Integrierter Pflanzenschutz durch

  ✳ Förderung der natürlichen Feinde der Schädlinge durch landschaftspflegerische Maßnamen, beispielsweise Pflanzung von Hecken

  ✳ Züchtung schädlingsresistenterer Nutzpflanzen

  ✳ verbesserte Anbaumethoden und Bodenbearbeitung

  ✳ gezielter Einsatz von Spritzmitteln, wenn die »natürlichen« Methoden versagen

  ✳ richtige Standortwahl

◇ Mosaiklandschaft. Man versteht darunter eine Landschaft, in der Felder mit Hecken und Büschen, kleineren Bächen und Teichen abwechseln. Auf diese Weise können sich wieder stabilere Ökosysteme mit einem Gleichgewicht aus Produzenten, Konsumenten und Destruenten einstellen, ohne dass auf größere Anbauflächen verzichtet werden muss.

◇ Förderung »alternativer Anbaumethoden« unter Berücksichtigung der Ökosystemforschung.

Massentierhaltung

In Zeiten von BSE und Schweinepest, Vogelgrippe und Geflügelpest verzichten immer mehr Menschen auf Fleisch und Wurst. Aufgrund seiner Darmlänge ist der Mensch aber ein »Allesfresser«, das heißt, er kann nur bedingt auf tierische Nahrungsmittel verzichten. Dies bedeutet natürlich nicht, dass du dich unbedingt von Fleisch und Wurst ernähren musst. Auch Milch, Milchprodukte und Eier sind tierische Nahrungsmittel. Aber ein übertriebener Fleischkonsum in den westlichen Industrieländern führt gezwungenermaßen zur Massentierhaltung von Rindern, Schweinen, Hühnern, Puten, aber auch von Lachsen. Wenn Tiere auf engem Raum

zusammenleben, können sich Krankheitserreger schnell ausbreiten. Um eine Epidemie zu verhindern, setzen Landwirte auch mal rasch Medikamente wie Antibiotika ein. Die Tiere bekommen nur noch selten frisches Futter, sondern »hängen am Tropf« der chemischen Industrie. Sie werden mit künstlichem Kraftfutter voll gestopft und gemästet.

Forstwirtschaftliche Monokulturen

Wenn du bei deinen Ausflügen einen natürlichen Laubmischwald finden willst, wirst du oft lange suchen müssen. Schon vor Jahrhunderten haben die Waldbesitzer Baumarten gepflanzt, die rasch wachsen und einen hohen Ertrag bringen. Sie taten dies ohne Rücksicht darauf, ob Standort und Baum zusammenpassen. So wurde in vielen Fällen auch im Tiefland die raschwüchsige Fichte gepflanzt, obwohl sie eigentlich der typische Baum der rauen Hochlagen in den Mittelgebirgen und in den Alpen ist. Aber immer mehr Menschen verlangten nach immer mehr Holz. Hast du dir schon einmal Gedanken darüber gemacht, dass der Rohstoff für die Papierherstellung Holz ist? Da im Wald auch die natürlichen Feinde der großen Pflanzenfresser Reh und Hirsch fehlen, nehmen diese im Wald überhand. Sie finden in den leer geräumten Nutzwäldern kaum Nahrung und fressen deshalb die Knospen der jungen Bäume. Vor allem die zarten Blätter der jungen Laubbäume haben es den Rehen, Hirschen und Gämsen angetan. So kommt es zum gefürchteten »Wildverbiss«, der dazu führt, dass sich ohne den Schutz und die Pflege des Menschen kaum noch eine natürliche Waldbiozönose einstellen kann. Viele Forstwirte haben dies erkannt und verringern die Population der Rehe und Hirsche durch Abschuss, um den Wald zu schützen.

Was kannst du beitragen, um die Lage zu verbessern?

◇ Nicht jeden Tag plastikverpackte Wurst aus dem Supermarkt essen, dafür aber bessere, das heißt »natürlichere« Produkte beim Metzger kaufen

◇ Produkte kaufen, die nachgewiesenermaßen nicht aus der Massentierhaltung stammen

◇ Mehr Obst und Gemüse aus der heimischen Produktion essen, um lange Transportwege zu vermeiden

◇ Die glänzenden, makellosen Äpfel müssen nicht die besten sein. Woher, glaubst du, haben sie ihr makelloses Aussehen?

◇ Dich als Verbraucher informieren und dann entsprechend handeln

◇ Auf den Papierverbrauch achten!

◇ Recyclingpapier nutzen!

79

5

Wasser – ein kostbares Gut?

Hättest du gedacht, dass Wasser zu einem der kostbarsten Güter unserer Zukunft werden würde? Vergessen wir nicht: 75% des menschlichen Organismus bestehen aus Wasser. Die Entwicklung des Lebens begann im Wasser. Wir sollten also sehr sorgsam mit ihm umgehen. Verunreinigungen durch industrielle, landwirtschaftliche und private Abwassereinleitung sind der Hauptgrund für die zunehmende Verknappung dieses Rohstoffs. In den USA wurde Ende des letzten Jahrhunderts geschätzt, dass 90% des Flusswassers zum Transport von gelösten Abfällen ins Meer missbraucht wurden. Auch in den hoch industrialisierten Staaten Europas wird in längeren Trockenperioden, wie beispielsweise im Jahrhundertsommer zu Beginn dieses Jahrtausends, Wasser knapp. Gleichzeitig stieg in den letzten Jahrzehnten der Wasserverbrauch immer mehr an. Vor allem die Wasserkraftwerke, Industriebetriebe, Landwirtschaft und privaten Haushalte benötigen immer mehr Wasser. Man braucht beispielsweise für die Herstellung von Papier die vielfache Menge Wasser. Durch den Einsatz von Pestiziden und Dünger in der modernen Landwirtschaft kommt es gleichzeitig zu einer Verschmutzung von Grundwasser. Das Grundwasser deckt aber in vielen Regionen den Hauptbedarf an Trinkwasser. Gerade in den Alpen wird durch den verstärkten Wintertourismus in den Skigebieten die Gletscheroberfläche häufig mit Ruß aus den Dieselmotoren der Pistenpflegegeräte verunreinigt. Im Frühjahr und Sommer gelangt dieser Schmutz über die abfließenden Schmelzwasser in die Flüsse und somit auch in Regionen fernab der Alpen. Ein schönes Beispiel für vernetzte Systeme!

Doch was können wir beitragen, um auch kommenden Generationen das »kostbare Nass« zu sichern?

Bau einer Minikläranlage: Schon mit relativ geringem Aufwand kannst du dir eine kleine Modellkläranlage bauen, mit deren Hilfe du die Arbeitsweise großer Kläranlagen verstehen kannst.

Alles, was du brauchst, ist:

◇ ein Kaffeefilter

◇ mehrere Filtertüten

◇ einige Marmeladegläser, darunter zwei möglichst große

◇ etwas Sand, feinkörnigen Kies, Erde und Watte

Besorge dir einen Liter Abwasser aus dem Haushalt. Dann legst du das Filterpapier in den Filter und schüttest das Abwasser hinein. Vom durchgelaufenen Wasser hebst du dir zum Vergleich in einem kleinen Glas eine Probe auf. Den Rest schüttest du wieder in den Filter, nachdem du in ihn noch etwas Watte gegeben hast. Du lässt das Wasser wieder durchlaufen, hebst dir wieder eine kleine Probe auf und wiederholst das Ganze noch einmal, nachdem du zusätzlich Kies in den Filter gegeben hast. Dies wiederholst du mit Sand und Erde statt Kies. Anschließend vergleichst du die Proben. Unter welchen Bedingungen wurde das Wasser am saubersten?

Kläranlage

Ähnlich wie in deinem Modell funktioniert auch eine moderne Kläranlage – zumindest teilweise. Sie besteht normalerweise aus zwei Reinigungsstufen, einer mechanischen und einer biologischen. Moderne und leistungsfähige Kläranlagen haben zusätzlich auch noch eine chemische Reinigungsstufe.

◇ *Mechanische Reinigungsstufe*: Hier wird das Abwasser von groben Verunreinigungen befreit, also beispielsweise von Toilettenpapier, in die Toilette gespülten Zigarettenkippen, Sand, Fett und Ähnlichem.

◇ *Biologische Reinigungsstufe*: Das klare Wasser, das aber noch alle gelösten Verunreinigungen enthält, fließt anschließend in die biologische Reinigung. Hier werden vor allem die gelösten organischen Verunreinigungen von den Bakterien mit Hilfe von Sauerstoff weiter abgebaut. Zurück bleibt ein mit anorganischen Nährstoffen angereichertes Wasser, das in den nächsten Fluss oder See fließt und zur *Eutrophierung* der Gewässer beiträgt. Um dies teilweise zu verhindern und um schädliche Stoffe der chemischen Industrie aus dem Abwasser zu bekommen, haben moderne Kläranlagen oft noch eine dritte Reinigungsstufe.

◇ *Chemische Reinigungsstufe*: Mit Hilfe chemischer Verbindungen werden gelöste Bestandteile in schwerlösliche übergeführt, die sich am Boden absetzen. Sie können dann anschließend aus dem Becken relativ leicht entfernt werden.

Was kannst du beitragen, um die Lage zu verbessern?

◇ Keine Zigarettenkippen und »Hygienepapiere« wie beispielsweise Tampons und Monatsbinden in die Toilette spülen

◇ Beim Duschen und Baden mit dem Wasser nicht zu großzügig umgehen

5

◇ Autowaschen nur in einer Waschanlage

◇ Zum Gartengießen möglichst Regenwasser verwenden

◇ Auf keinen Fall Reinigungsmittel wie beispielsweise Pinselreiniger in den Abguss schütten

Wohin mit dem Abfall?

Schon das Sprichwort sagt, dass »Kleinvieh auch Mist« macht. Auf uns Menschen angewandt können wir festhalten, dass in den 80er Jahren des 20. Jahrhunderts in den westlichen Industrieländern ein Bewohner jährlich im Durchschnitt über 300 kg Abfall produziert und dies bei einer sich exponentiell vermehrenden Bevölkerung! Dazu kommen noch zum Teil höchst problematische Abfälle aus Landwirtschaft und Industrie, die teilweise explosiv und brennbar beziehungsweise infektiös und für die Lebewesen hoch giftig sind.

Es wird versucht, durch gesetzliche Regelungen der Abfallflut Herr zu werden, dennoch müssen immer mehr Deponien wegen Überfüllung geschlossen werden. Die Müllverbrennung ist ein erlaubtes, aber nicht unbedingt besseres Ersatzmittel. Diese Methode führt zu einer sehr starken Luftverschmutzung. Vor allem Schwermetallverbindungen wie Blei, Cadmium und Quecksilber, aber auch organische Halogenwasserstoffe werden über die Rauchgase der Verbrennungsanlage in die Luft geblasen. Der Müllexport in Entwicklungsländer nimmt geradezu kriminelle Züge an. Wir sollten uns unserer Verantwortung für die Ärmsten der Armen stets bewusst sein und auf solche Methoden des Mülltourismus verzichten.

Was kannst du beitragen, um die Lage zu verbessern?

◇ Oberstes Prinzip: Müllvermeidung! Also:

* Keine Wegwerfprodukte kaufen, wenn es Alternativen gibt. Zum Toilettenpapier gibt es allerdings noch keine!

* Keine Getränkedosen!

* Beim Papierverbrauch, beispielsweise beim Ausdrucken sparsam sein!

* Überlegen, ob sich bei defekten Geräten nicht noch eine Reparatur lohnt!

* Flohmärkte besuchen!

* Beim Einkauf auf Qualität achten. Dies muss nicht immer teuer sein!

◇ Selektives Sammeln oder Mülltrennen. In der Bundesrepublik ist es fast schon zu einer Wissenschaft geworden! Es lohnt sich dennoch

  ✳ Altpapier,

  ✳ Glas,

  ✳ verschiedene Kunststoffe,

  ✳ Metalle

einer getrennten Entsorgung zuzuführen. Sie können dann recycelt, das heißt wieder verwertet werden.

Ändert sich das Klima wirklich?

Meteorologen rechnen ihre Klimamodelle zum wiederholten Mal durch und simulieren Klimaänderungen. Politiker warten untätig darauf, wie das Kaninchen vor der Schlange, ob sich nun die Prophezeiungen bewahrheiten oder nicht. Währenddessen ist die Klimaveränderung an allen Ecken und Enden sichtbar. Unwetterkatastrophen suchten zwar schon immer die Menschheit heim. Ein Erdbeben hat mit einer Klimaänderung nichts zu tun, aber die Überschwemmungskatastrophen der letzten Jahre und die steigende Zahl der Hurrikans, vor allem aber auch ihre zunehmende Vernichtungskraft, weist in der Tat auf eine Klimaänderung hin. Wärmeliebende Pflanzen kommen in den Alpen in immer größeren Höhen vor, während sich die Gletscher unübersehbar zurückziehen. Naturliebhaber, die sehenden Auges durch die Natur wandern, brauchen keine computersimulierten Horrorszenarien. Die globale Erwärmung ist für sie nicht länger Gegenstand theoretischer Überlegungen, sie ist Realität geworden. An den Polkappen und in Grönland schmilzt das Eis, während sich die Wüsten der Erde immer mehr ausdehnen.

Ursachen der Klimaänderung

Es sind vor allem die Treibhausgase Kohlenstoffdioxid, Methan, Distickstoffoxid und verschiedene Fluorchlorkohlenwasserstoffe, die zur Klimaänderung beitragen. Sie werden vermutlich in den nächsten Jahren noch weiter ansteigen. Man muss deshalb für die Zukunft mit einer weiteren starken Erwärmung der Erde rechnen. Dies wird zur Folge haben, dass sich die Strömungen in der Atmosphäre beschleunigen und die Gefahr besteht, dass sich die Gürtel der globalen Luftströmungen verschieben. Die räumliche und jahreszeitliche Verteilung der Niederschläge, der Winde und der Sonneneinstrahlung könnte sich ändern. Da davon auch die Landwirtschaft betroffen ist, könnte dies gewaltige wirtschaftliche und soziale Auswirkungen haben. Die meisten Treibhausgase in der

Atmosphäre haben eine lange Verweildauer und das »System« reagiert auf Veränderungen sehr träge. Deshalb muss man jetzt daran gehen, die Treibhausgase zu reduzieren.

Was ist zu tun?

◇ *Weniger fossile Brennstoffe!* Fossile Brennstoffe sind Erdöl, Erdgas und Kohle. Sie sind vor Jahrmillionen aus abgestorbenen Pflanzen und Tieren entstanden, sind also letztlich gespeicherte Sonnenenergie. Da sie aber organischen Ursprungs sind, entsteht bei ihrer Verbrennung vor allem auch Kohlenstoffdioxid.

◇ *Förderung regenerativer Energien!* Darunter versteht man Energieträger wie Biogas, Windenergie, Holz, aber auch Solartechnik.

◇ *Energie einsparen!*

◇ *Förderung einer an ökologischen Prinzipien orientierten Waldwirtschaft!* Massive Abholzungen müssen vermieden und neue Waldflächen angepflanzt werden. Durch die Fotosynthesetätigkeit der Pflanzen kann ein größerer Teil des Kohlenstoffdioxids wieder in pflanzliche Biomasse umgewandelt werden.

Was kannst du dazu beitragen, die Lage zu verbessern?

◇ Nicht mit dem Auto, sondern mit öffentlichen Verkehrsmitteln zur Arbeit oder in die Schule fahren!

◇ Elektrische Geräte ausschalten und nicht auf Standby-Betrieb einstellen!

◇ Nicht allein im Auto fahren, sondern Fahrgemeinschaften bilden!

◇ Die Raumtemperatur prüfen und im Winter die Fenster bei angestellter Heizung schließen!

Zusammenfassung

In diesem Kapitel hast du Folgendes gelernt:

◇ Landwirtschaft und Forstwirtschaft haben Auswirkungen auf die natürlichen Ökosysteme.

◇ Wasser ist ein kostbares Gut, das es zu schützen gilt!

◇ Ohne Abfallvermeidung bekommen wir den Müllberg nicht in den Griff!

◇ Der Klimawandel ist Realität!

Aufgabe

Ich möchte dir in diesem Kapitel ausnahmsweise nur eine Aufgabe stellen:

◇ Überlege dir, welche Maßnamen du in deinem Alltag ergreifen kannst, damit auch die Generationen nach dir noch ein erträgliches Leben führen können.

6

Stoffwechsel – auch Tiere und Pflanzen benötigen Energie und Baustoffe

Unsere Energieversorgung ist in den letzten Jahren zunehmend zum Problem geworden. Immer mehr werden wir von anderen Staaten abhängig und sind darauf angewiesen, dass sie uns mit Erdöl und Erdgas versorgen. Wir brauchen aber fossile Brennstoffe nicht nur zur Energieversorgung, sondern auch zur Produktion wichtiger Wirtschaftsgüter, wie beispielsweise Kunststoffe, Farbstoffe oder Medikamente.

Wir Menschen setzen für unsere kulturelle, wirtschaftliche und technische Weiterentwicklung Energie und Rohstoffe ein. Aber auch die Pflanzen und Tiere benötigen für ihre grundlegenden Lebensfunktionen Energie und die Stoffe, aus denen sie aufgebaut sind.

Du wirst in den folgenden Abschnitten

◎ den Energiestoffwechsel und Baustoffwechsel der Pflanzen und Tiere kennen lernen

◎ erkennen, dass ohne die grünen Pflanzen ein Leben auf der Erde, so wie wir es gewohnt sind, nicht denkbar ist

◎ die wichtigsten Stoffe, aus denen alle Lebewesen bestehen, kennen lernen

6

Biochemie – auch Chemie kann gut schmecken

Sicher hast du schon öfters einmal auf einem Joghurt-Becher oder einer anderen Lebensmittelverpackung die Zusammensetzung eines Nahrungsmittels gelesen und bist dabei über die Wörter Fette, Eiweiß und Kohlenhydrate gestolpert.

Was verbirgt sich hinter diesen Begriffen?

Fette

Fette sind wichtige Energiespeicher unseres Körpers. Durch sie wird Energie Platz sparend und relativ unproblematisch im Organismus gespeichert, so dass sie in Notzeiten zur Verfügung steht. Leider ist unser Körper darauf getrimmt, jeden ihm zugeführten Energieträger für diese Hungerzeiten zu speichern, so dass wir in Zeiten des Überflusses immer mehr Fett speichern – es könnten ja auch wieder einmal schlechtere Zeiten kommen.

Es ist durchaus sinnvoll, mit der Nahrung – auch in Form von Kohlenhydraten und Eiweiß! – nicht mehr Energie aufzunehmen, als wir im Alltag verbrauchen, denn ein »Zuviel« an Energie wird ein Organismus immer in Form von Fett speichern!

Chemiker bezeichnen Fette auch als *Triglyceride*. Dies sind chemische Verbindungen, die aus einem Molekül Glycerin und aus drei Molekülen Fettsäuren aufgebaut sind. Unter den Fettsäuren befinden sich einige, die als *ungesättigte* Fettsäuren bezeichnet werden. Sie kommen vor allem in den pflanzlichen Ölen vor und sind für uns deshalb so wichtig, weil sie Vitamincharakter haben. Deshalb ist beispielsweise Olivenöl im Gegensatz zu Butter so gesund.

Fette spielen aber nicht nur als Energiespeicher eine wichtige Rolle, sondern auch als Baustoffe für den Körper. Die Cytoplasmamembran besteht unter anderem auch aus Fettmolekülen, so genannten *Lipiden*. Die »Fettpolster« schützen einen Teil unserer Organe, wie beispielsweise die Nieren oder die Augen.

Die Kohlenhydrate

Was haben denn Kohlenhydrate mit der Kohle zu tun?

Kohlenhydrate enthalten ein Element, das auch in der Kohle vorkommt, nämlich das chemische Element Kohlenstoff.

Kohlenhydrate sind sehr einfach zusammengesetzt, denn sie bestehen im Prinzip aus Tausenden miteinander verknüpfter Zuckerteilchen. Traubenzucker ist gewissermaßen die »Basiseinheit« der Kohlenhydrate. Je nachdem, wie die Traubenzuckermoleküle miteinander verknüpft sind, entstehen Stärke oder *Cellulose*.

Cellulose kennst du von deiner Kleidung, denn Baumwolle ist nichts anderes als Cellulose. Das Blatt Papier, auf dem diese Buchstaben stehen, ist auch Cellulose – zumindest zum größten Teil. Und dies ist nun schon etwas seltsam: Die kleinste Einheit der Cellulose ist ein Stück Traubenzucker. Trotzdem können wir unser Baumwolle-T-Shirt nicht essen und werden von einem Blatt Papier nicht satt. Der Grund dafür ist, dass die Traubenzuckermoleküle, oder, wie die Biologen sagen, die *Glukosemoleküle*, in der Cellulose in einer besonderen Weise miteinander verknüpft sind. Wir können die Cellulose in unserem Verdauungstrakt nicht spalten, so dass die Cellulose für uns nur Ballaststoff ist. Cellulose ist auch ein typisches Material der Pflanzen, denn die pflanzliche Zellwand besteht aus Cellulose.

In der Stärke, wie sie beispielsweise im Mehl, in der Kartoffel oder im Reis vorkommt, sind ebenfalls Tausende von Glukosemolekülen miteinander verknüpft, allerdings so, dass unser Verdauungssystem die Stärke in einzelne Glukosemoleküle spalten kann. Diese Glukosemoleküle wandern dann durch die Darmwand hindurch ins Blut und werden dorthin transportiert, wo sie als »Brennstoffe« benötigt werden.

Das Eiweiß

Eiweiß oder *Proteine* sind sehr kompliziert aufgebaute, große Moleküle. Sie nehmen in den Zellen die unterschiedlichsten Funktionen wahr. Von einigen dieser Funktionen hast du sicher auch schon gehört:

◇ Hormone
  Viele Hormone, wie beispielsweise das für die Regulation des Blutzuckers wichtige Insulin, sind Proteine.

◇ Muskulatur
  Der Muskel besteht hauptsächlich aus zwei Proteinen – Aktin und Myosin. Dies ist einer der Gründe, warum Kraftsportler verstärkt Eiweiß essen.

◇ Enzyme
  Sie sind die Katalysatoren in den Lebewesen. Katalysatoren ermöglichen bei so niedriger Temperatur wie unserer Körpertemperatur chemische Reaktionen, die sonst nur bei wesentlich höheren Temperaturen stattfinden könnten. Man kann also davon ausgehen, dass ohne Enzyme in unseren Zellen fast nichts »laufen« würde.

◇ Proteine
Sie sind neben den Lipiden Bestandteil der Cytoplasmamembran.

Auch aus Eiweiß könnten wir Energie gewinnen, aber dafür ist es zu schade.

Wie du siehst, benötigen wir eine Fülle von chemischen Verbindungen, die wir alle mit der Nahrung aufnehmen. Auch die Bausteine der DNA beispielsweise müssen wir mit unserer Nahrung aufnehmen. Damit wir alle benötigten Stoffe in ausreichendem Maß aufnehmen, ist für uns eine ausgewogene, vielseitige Ernährung sehr wichtig.

Das Geheimnis einer gesunden Ernährung

In diesem Abschnitt wirst du erfahren, worin das »Geheimnis« einer gesunden Ernährung besteht.

Neben den Nährstoffen Kohlenhydrate, Fette und Eiweiß benötigen wir in jedem Falle auch noch Vitamine, Mineralstoffe, Ballaststoffe und Wasser.

Hast du schon gewusst, dass etwa drei Viertel des Menschen aus Wasser bestehen und wir täglich etwa 2,5 Liter durch Atmen, Schwitzen und den Urin wieder verlieren?

Welches sind aber die Nahrungsmittel, die diese Stoffe enthalten, und wie viel sollen wir davon essen?

Kohlenhydrate sind

◇ Zucker

＊ z.B. im Honig

＊ oder in Früchten

◇ Stärke

＊ z.B. in Kartoffeln

＊ Nudeln und

＊ in allen Backwaren

Fette kommen in vielen tierischen und pflanzlichen Lebensmitteln vor:

◇ in allen Fleisch- und Wurstprodukten

◇ in allen Milchprodukten

◇ aber auch in den pflanzlichen Ölen, wie beispielsweise Olivenöl und Sonnenblumenöl

Eiweiß ist besonders konzentriert in den

◇ Fleisch- und Wurstprodukten

◇ Milchprodukten

◇ und selbstverständlich im Hühnerei

Wir benötigen für unseren Stoffwechsel aber nicht nur diese Nährstoffe, sondern eben auch Mineralstoffe, Vitamine und Wasser.

Mineralstoffe nehmen wir mit einer ausgewogenen Ernährung normalerweise in ausreichendem Maße auf: Eisen, Magnesium, Calcium, Natrium, Kalium. Dies sind die wichtigsten Mineralstoffe. Daneben brauchen wir auch so genannte Spurenelemente wie Zink, Mangan, Kupfer, Selen.

Auch die Vitamine kommen in der Nahrung üblicherweise genügend vor:

◇ **Vitamin A** beispielsweise in Karotten, Eigelb, Leber, Butter, Milch. Wir brauchen davon täglich etwa ein Milligramm. Fehlt Vitamin A, können wir nachtblind werden.

◇ **Vitamin-B-Gruppe:** Hier werden mehrere, ähnliche Vitamine zusammengefasst. Sie kommen besonders in Vollkornprodukten, Milch, Nüssen, Fleisch und im Hühnerei vor. Wir brauchen sie vor allem im Energie- und Baustoffwechsel.

◇ **Vitamin C:** Dies ist wohl eines der bekanntesten Vitamine. Es kommt gehäuft in frischem Obst und Gemüse, aber auch in Kartoffeln vor. Vitamin C ist sehr wärmeempfindlich, was du bei der Zubereitung der Speisen bedenken solltest. Bist du nicht ausreichend mit Vitamin C versorgt, fühlst du dich weniger leistungsfähig und bist nicht so gut vor Infektionskrankheiten geschützt.

◇ **Vitamin D** ist im Eigelb, in der Kuhmilch und in der Butter vorhanden. Wir brauchen es, da es den Einbau von Calcium und Phosphat in die Knochen positiv beeinflusst.

◇ Neben diesen bekannteren Vitaminen gibt es auch noch einige weniger bekannte, wie beispielsweise die Vitamine E und K. Auch sie sind für uns lebenswichtig. Wir nehmen sie üblicherweise mit einer gesunden Ernährung in ausreichendem Maß auf.

Wann ernährst du dich aber ausgewogen und gesund – und schmecken soll es dir doch auch?

Dein täglicher Speiseplan

Dein täglicher »Speiseplan« sollte etwa folgende Zusammensetzung haben:

◇ Flüssigkeit (mindestens ein Liter) in Form von Tee, Mineralwasser, Fruchtsaftschorle ungesüßt, aber auch Suppe.

◇ Getreideprodukte, wie beispielsweise Brot und Semmeln aus Vollkornmehl

◇ Kartoffeln, Reis, Nudeln als Beilagen zum Hauptgericht

◇ Gemüse, Obst, Salat

◇ Milch oder Milchprodukte

◇ Pflanzlicher Öle, Butter

◇ Mageres Fleisch und Wurst, auf die Menge achten, 70 Gramm täglich genügen!

◇ Eier, nicht unbedingt täglich, aber mehrmals in der Woche

◇ Fisch, ein- bis zweimal wöchentlich

> Süßigkeiten, Zucker, zuckerhaltige Getränke, Kuchen und Schokolade sollten eher die Ausnahme sein und nur in geringen Mengen verzehrt werden.

Entscheidend für eine gesunde Ernährung ist auch die aufgenommene Menge, das heißt die *Kalorien*. Die benötigte Energie hängt von deiner Lebensweise ab. Zu einem bei allen Menschen mehr oder weniger gleichen Grundumsatz kommt nämlich noch ein *Leistungsumsatz*, der von deiner Tätigkeit abhängig ist.

Der *Grundumsatz*, das heißt, die verbrauchte Energiemenge bei völliger Ruhe beträgt etwa 250 kJ (Kilojoule), während du beim Gehen schon ca. 800 kJ benötigst.

Die grünen Pflanzen –
die Erfinder der Solartechnik

In diesem Abschnitt wirst du erfahren, woher all diese leckeren Nährstoffe letztlich kommen und wem wir sie zu verdanken haben.

Pflanzen gehören zu den erstaunlichsten Lebewesen überhaupt. Sie sind zum Teil sehr unscheinbar, wie beispielsweise die mikroskopisch kleinen Algen in den weiten Fluten der Weltmeere. Aber ohne sie wäre ein Leben für uns Menschen auf der Erde nicht denkbar. Denn den Sauerstoff, den wir einatmen, die Fette, das Eiweiß und die Kohlenhydrate, die wir essen, verdanken wir der Tätigkeit der grünen Pflanzen.

Vielleicht hast du dich schon gewundert, weil ich immer wieder betone: die grünen Pflanzen. Wie du schon im Kapitel über die Artenfülle gelesen hast, gibt es auch Pflanzen, die keinen grünen Blattfarbstoff besitzen. Sie können dann keine der genannten Stoffe produzieren.

Ich lade dich ein, mich auf eine spannende Expedition zu den Solaranlagen der Pflanzen zu begleiten. Wir werden einen der wichtigsten chemischen Vorgänge auf der Erde etwas genauer durchleuchten: die Fotosynthese.

Die Blätter – Solaranlagen der Pflanzen

Wo befinden sich nun diese geheimnisumwitterten »Fabrikanlagen« der Pflanzen, die schon seit Milliarden von Jahren in der Lage sind – im Gegensatz zu uns Menschen –, Lichtenergie in chemische Energie umzuwandeln und sogar selbst zu nutzen beziehungsweise sie anderen Lebewesen zur Verfügung zu stellen?

In jedem Blatt einer Pflanze finden wir in den Blattzellen besondere Zellorganellen, die *Chloroplasten*. In einem guten Lichtmikroskop kann man sie sehen, wenn man beispielsweise Algen aus dem Aquarium oder aus dem Gartenteich darunter betrachtet. Da man aber den genauen Aufbau der Chloroplasten nur im sündhaft teuren Elektronenmikroskop erkennen kann, habe ich für dich die Abbildung 6.1 ausgewählt.

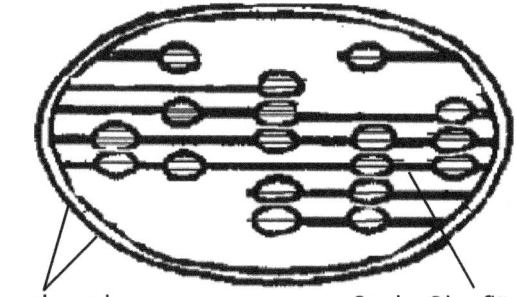

Doppelmembran   Starke Oberflächenvergrößerung durch Einstülpen der inneren Membran

Abb. 6.1: Aufbau der Chloroplasten

Nahezu jede Blattzelle hat mehrere dieser Chloroplasten. Ihr Name kommt von einem in ihnen enthaltenen grünen Farbstoff, dem *Chlorophyll*. Diese Chloroplasten sind die Orte der Fotosynthese.

Ehe wir uns aber mit der Fotosynthese und den Chloroplasten weiter beschäftigen, möchte ich dir kurz etwas über die Eigenschaften des Sonnenlichts erzählen. Immer, wenn du einen Regenbogen siehst oder die spiegelnde Oberfläche einer CD gegen das Licht hältst, wirst du feststellen, dass Sonnenlicht offensichtlich aus mehreren Farben, den *Spektralfarben* zusammengesetzt ist. Diese gehen von Blau, Blaugrün, Grün, Gelbgrün, Gelb nach Rot. Alle anderen Farben entstehen durch Mischung dieser Spektralfarben. Dass Licht sehr energiereich sein kann, entdeckst du auf schmerzhafte Weise bei einem Sonnenbrand. Blaues Licht ist sehr energiereich, grünes Licht weniger, rotes Licht ist am energieärmsten.

Bestimmte chemische Verbindungen, die wir *Farbstoffe* oder *Pigmente* nennen, sind nun in der Lage, Licht, das heißt also Energie, zu »schlucken« beziehungsweise aufzunehmen und dadurch energiereicher zu werden. Der grüne Blattfarbstoff *Chlorophyll* ist in der Lage, blaues Licht und rotes Licht zu absorbieren, das heißt aufzunehmen. Mit dem grünen Licht kann Chlorophyll nichts anfangen.

Überlege: Warum sind die Blätter der Pflanzen grün?

Was macht nun die Pflanze mit der absorbierten bzw. aufgenommenen Lichtenergie? Ich werde das im nächsten Kapitel beschreiben.

Die Fotosynthese – sind uns die Pflanzen überlegen?

Sicher hast du in letzter Zeit Erwachsene über die gestiegenen Rohölpreise jammern hören. Oft wird in diesem Zusammenhang von großen Automobilfirmen betont, dass sie längst schon den »Wasserstoffmotor« hätten, er aber angeblich von den Verbrauchern noch nicht gewünscht wird.

Wasserstoffmotor?

Woher kommt denn Wasserstoff?

Nun, Wasserstoff ist ein Gas, das im Wasser enthalten ist. Die chemische Formel von Wasser lautet H_2O, wobei H für Wasserstoff steht. Wenn Wasserstoff umgekehrt im Motor verbrannt wird, das heißt, mit dem Sauerstoff der Luft reagiert, wird sehr viel Energie frei, die unter anderem auch für den Antrieb eines Automotors eingesetzt werden kann, und es entsteht wieder Wasser.

Die Menschen haben aber ein Problem im Zusammenhang mit Wasserstoff. Ehrlicher wäre es zu sagen, sie haben mehrere Probleme!

Wasserstoff muss durch Spaltung von Wasser in Wasserstoff und Sauerstoff mit Hilfe der Sonnenenergie gewonnen werden. Dies ist für uns Menschen – im Gegensatz zu den Pflanzen – leider sehr aufwändig, sehr teuer und schwierig.

Ich möchte dir im Folgenden zeigen, wie elegant und einfach die Pflanzen dieses Problem schon vor mehr als einer Milliarde Jahren gelöst haben.

Die Lichtreaktion der Pflanzen

Pflanzen sind in der Lage, mit Hilfe des Farbstoffs Chlorophyll Lichtenergie zu absorbieren, zu »schlucken«. Dies geschieht in den Chloroplasten. Diese Energie nutzen die Pflanzen nun dazu, Wasser in Wasserstoff und Sauerstoff zu spalten, wobei sie den Sauerstoff über die Spaltöffnungen ihrer Blätter abgeben.

Den gebildeten Sauerstoff kannst du mit folgendem Experiment gut beobachten: In einem Gartencenter – oder aus dem nächsten Gartenteich – besorgst du dir einige Wasserpflanzen. Am besten eignet sich die Wasserpest. In einem Marmeladenglas mit Wasser stellst du sie dann an ein sonniges Fenster. Nach einiger Zeit kannst du an den Blattspitzen große Gasblasen entdecken. Dies ist der bei der Fotosynthese gebildete Sauerstoff.

Die vom Licht unabhängigen Reaktionen der Pflanzen

Den Wasserstoff verwenden die Pflanzen dazu, in einer anschließenden und vom Licht unabhängigen Reaktion aus dem aufgenommenen Kohlenstoffdioxid und Wasser Kohlenhydrate, Fette und Eiweiß herzustellen.

Die Energie, die in diesen Nährstoffen »steckt«, stammt also unmittelbar aus der von den Pflanzen aufgenommenen Sonnenenergie.

Eine Energieform kann in eine andere umgewandelt werden. So kann beispielsweise die Energie, die im Heizöl chemisch gebunden steckt, in Wärmeenergie, diese über ein Kraftwerk in elektrische Energie und diese wiederum in einem Elektromotor in Bewegungsenergie umgewandelt werden. So kann auch die Lichtenergie der Sonne durch die Tätigkeit der Pflanzen im Rahmen der Fotosynthese in chemisch gebundene Energie verwandelt werden.

Fotosynthese kurz und knapp

Die Reaktionen der Fotosynthese können in einer vereinfachten »Gleichung« zusammengefasst werden:

Wasser + Kohlenstoffdioxid => Traubenzucker + Sauerstoff

Durch Verknüpfung der Traubenzuckermoleküle miteinander entsteht Stärke und bei den Pflanzen auch die Cellulose.

Durch die Fotosynthese haben die Pflanzen die einmalige Fähigkeit erlangt, aus den einfachen und energiearmen Bausteinen Wasser und Kohlenstoffdioxid mit Hilfe der Sonne energiereiche Moleküle aufzubauen.

Diese verwenden sie für ihren eigenen Energiebedarf. »Selbstlos« stellen sie den Traubenzucker aber auch uns zur Verfügung. Wir können also festhalten, dass für uns Menschen und die Tiere ein Leben auf der Erde ohne die Pflanzen nicht möglich wäre. Da die Pflanzen die zum Leben nötige Energie selbst bereitstellen können, werden sie als *autotroph* bezeichnet. Lebewesen, die dies nicht können, nämlich Tiere, Pilze und Menschen, werden auch als *heterotroph*« bezeichnet.

In den nun folgenden Abschnitten werde ich dir zeigen, wie die Pflanzen mit Hilfe des Zuckers die zum Leben nötige Energie bereitstellen.

Atmung oder Gärung – das ist hier die Frage

Hast du schon einmal versucht, in einen mit Öl gefüllten Heizölkanister den Netzstecker eines Computers zu halten?

Läuft dann dein Rechner?

Ich glaube, es ist durchaus einmal wert, über dieses »Gedankenexperiment« zu grübeln, steckt doch im Öl jede Menge Energie.

In dieser Form nützt sie uns allerdings wenig. Wir können ja nicht einmal ein elektrisches Gerät damit betreiben. Die Energie, die in jedem Liter Heizöl steckt, muss erst einmal in eine Form umgewandelt werden, in der wir sie unmittelbar nutzen können. Dies geschieht in einem Kraftwerk. Dort wird Heizöl verbrannt. Die Wärmeenergie wird zum Verdampfen von Wasser genutzt. Mit Hilfe des Wasserdampfs wird nun eine Turbine angetrieben. Diese wiederum »bewegt« einen Generator und so bekommen wir dann die nötige elektrische Energie.

Ganz schön kompliziert, oder?

Auch unsere Zellen besitzen Kraftwerke, die sogenannten *Mitochondrien*. Die Hauptfunktion der Mitochondrien ist es, Energie herzustellen. Lebewesen stehen nämlich vor einem vergleichbaren Problem. Auch sie nehmen Energie in einer Form auf, in der sie nicht unmittelbar genutzt werden kann.

Mit einem Stück Traubenzucker kann ein Muskel ebenso wenig bewegt werden, wie ein MP3-Player durch Eintauchen in Heizöl läuft. Die Zelle muss also die Energie des aufgenommenen Traubenzuckers in eine Form umwandeln, in der sie für möglichst viele Abläufe und Reaktionen genutzt werden kann. Dabei entsteht selbstverständlich kein elektrischer Strom, sondern ein »universeller Energieträger«, das heißt eine chemische Verbindung, bei deren Spaltung Energie für die unterschiedlichsten Lebensprozesse freigesetzt wird. Dieses Molekül bezeichnen die Biochemiker mit der Abkürzung ATP. Sie steht für die Verbindung *Adenosin TriPhosphat*.

Beim Spalten von ATP wird sehr viel Energie frei, die die Zelle unmittelbar verwerten kann. Umgekehrt benötigt die Zelle Energie zum Aufbau von ATP.

Die Glykolyse – eine uralte Biotechnologie?

In diesem Abschnitt lernst du, wie in einem ersten Schritt aus einem Molekül Glukose Energie gewonnen wird, was *Glykolyse* genannt wird.

Dazu wird aus dem Blut die Glukose von den Zellen aufgenommen und im Cytoplasma über mehrere Stufen unter ATP-Gewinn zu *Brenztraubensäure* abgebaut. Diese chemische Verbindung ist ein wichtiges Zwischenprodukt im Stoffwechsel, denn ab hier trennen sich die Wege. Ist ausreichend Sauerstoff vorhanden, atmen die Organismen, das heißt, sie nehmen Sauerstoff auf und gewinnen ATP durch »Verbrennung«. Ist kein Sauerstoff vorhanden, ist für viele Organismen noch nicht »aller Tage Abend«, denn sie können auch durch Gärung ohne Sauerstoff Energie gewinnen.

Neben der Brenztraubensäure entsteht bei der Glykolyse noch eine weitere chemische Verbindung. Sie dient der Zelle als Wasserstoffüberträger. Die Biochemiker kürzen sie mit NAD ab. Ist sie mit Wasserstoff beladen, wird sie zu $NADH_2$. Der Wasserstoff stammt aus der Glukose und wird bei deren Abbau frei.

In den folgenden beiden Abschnitten wirst du erfahren, wie Organismen »atmen und gären«!

Atmung – was passiert mit dem eingeatmeten Sauerstoff?

Bis zum Entstehen der Brenztraubensäure haben die Organismen noch sehr wenig Energie in Form von ATP gewonnen. Es wird allmählich Zeit, dass nicht nur »gekleckert«, sondern »geklotzt« wird.

Dazu wird die Brenztraubensäure in einen Zyklus eingeführt, in den *Zitronensäurezyklus*. Viele Generationen vor dir mussten diesen schon in der Schule pauken. Doch keine Angst, ich werde versuchen, dich ohne Paukerei schlauer zu machen.

Den Zitronensäurezyklus kannst du dir als die zentrale Drehscheibe des gesamten Stoffwechsels vorstellen. Über ihn sind der Kohlenhydrat-, Eiweiß- und Fettstoffwechsel miteinander verknüpft.

Der Zitronensäurezyklus ist auch der Grund, warum unsere Fettpolster wachsen, obwohl wir kein Fett essen. Denn die aufgenommenen Kohlenhydrate und das Eiweiß können über den Zitronensäurezyklus in Fett umgewandelt werden.

Erstaunlicherweise wird aber im Verlauf dieses Zyklus immer noch relativ wenig Energie in Form von ATP gewonnen. Wir bekommen jedoch hier wieder jede Menge $NADH_2$.

Was passiert nun mit dem $NADH_2$, wann kommt endlich der eingeatmete Sauerstoff ins Spiel?

Nach dem Zitronensäurezyklus gelangt das entstandene $NADH_2$ in die *Endoxidation* oder*Atmungskette*.

Hier wird sehr viel Energie gewonnen, denn Wasserstoff reagiert mit Sauerstoff zu Wasser. Im Prinzip ist das die gleiche chemische Reaktion, die in einem Wasserstoffmotor abläuft. Damit die für eine Zelle »gewaltige« Energiemenge die Zellorganellen nicht zerstört, wird sie in mehreren Stufen abgegeben. Die Energie wird in Form von ATP den Zellen und somit dem gesamten Organismus zur Verfügung gestellt.

Damit du eine ungefähre Vorstellung von der frei werdenden Energie bekommst, möchte ich dich an eine der schlimmsten Katastrophen der Luftfahrt erinnern:

Die Zeppeline des letzten Jahrhunderts waren mit Wasserstoff gefüllt. Wasserstoff ist das leichteste aller Gase. In den dreißiger Jahren geriet ein Zeppelin beim Landeanflug auf New York in ein schweres Gewitter. Die Hülle dieses Zeppelins bekam ein Loch und somit konnte Wasserstoff austreten. Ein Blitz entzündete ihn und mit einer gewaltigen Detonation stürzte der Zeppelin ab.

Doch keine Angst. Unsere Zellen werden nicht explodieren. Denn in den Mitochondrien wird die Energie in kleinen Portionen freigesetzt.

Gärung – eine uralte Biotechnologie?

In diesem Abschnitt möchte ich dir zeigen, warum

◇ Mutters Hefekuchen so schön locker wird

◇ Hefepilze uralte »Drogenproduzenten« sind

◇ Ein Marathonläufer nicht so schnell wie ein Hundertmeterläufer sein kann

◇ Und noch einiges mehr zum Thema Gärung!

Im Sportunterricht bist du vermutlich schon öfters an deine Leistungsgrenze gestoßen. Nach einem anstrengenden Lauf auf der 400-m-Bahn schlägt dein Herz rascher und deine Atmung wird schneller. Du hast das Gefühl, nicht genügend Luft, das heißt Sauerstoff zu bekommen.

Und dein Gefühl trügt dich nicht. Denn wie du im vorangegangenen Abschnitt gesehen hast, brauchst du zum Energiegewinn Sauerstoff. Und nach körperlichen Anstrengungen wird dieser oft zur »Mangelware«. Wir können bei einem Hundertmeterlauf gar nicht so tief und oft atmen, wie wir müssten, um ausreichend mit dem lebenserhaltenden Gas versorgt zu werden. Aber wir haben in diesen Extremsituationen eine weitere Möglichkeit, ATP zu gewinnen.

Nach der Glykolyse entscheidet sich, welcher der beiden Wege eingeschlagen wird:

◇ Steht ausreichend Sauerstoff zur Verfügung, geht die Brenztraubensäure über den Zitronensäurezyklus in die Endoxidation.

◇ Fehlt dieses lebenserhaltende Gas oder steht es nicht ausreichend zur Verfügung, kann die Brenztraubensäure nicht weiter abgebaut werden. Sie nimmt dann vom $NADH_2$ den Wasserstoff auf und es entsteht Milchsäure oder Laktat. Diesen ATP-Gewinn ohne Sauerstoff bezeichnen wir als *Gärung*. Diese liefert allerdings nur einen Bruchteil der ATP-Menge. Durch Atmung gewinnen wir 19 Mal mehr ATP als durch Milchsäuregärung!

Die Milchsäuregärung hat für Sportler noch einen weiteren Nachteil. Sie schränkt die Leistungsfähigkeit des Muskels ein, er »übersäuert«. Sie muss abgebaut und abtransportiert werden. Je besser trainiert ein Sportler ist, umso später werden seine Zellen von Atmung auf Milchsäuregärung umschalten und umso schneller wird die Milchsäure auch wieder abtransportiert. Deshalb müssen Sportler im Training immer wieder einmal einen *Laktat-Test* über sich ergehen lassen. Dabei wird nach einer anstrengenden Trainingseinheit aus einem Tropfen Blut die Menge des gebildeten Laktats bestimmt.

Überlege: Wer hat den höheren Laktat-Wert? Ein gut trainierter Sportler oder ein schlecht trainierter?

Warum kann aber ein Marathonläufer nicht so schnell wie ein Hundertmeterläufer sprinten, vor allem nicht zwei Stunden lang?

Wegen der Übersäuerung des Muskels können wir nur ganz kurz ohne oder mit zu wenig Sauerstoff ATP gewinnen. Gut trainierte Leistungssportler schaffen dies etwa eine Minute. Dann ist der Muskel total übersäuert, die Leistungsfähigkeit nimmt sehr rasch ab. Ein Marathonläufer kann seine Höchstgeschwindigkeit also nicht zwei Stunden aufrechterhalten.

Aber nicht nur wir Menschen können durch Milchsäuregärung Energie gewinnen. Dazu sind auch einige Bakterien in der Lage. Wir nutzen diese »Biotechnologie« schon einige Jahrtausende. Dabei entstehen so bekannte Produkte wie beispielsweise Sauerkraut oder Joghurt.

Der ATP-Gewinn mit Sauerstoff wird als *aerob* bezeichnet, ohne Sauerstoff als *anaerob*.

Neben der Milchsäuregärung haben manche Hefepilze noch eine weitere Möglichkeit des anaeroben Energiegewinns entwickelt, nämlich die *alkoholische Gärung*.

Dabei wird von der Brenztraubensäure Kohlenstoffdioxid abgetrennt und es entsteht der Alkohol Ethanol, der »Trinkalkohol«.

Auch die Backhefe kann durch alkoholische Gärung ATP gewinnen. Das gebildete Kohlenstoffdioxid entweicht und die Gasblasen machen den Hefeteig besonders locker. Der ebenfalls entstandene Alkohol verdampft bei den hohen Backtemperaturen ebenfalls vollständig.

Vielleicht verstehst du jetzt auch, warum ich am Anfang des Abschnitts die Hefen als uralte Drogenproduzenten bezeichnet habe. Auch wenn wir manchen Hefen und der alkoholischen Gärung Getränke wie beispielsweise Wein und Bier verdanken, solltest du nicht vergessen, dass Alkohol eine Droge ist, die schon sehr viel Unheil angerichtet hat.

Zusammenfassung

In diesem Kapitel hast du Folgendes gelernt:

◇ Welches die wichtigsten Nährstoffe sind

◇ Wie eine ausgewogene Ernährung ausschaut

◇ Wie die Pflanzen die Lichtenergie verwerten

◇ Wie wir durch Atmung und Gärung Energie umsetzen

Aufgaben und Fragen

1. Erstelle für einen ganzen Tag eine »gesunden« Speisekarte!

2. Welche Bedeutung haben Proteine, Fette und Kohlenhydrate?

3. Warum können wir behaupten, Zucker ist gespeicherte Sonnenenergie?

4. Wäre ein Leben für uns Menschen ohne die Pflanzen denkbar?

5. Wodurch unterscheiden sich Atmung und Gärung?

6. Können auch Menschen durch Gärung Energie umsetzen?

7. Wann haben Sportler einen hohen Laktatwert?

8. Wozu brauchen wir ATP?

7

Verhaltensforschung oder Tierpsychologie?

Die Verhaltensforschung gehört in der Schule zu den beliebtesten Fachbereichen der modernen Biologie. Vielleicht hast du ein Haustier: ein Kaninchen, einen Goldhamster, eine Katze oder einen Hund. Dann bist du wohl ein wahrer »Tierpsychologe« und kennst das Verhalten deines Lieblingstieres sehr gut.

Ich möchte dich in diesem Kapitel vor allem mit dem Verhalten frei lebender oder im Zoo lebender Wildtiere vertraut machen.

In diesem Kapitel lernst du:

◎ Techniken der Tierbeobachtung

◎ dass Tiere einen angeborenen Instinkt besitzen

◎ dass Tiere lernen können

◎ dass viele Tiere in sozialen Bindungen leben

◎ dass sich manche Ergebnisse der Verhaltensforschung auch auf den Menschen übertragen lassen.

7 Angeborenes Verhalten

Wenn du in den Tierpark gehst, begegnen dir die unterschiedlichsten Tiere:

◇ Putzige Pinguine

◇ Wilde Tiger

◇ Schöne Pfaue

◇ Liebe Pferde

◇ Hektische Paviane

◇ Langweilige Schildkröten

◇ Stolze Kamele

◇ Träge Elefanten

Regeln zur Verhaltensbeobachtung

Doch hat dies etwas mit »genauem« Beobachten von Tieren zu tun? Ich glaube, du fühlst selbst, dass wir »Regeln« für das Beobachten von Tieren brauchen, um zu vergleichbaren und auswertbaren Ergebnissen zu kommen. Vor allem müssen wir uns vor »Vermenschlichung« der Tiere hüten. Tiere »freuen« sich nicht. Sie sind auch nicht »traurig« oder »lustig«. Wir können allenfalls versuchen zu beurteilen, wie sie sich fühlen.

Was verstehen die Verhaltensbiologen, die auch als *Ethologen* bezeichnet werden, unter Verhalten?

Verhalten ist

◇ eine für uns wahrnehmbare und umkehrbare Bewegung

◇ eine Körperhaltung

◇ eine Lautäußerung

◇ ein Farbwechsel

◇ ein Aussenden chemischer Signale

Um ein Verhalten ernsthaft beschreiben zu können, müssen die Verhaltensweisen erst einmal genau definiert werden. Dazu muss im Vorfeld zwischen Individualverhalten und Sozialverhalten unterschieden werden.

◇ **Individualverhalten:**

 ＊ Liegen: Alle Gliedmaßen am Boden – nicht nur die »Füße« und »Hände«

 ＊ Gehen: Fortbewegung auf vier Beinen – bei landlebenden Säugetieren – oder auf zwei Beinen – bei Vögeln.

 ＊ Fressen: Aufnahme von Nahrung mit anschließender Kau- oder Schluckbewegung

 ＊ Fell- oder Gefiederpflege

◇ **Sozialverhalten:**

 ＊ Mutter-Kind-Verhalten

 ＊ Kämpfen

 ＊ »Beschnüffeln«

Wie du siehst, ist es gar nicht so einfach, das Verhalten eines Tieres wirklich zu »beschreiben« und dann auch zu »verstehen«.

Wenn du die Verhaltensweisen eines Tieres so definiert hast, gibt es mehrere Methoden, sie zu beobachten:

◇ **Scanmethode:** In regelmäßigen Abständen wird das Verhalten von allen Mitgliedern der beobachteten Tiergruppe möglichst rasch festgehalten. Mit dieser Methode kann man besonders gut die örtlichen Beziehungen zwischen Individuen und ihre räumliche Orientierung untersuchen.

◇ **Fokusmethode:** Während einer bestimmten Beobachtungszeit konzentrierst du dich auf ein bestimmtes Tier und hältst seine Verhaltensweisen fest, wie ich es oben beschrieben habe.

◇ **Soziometrische Matrix:** Wie der Name schon sagt, untersuchst du mit dieser Methode alle sozialen Interaktionen zwischen den Tieren. Dazu suchst du dir ein Tier aus und beobachtest dessen soziale Beziehungen.

Wie kann angeborenes Verhalten nachgewiesen werden?

Es gibt verschiedene Methoden, angeborene Verhaltensweisen nachzuweisen. Eine der bekanntesten Methoden ist sicherlich das *Kaspar-Hauser-Experiment*. Dabei werden Jungtiere unter spezifischem Erfahrungsentzug aufgezogen. Dazu werden sie unmittelbar nach dem Schlüpfen oder nach der Geburt isoliert und ohne Kontakt zu Artgenossen gehalten. Sie können also nichts von ihnen »abschauen«! Alle Verhaltensweisen, die sie zeigen und die mit ihren gleichaltrigen Artgenossen übereinstimmen, müssen ihnen angeboren sein.

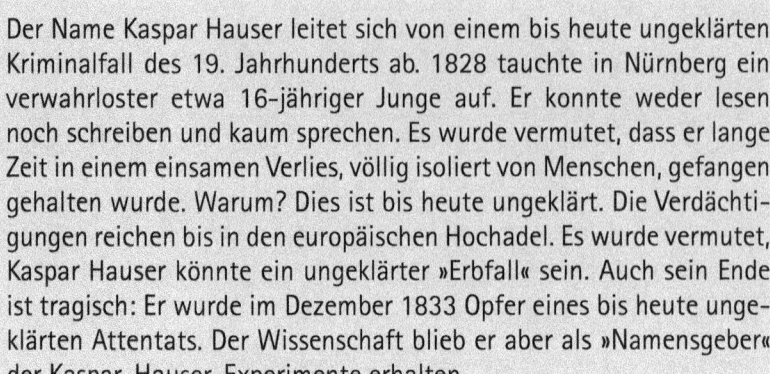

Der Name Kaspar Hauser leitet sich von einem bis heute ungeklärten Kriminalfall des 19. Jahrhunderts ab. 1828 tauchte in Nürnberg ein verwahrloster etwa 16-jähriger Junge auf. Er konnte weder lesen noch schreiben und kaum sprechen. Es wurde vermutet, dass er lange Zeit in einem einsamen Verlies, völlig isoliert von Menschen, gefangen gehalten wurde. Warum? Dies ist bis heute ungeklärt. Die Verdächtigungen reichen bis in den europäischen Hochadel. Es wurde vermutet, Kaspar Hauser könnte ein ungeklärter »Erbfall« sein. Auch sein Ende ist tragisch: Er wurde im Dezember 1833 Opfer eines bis heute ungeklärten Attentats. Der Wissenschaft blieb er aber als »Namensgeber« der Kaspar-Hauser-Experimente erhalten.

Neben Kaspar-Hauser-Experimenten gibt es noch weitere Möglichkeiten, angeborene Verhaltensweisen bei Tieren nachzuweisen.

◇ Verhaltensweisen, die ein Tier beim Schlüpfen aus dem Ei oder unmittelbar nach der Geburt zeigt, müssen angeboren sein. Ein Küken, das mit seinem Eizahn die Eischale »knackt«, kann dies nicht gelernt haben, denn es hatte noch nie Kontakt mit anderen Lebewesen außerhalb des Eis.

◇ Verhaltensweisen, die nur einmal im Leben gezeigt werden und schon beim ersten Mal perfekt ablaufen, können nicht erlernt sein. Eine Eintagsfliege paart sich nur einmal im Leben. Sie hat keine Übungsmöglichkeiten.

◇ Verhaltensweisen, die bei nahe verwandten Arten sehr ähnlich ablaufen, sind mit großer Wahrscheinlichkeit angeboren. Beispielsweise balzen Entenerpel verschiedener Entenarten auf ähnliche Weise die Weibchen an.

Wie könnte man angeborenes Verhalten beim Menschen nachweisen?

Kaspar-Hauser-Experimente lassen sich beim Menschen aus ethischen und moralischen Gründen nicht durchführen. Wie du noch erkennen wirst, wären Menschen, die in früher Kindheit isoliert von anderen Menschen aufwachsen würden, mit schweren psychischen und körperlichen Spätfolgen belastet.

Bekannt geworden ist ein »Experiment«, das der Franziskanermönch Salimbene von Parma in einer Chronik behandelt. Auf der Suche nach der Ursprache soll Friedrich II. mehrere Säuglinge von der Außenwelt isoliert haben. Ihren Ammen wurde befohlen, die Kinder zwar zu stillen und sauber zu halten, aber weder mit ihnen zu sprechen noch sie zu liebkosen oder ihnen sonstige Zuwendung zuteil werden zu lassen. Auf diese Weise habe Friedrich II., der letzte Stauferkaiser, herausfinden wollen, in welcher Sprache Kinder zu sprechen beginnen würden. Das Resultat war, dass diese nicht gesprochen haben, sondern aufgrund der mangelnden menschlichen Zuwendung früh gestorben sind.

Doch gibt es Alternativen zu Kaspar-Hauser-Experimenten?

◇ Es gibt Menschen, die in einer bedauerlichen, »natürlichen Kaspar-Hauser-Situation« leben, nämlich taub-blind-geborene Kinder. Alle Verhaltensweisen, die sie als Kinder zeigen, vor allem ihre Mimik und Gestik und ihre ersten Lautäußerungen, müssen angeboren sein, da sie ja weder hören noch sehen können.

◇ Kulturenvergleich: Vergleicht man Verhaltensweisen verschiedener Völker, die sie beispielsweise bei Begrüßungszeremonien oder beim Flirten zeigen, so kann man davon ausgehen, dass sie angeboren sind.

Reiz und Motivation – beides muss stimmen!

◇ Ein männlicher Rothirsch interessiert sich nur im Herbst für ein Weibchen.

◇ Ein Mäusebussard kreist auf der Suche nach Nahrung nur dann in der Luft, wenn er Hunger hat.

◇ Ein Stichling verteidigt sein Revier nur im Frühjahr.

Warum?

Wir wollen in diesem Abschnitt der interessanten Frage nachgehen, warum Lebewesen nur zu bestimmten Zeiten etwas tun, während sie dies zu einem anderen Zeitpunkt unterlassen.

Das angeborene Verhalten wird durch zwei Faktoren bestimmt:

◇ **Motivation:** Dies ist die »Triebkraft« einer Verhaltensweise, der innere Grund, warum ein Lebewesen dies und dies nur jetzt tut. Die Motivation ist von verschiedenen Faktoren abhängig:

7

* Jahreszeitlicher Wechsel

* Tageszeit

* Hormonelle Umstellung

* »Versorgungszustand«, das heißt beispielsweise die Versorgung mit Nahrung

◇ **Schlüsselreiz:** Darunter versteht man einen Reiz, der ein bestimmtes angeborenes Verhalten auslöst. Schlüsselreize können

* optisch sein. Eine fliehende Maus ist beispielsweise ein Schlüsselreiz für den Mäusebussard. Er wird im Sturzflug auf sie zufliegen, um sie zu fangen und zu fressen.

* akustisch sein. Der Gesang des Amselmännchens im Frühjahr ist für seinen Rivalen ein Schlüsselreiz und es signalisiert damit, dass dieses Revier schon besetzt ist.

* chemisch sein. Hunde markieren beispielsweise durch »Duftmarken« ihr Revier.

Tiere zeigen ein bestimmtes Verhalten nur dann, wenn beide Faktoren zusammenkommen, Motivation und ein dazu passender Schlüsselreiz.

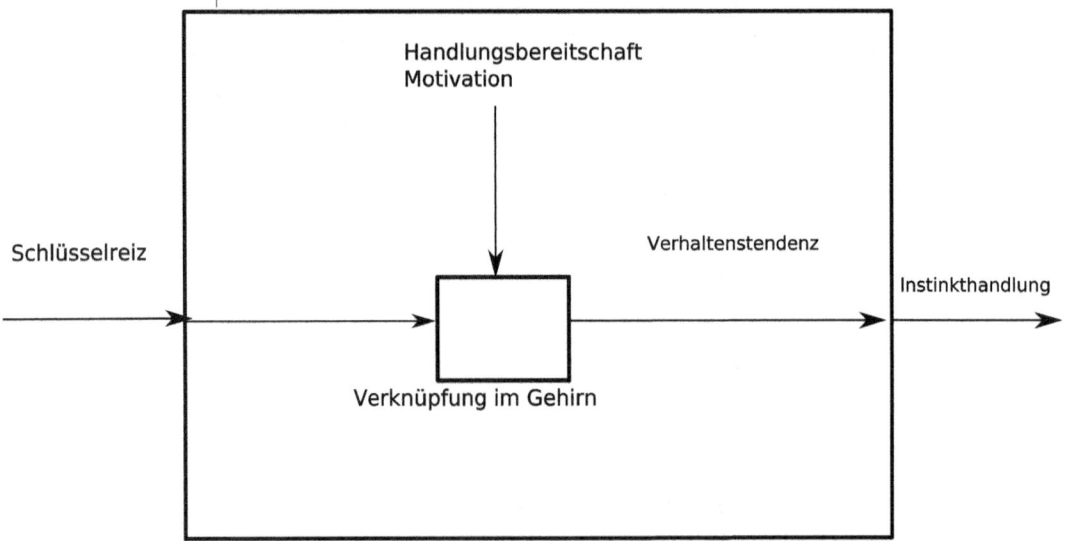

Abb. 7.1: Zusammenwirken von Motivation und Schlüsselreiz

Die Motivation kann schwanken:

◇ *Jahresperiodisch:* Wenn im Frühjahr die Wassertemperatur steigt und die Tage länger werden, verändert sich beispielsweise beim Stichling, einem kleinen Fisch unserer Flüsse, der Hormonspiegel und er kommt in Fortpflanzungsstimmung. Wenn im Aquarium im August durch Reduzierung der Beleuchtung und Verminderung der Wassertemperatur der Winter simuliert wird, man dann aber im Oktober die Beleuchtungsdauer und die Wassertemperatur wieder ansteigen lässt, kommt der Stichling auch im November in Fortpflanzungsstimmung.

◇ *Tagesperiodisch:* Es gibt nachtaktive Tiere wie die Fledermäuse und tagaktive Tiere wie viele Singvögel. Tiere sind zu bestimmten Tageszeiten motiviert zu fressen oder zu balzen.

◇ *Vorangegangenes Verhalten:* Ein Tier ist unmittelbar nach erfolgreicher Paarung selten motiviert, sich erneut zu paaren.

Wenn die Motivation und ein entsprechender Reiz zusammenpassen wie ein Schlüssel zum Schloss, erfolgt die entsprechende Instinkthandlung. Reize, die eine bestimmte Instinkthandlung auslösen, werden auch als *Schlüsselreize* bezeichnet.

Attrappenversuche

Schlüsselreize eines Tieres können mit Hilfe so genannter *Attrappenversuche* analysiert werden. Ich möchte dir am Beispiel des Stichlings, einem »Klassiker« in der Verhaltensbiologie, das Vorgehen zeigen:

Während der Fortpflanzungszeit sind die Stichlingsmännchen prächtig gefärbt. Sie haben einen roten Bauch und einen türkisfarbenen Rücken. Hält man einem Stichlingsmännchen während dieser Zeit einen Spiegel in das Aquarium, bekämpft es sein eigenes Spiegelbild.

Was kann man daraus schließen?

Richtig! Es kommen nur optische Schlüsselreize in Frage, denn ein Spiegelbild kann keine akustischen oder chemischen Signale aussenden. Will man nun die Schlüsselreize weiter analysieren, hält man eine möglichst naturgetreue Nachbildung des Stichlingsmännchen, die man immer mehr vereinfacht, in das Aquarium und beobachtet die Reaktionen des Stichlingsmännchen. Schließlich beobachtet man, dass das Kampfverhalten auch von einer nicht allzu großen ovalen Scheibe ausgelöst wird – wenn die untere Hälfte der Scheibe nur rot gefärbt ist.

Der rote Bauch des Stichlingsmännchen ist also ein Schlüsselreiz und löst das Kampfverhalten aus.

Ablauf einer Instinkthandlung

Instinkthandlungen sind im Allgemeinen dadurch charakterisiert, dass sie sehr »starr« ablaufen. Dies erleichtert allerdings auch unter Umständen ihre Beobachtung. Wenn du das Verhalten von Tieren beobachten willst, solltest du sehr ruhig sein und die Tiere möglichst wenig stören. Ferner empfehle ich dir ein Fernglas, damit du auch aus größerer Entfernung die Reaktionen der beobachteten Tiere genau studieren kannst. Ich möchte dir die drei Abschnitte einer Instinkthandlung am Beispiel des Jagdverhaltens eines Mäusebussards beschreiben:

◇ **1. Phase: Ungerichtete Appetenz.** Der Bussard segelt im Aufwind über einem Getreidefeld auf der Suche nach Beute, denn er ist hungrig. Seine Motivation zu fliegen ist also sein Hunger, denn sein Versorgungszustand ist schlecht. Ihm ist angeboren, dass er mit seinen scharfen Augen den Acker genau mustern muss. Er wird so lange über dem Feld kreisen, bis die 2. Phase der Instinkthandlung beginnen kann.

◇ **2. Phase: Gerichtete Appetenz oder Orientierungsreaktion.** Erblickt der Mäusebussard eine Maus, beendet er seinen »Segelflug« und rast im Sturzflug auf die Maus zu. Die Maus ist für ihn ein Schlüsselreiz. Während dieses Flugs kann er die Bewegungen der Maus nachvollziehen und korrigiert seine Flugrichtung entsprechend. Mit dem Ergreifen der Beute beginnt die letzte Phase.

◇ **3. Phase: Erbkoordination oder Instinktive Endhandlung.** Der Musebussard ergreift die Maus mit seinen Krallen und tötet sie. Anschließend verschlingt er die Beute. Dieser Handlungsablauf ist sehr *formkonstant*, das heißt, er läuft immer in der gleichen Art und Weise ab.

Eine einmal begonnene Orientierungsreaktion kann auch abgebrochen werden. Wenn beispielsweise die Maus Glück hat und in ihrem Mauseloch verschwindet, beendet der Bussard sofort seinen Sturzflug und »dreht ab«, das heißt, er beginnt erneut mit der Suche nach Beute. Eine einmal begonnene Erbkoordination kann dagegen nicht mehr unterbrochen werden. Würde man dem Bussard die Beute im Augenblick des »Zupackens« entreißen können, würde er »ins Leere hinein« die vermeintliche Beute töten und verschlingen. Er würde also die Bewegungen vollziehen, ohne dass die Beute noch da ist.

Wenn du sorgfältig beobachtest, kannst du immer wieder bei Tieren diese drei Phasen einer Instinkthandlung erkennen.

Doppelte Quantifizierung

Der Verhaltensforscher Konrad Lorenz, der 1973 zusammen mit dem »Bienenvater« Karl von Frisch und dem holländischen Biologen Nikolaas Tinbergen den Nobelpreis für Medizin erhielt, erkannte, dass die Intensität, mit der eine Verhaltensweise ausgeführt wird, sowohl von der Höhe der Motivation als auch von der Stärke, das heißt der Qualität des Schlüsselreizes abhängt.

Ich möchte dir das an folgendem Beispiel erklären: Zu Beginn der Fortpflanzungszeit ändert sich bei einem Hirschbullen die hormonelle Lage, seine Motivation sich fortzupflanzen steigt. In dieser Phase werden für ihn die Hirschkühe zum Schlüsselreiz, sich zu paaren. Bekommt er aber längere Zeit keine Hirschkuh »zu Gesicht«, aus welchen Gründen auch immer, wird die Motivation so stark, dass er sich auch mit einer wenig attraktiven Kuh paaren wird. Hat er sich nun öfters mit den Kühen seiner Herde gepaart, nimmt seine Motivation zur Fortpflanzung immer mehr ab. Gegen Ende der Fortpflanzungsperiode muss schon ein »überoptimaler« Schlüsselreiz, das heißt eine »Super«-Hirschkuh kommen, damit er noch paarungsbereit ist.

Leerlaufhandlung und Übersprungshandlung – Sonderformen angeborener Verhaltensweisen

Wenn du zu Hause ein Tier hältst, beispielsweise ein Kaninchen, ein Meerschweinchen, eine Katze oder einen Hund, kannst du immer wieder Reaktionen der Tiere beobachten, die etwas seltsam erscheinen und nur schwer zu verstehen sind. Häufig handelt es sich um Sonderformen angeborenen Verhaltens, die beispielsweise dadurch zustande kommen, dass zwar die Motivation sehr hoch ist, aber in einer Wohnung der entsprechende Schlüsselreiz fehlt.

Leerlaufhandlung

Diese »Reaktion« zeigt ein Tier, wenn die Motivation immer mehr ansteigt, aber der passende Schlüsselreiz fehlt. Ein Rüde versucht in Fortpflanzungsstimmung, alle möglichen Gegenstände zu begatten, wenn man ihm eine Hündin vorenthält. Er zeigt also das Paarungsverhalten ohne den dazu gehörenden Schlüsselreiz.

Übersprungshandlung

Wenn etwa zwei gleich starke Hähne auf dem Hühnerhof um die Rangordnung kämpfen, kann man beobachten, dass sie plötzlich während des Kampfs beginnen, auf den Boden zu picken und so zu tun, als würden sie Körner fressen. Verhaltensbiologen erklären dies damit, dass bei gleichstarken Hähnen die Motivation zum Angriff und zur Flucht etwa gleich stark ist. Sie kommen in einen Triebkonflikt, der sich auf einem »Nebenkriegsschauplatz« entlädt. Ihre Energie arbeiten sie gewissermaßen auf dem Gebiet des Nahrungserwerbs ab, indem sie so tun, als würden sie Körner picken. Selbstverständlich »überlegen« sie dabei nicht, dieses Handeln ist ihnen angeboren.

7

Beispiele angeborener Verhaltensweisen beim Menschen

Menschen sind die lernfähigsten Lebewesen der Erde. Dadurch sind bei ihnen die angeborenen Verhaltensanteile immer mehr in den Hintergrund getreten und durch erlerntes Verhalten ersetzt worden. Vor allem im Frühkindstadium sind noch einige lebenserhaltende, angeborene Verhaltensanteile, beispielsweise der Klammerreflex der Säuglinge, zu beobachten. Aber auch einige »Schlüsselreize«, wie die sekundären männlichen und weiblichen Geschlechtsmerkmale oder das »Kindchenschema« ist den Menschen angeboren.

Auch du hast sicher schon öfters einmal an einer Schulaufgabe gesessen und hast am Bleistift herumgekaut, weil dir nichts mehr eingefallen ist. Hättest du dir gedacht, dass es sich in diesem Fall um eine »Übersprungshandlung« handelt? Du stehst in der Situation in einem Triebkonflikt, nämlich zwischen Angriff und Flucht. Deshalb zeigst du Verhaltensweisen aus einem anderen Motivationsbereich, aus dem Nahrungserwerb.

Auch einige Reize aus der Umgebung sind für Menschen »Schlüsselreize«, die ein angeborenes Verhalten auslösen.

Kindchenschema:

Hast du dir schon einmal überlegt, warum man sich eigentlich nicht dagegen »wehren« kann, junge Tiere nett, lieb und beschützenswert zu finden? Konrad Lorenz hat herausgefunden, dass es ein so genanntes *Kindchenschema* gibt. Junge Lebewesen haben meist übereinstimmende Merkmale:

◇ Einen großen Kopf im Vergleich zum Körper

◇ Kurze Gliedmaßen

◇ Große, tief liegende Augen

◇ »Weiche« Körperoberfläche

Dieses Kindchenschema löst bei uns als Schlüsselreiz ein Instinktverhalten aus dem Bereich des Brutpflegeverhaltens aus. Wir müssen uns mit beschützenden Gesten und Handlungen um den jungen Organismus kümmern – ob wir wollen oder nicht!

Beispiel für angeborene Mimik
Wer von den beiden ist fröhlich, wer ist griesgrämig und traurig?

Abb. 7.2: Kindchenschema

Sekundäre weibliche und männliche Geschlechtsmerkmale

Frauen und Männer unterscheiden sich im Normalfall deutlich voneinander. Wir verdanken dies den sekundären Geschlechtsmerkmalen:

◇ Sekundäre weibliche Geschlechtsmerkmale:

  ✳ Brüste

  ✳ geringe Körperbehaarung

  ✳ schmale Schultern

  ✳ breite Hüften

  ✳ »weiche Körperoberfläche« durch ein verstärkt ausgebildetes Unterhautfettgewebe

◇ Sekundäre männliche Geschlechtsmerkmale:

* stärkere Körperbehaarung, vor allem Bartwuchs

* breite Schultern

* schmale Hüften

* »harte Körperoberfläche« durch verstärkt ausgebildete Muskulatur

Diese Schlüsselreize lösen bei uns die entsprechenden angeborenen Verhaltensweisen aus, im Falle der sekundären Geschlechtsmerkmale das Balzverhalten, beziehungsweise das »Interesse« am jeweils anderen Geschlecht. Ich möchte aber an dieser Stelle ausdrücklich betonen, dass angeborene Verhaltensweisen vom Menschen sehr wohl durch seinen Verstand zu kontrollieren sind!

Häufig werden die sekundären Geschlechtsmerkmale, beziehungsweise das Kindchenschema, auch in der Werbung eingesetzt.

Welchen Sinn soll eine »heiße Blondine«, drapiert auf der Motorhaube eines schnellen Schlittens haben?

Richtig! Sie soll die Aufmerksamkeit der männlichen Käuferschicht auf das Auto lenken. Ihre überdeutlich zur Schau gestellten, weiblichen Schlüsselreize sollen die Augen der Männer auf sie, aber vor allem auch auf die »Unterlage«, auf der sie liegt, lenken.

Warum werben Waschmittelfirmen häufig mit »kuschelweichen« Erfolgen ihrer Waschpulver und setzten dabei für die Werbung kleine, flauschige Küken oder Schäfchen - »schäfchenweich« - ein?

Sie nutzen das Kindchenschema, das wiederum die Aufmerksamkeit - hier der weiblichen Käuferschicht - auf das Produkt lenken soll.

Auch Tiere müssen lernen, nicht nur du!

Wäre das Leben doch so schön, wenn nur das Lernen nicht wäre! Sicher hast du auch schon öfters so gedacht. Aber ich kann dich trösten. Auch Tiere müssen lernen und je höher ein Lebewesen entwickelt ist, umso mehr tritt erlerntes Verhalten in den Vordergrund. Deshalb müssen die Menschen als die am höchsten entwickelten Lebewesen auch am meisten lernen.

Erlerntes Verhalten hat nämlich gegenüber dem angeborenen Verhalten einen großen Vorteil:

Während ein einfaches Lebewesen auf sich verändernde Umweltbedingungen mit angeborenen Verhaltensweisen nicht flexibel genug reagieren kann, können hoch entwickelte Tiere und vor allem der Mensch durch erlernte Verhaltensweisen anpassungsfähig auf Veränderungen dagegenhalten.

In diesem Abschnitt möchte ich dich mit verschiedenen Formen des Lernens vertraut machen.

Angeboren oder erlernt – nicht immer leicht zu trennen

Verhaltensbiologen gehen davon aus, dass es im Gehirn der Tiere eine Art »Filtermechanismus« gibt, der aus den auf das Tier einwirkenden Reizen diejenigen Schlüsselreize ausfiltert, die zur Motivation des Tieres passen. Dieser Mechanismus wird als *AAM* oder **A**ngeborener **A**uslösender **M**echanismus bezeichnet.

> Ein junges Eichhörnchen greift beispielsweise nach kleinen, relativ runden Gegenständen, die benagt werden könnten und wenigstens entfernt nach Nüssen aussehen. Dabei spielt es keine Rolle, ob diese Gegenstände aus Holz oder Gips sind oder vielleicht gar kleine Steine – Hauptsache klein und rund. Nach einiger Zeit greifen die jungen Eichhörnchen allerdings nur noch nach Nüssen oder Eicheln. Sie haben »gelernt«, Fressbares von nicht Fressbarem zu unterscheiden. Der AAM wurde also »verfeinert«, aus dem AAM wurde ein *EAAM*, ein durch **E**rfahrung modifizierter AAM.

Eichhörnchen bauen zur Aufzucht ihrer Jungen und zum Schlafen ein »Nest«, einen Kobel. Dazu sammeln sie Stroh und Zweige auf dem Boden und tragen sie in die Baumwipfel, wo sie das Nest bauen. Sie klemmen sich das Baumaterial nur locker zwischen die Zähne und klettern los, bleiben aber durch die ungeordneten Zweige im Maul immer wieder hängen. Dies ist ein typisches Instinktverhalten, das auch »Kaspar-Hauser«-Eichhörnchen zeigen. Nach einiger Zeit »optimieren« sie jedoch ihr Verhalten und formen das Baumaterial zu einer Kugel, mit der sie nicht mehr hängen bleiben. Dieses Verhalten bezeichnet man als *Instinkt-Dressur-Verschränkung*.

7

Prägung – die einfachste Form des Lernens

Konrad Lorenz, einer der »Urväter« der modernen Verhaltensbiologie, wollte als junger Wissenschaftler einmal das Schlüpfen einer jungen Gans beobachten. Dazu besorgte er sich ein Gänseei und brütete es im Brutschrank künstlich aus. Er beobachtete das Schlüpfen und die sich anschließenden Reaktionen des Gänsekükens genau. Als er nach einiger Zeit das Gänsejunge wieder seiner Mutter zurückgeben wollte, nahm das Küken seine eigentliche Mutter nicht mehr an. Das Gänseküken akzeptierte nur noch Konrad Lorenz als seine »Ersatzmutter«. Es hatte gelernt, dem ersten sich bewegenden Gegenstand, der Töne von sich gibt, zu folgen. Der Gegenstand selbst, seine Größe und Form spielt dabei offensichtlich kaum eine Rolle. Lorenz bezeichnete diese einfache Form des Lernens als *Prägung* und in diesem speziellen Fall als *Nachfolgeprägung*. Folgende Merkmale sind für dieses einfache Lernen typisch:

◇ Die Prägung ist irreversibel, das heißt, wenn sie einmal vollzogen ist, ist ein nachträgliches Umlernen nicht mehr möglich.

◇ Sie findet nur einmal im Leben während einer bestimmten, kurzen, sensiblen Phase statt.

◇ Es handelt sich um einen obligatorischen Lernvorgang, das heißt, das Küken braucht im Gegensatz zu »höheren Lern- und Verstandesleistungen« keine besondere Lernmotivation.

Neben dieser Nachfolgeprägung, die besonders bei bodenbrütenden Nestflüchtern zu beobachten ist, gibt es auch noch andere Formen der Prägung:

◇ **Sexuelle Prägung:** Während einer sensiblen Phase vor der sexuellen Reife wird das Bild des künftigen Geschlechtspartners »gelernt«. Manche Singvogelarten balzen beispielsweise den Menschen an, wenn sie als Jungvögel während der sensiblen Phase von Menschen aufgezogen wurden.

◇ **Gesangsprägung:** Sie spielt bei Singvögeln eine Rolle.

◇ **Ortsprägung:** Viele revierbesitzende Tiere sind auf ihr Revier geprägt.

Prägungsähnliche Fixierung beim Menschen

Eine Prägung in dieser »starren« Form gibt es bei Menschen nicht. Es lässt sich jedoch beobachten, dass die Art und Weise, wie eine Mutter mit ihrem Sohn beziehungsweise ein Vater mit seiner Tochter in der vorpubertären Phase umgeht, das Bild des späteren Sexualpartners sehr stark beeinflussen *kann*. Man spricht deshalb hier von einer prägungsähnlichen Fixierung.

Bei vielen Menschen ist auch eine Art *Heimatprägung* zu beobachten, das heißt, sie fühlen sich besonders dort wohl und geborgen, wo sie aufgewachsen sind. Es handelt sich jedoch auch in diesem Fall um eine prägungsähnliche Fixierung.

Der Pawlow'sche Hund – eine neue Rasse?

Klassische Konditionierung

Iwan Petrowitsch Pawlow war ein russischer Biologe des letzten Jahrhunderts. Er experimentierte mit Hunden. Bekannt geworden ist vor allem folgendes Experiment:

Er beobachtete zufällig, dass bei Hunden schon die Schritte des Besitzers einen Speichelfluss auslösten, obwohl noch kein Futter in Sicht war. Er glaubte, dass der Klang der Schritte für die Hunde mit Fressen verbunden war, denn normalerweise brachte dann der Hundehalter auch das Futter. Der ursprünglich neutrale akustische Reiz, nämlich die Schritte, wurden im Hund mit der Motivation »Fressen« in Verbindung gebracht. Pawlow wollte diese Hypothese prüfen. Er machte ein entsprechendes Experiment. Zeigte er den Hunden Futter, also den angeborenen Schlüsselreiz, folgt Speichelfluss, auf das Ertönen einer Klingel nicht. Wenn aber der Klingelton immer wieder in engem zeitlichen Rahmen mit dem Präsentieren von Futter erklang, reagierten die Hunde in der Folge auf den Ton allein mit Speichelfluss. Pawlow bezeichnete dieses Phänomen als *Konditionierung*. Die Hunde haben in diesem Fall ein neues Reizmuster – Klingel – gelernt und zeigen daraufhin ein angeborenes Verhalten – Fressen.

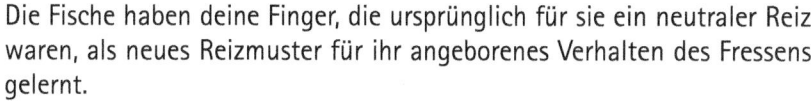
Hast du zu Hause ein Aquarium oder einen Gartenteich mit Goldfischen, kannst du das Experiment von Pawlow relativ leicht wiederholen: Wenn du das Trockenfutter immer an der gleichen Stelle mit den Fingern auf die Wasseroberfläche streust, kommen nach einiger Zeit die Fische auch an die Wasseroberfläche geschwommen, wenn du mit den Fingern zwar die »Streubewegung« machst – aber gar kein Futter auf die Oberfläche streust.

Die Fische haben deine Finger, die ursprünglich für sie ein neutraler Reiz waren, als neues Reizmuster für ihr angeborenes Verhalten des Fressens gelernt.

Wird der bedingte, also erlernte Reiz – die Streubewegung der Finger – wiederholt ohne nachfolgenden angeborenen Schlüsselreiz – Futter – geboten, wird die Reaktion der Fische immer schwächer und bleibt schließlich ganz aus. Daraus lässt sich folgern, dass der Lernvorgang nur dann auf Dauer von Erfolg gekrönt ist, wenn immer wieder in Abständen *wiederholt* wird.

Auch für das menschliche Lernverhalten spielt die klassische Konditionierung eine große Rolle.

Für viele Menschen waren die Bombennächte des 2. Weltkriegs schlimme Erlebnisse. Die Bomben lösten bei ihnen Angst und Schrecken aus. Meist ging dem Bombenhagel der Fliegeralarm mit lautem Sirengeheul voraus. Sirenengeräusche sind für Menschen zunächst einmal völlig neutrale Reize. Durch die Kombination von Fliegeralarm und dem Fallen der Bomben wird als Reaktion bei den betroffenen Menschen Angst und Schrecken konditioniert. Dies führte nach dem 2. Weltkrieg dazu, dass viele Menschen, die die Bombennächte miterlebten, schon beim Klang von Sirenen panikartige Zustände bekamen.

Manche Menschen, die als Kinder von einem Arzt im weißen Kittel beim Impfen gestochen wurden und dies als sehr schmerzvoll erlebten, haben auch als Erwachsene noch immer Angst vor Menschen im weißen Kittel – obwohl dieser Reiz zunächst einmal ja völlig »neutral« ist.

Instrumentelle Konditionierung

Neben dem Lernen neuer Reizmuster spielt auch das Lernen neuer Bewegungsabläufe bei Tieren und beim Menschen eine große Rolle. Pferde beispielsweise scharren zufällig mit dem Huf und Menschen beobachten dies. Da sie dies nett finden, geben sie daraufhin den Pferden Futter. Die Pferde verknüpfen unbewusst im Gehirn folgenden Zusammenhang: Wenn ich etwas zum Fressen möchte, muss ich nur mit dem Huf scharren und ich werde für diese Handlung mit Futter belohnt. Auf dieser instrumentellen Konditionierung, die auch als *bedingte Aktion* bezeichnet wird, bauen viele Zirkusdressuren auf.

Springt ein Tiger durch einen brennenden Feuerreifen oder macht ein Elefant einen Kopfstand, so handelt er zunächst mehr oder weniger zufällig – vielleicht auch mit sanftem Zwang. Hat er diese Bewegung zum ersten Mal gezeigt und wird anschließend für diese Bewegung vom Dompteur belohnt, wird er diese Bewegung immer wieder ausführen, denn er macht eine gute Erfahrung, er wird mit Futter oder mit Zuneigung belohnt.

Auch durch Bestrafung ist eine instrumentelle Konditionierung möglich:

Will ein Hundehalter einem jungen Hund beibringen, nicht wegzulaufen, darf er ihn nicht beim Zurückkommen, sondern muss ihn im Augenblick des Weglaufens bestrafen. Damit macht der Hund die unangenehme Erfahrung: Wenn ich weglaufe, werde ich bestraft.

Lernen am Erfolg – die Schule der »Behavioristen«

Der amerikanische Psychologe B. F. Skinner untersuchte das Lernverhalten von Tauben und Ratten in einer so genannten *Skinnerbox*. Dies ist ein Käfig, in den beispielsweise nicht konditionierte Ratten gesetzt wurden, die hungrig waren. Wenn die Ratten zufällig gegen eine Taste drückten, fiel aus einer Öffnung etwas Futter. Sehr rasch hatten die Ratten gelernt, gegen die Taste zu drücken, wenn sie Hunger hatten.

Wenn du ein Haustier hast, wie beispielsweise eine Maus, ein Meerschweinchen oder einen Hamster, kannst du folgendes Experiment machen: Du baust dir aus Holz ein Labyrinth. Dies kann entweder ein »Hochlabyrinth« sein, das auf Pfosten steht, oder ein »Tieflabyrinth« mit seitlich hochgezogenen Wänden. An das Ende des Labyrinths stellst du zur Belohnung einen Futternapf. Dann setzt du dein Tier an den Startpunkt und misst, wie lange das Tier bis zum Ziel braucht. Dies wiederholst du ein paar Mal. Du wirst ein erstaunliches Ergebnis bekommen!

Start

Ziel

Abb. 7.3: Beispiel für ein Labyrinth

Skinner versuchte diese »Methode der kleinen Schritte«, das heißt, dass auf jede richtige Antwort sofort eine Bekräftigung in Form einer unmittelbaren Bestätigung erfolgt, auf den Menschen zu übertragen. Die Erfolge dieser Methode halten sich sehr in Grenzen, da das menschliche Lernverhalten wesentlich komplexer ist.

Höhere Lern- und Verstandesleistungen – können auch Tiere »denken« und lernen?

Lernen erfordert:

◇ Eine angeborene *Lerndisposition*, das heißt, die Fähigkeit zu lernen ist angeboren.

◇ Eine entsprechende Motivation oder Handlungsbereitschaft. Wie du gesehen hast, kann diese Schwankungen unterworfen sein.

◇ Ein entsprechendes Organ, in dem die Lerninhalte für einige Zeit gespeichert werden können. Wie du dir vorstellen kannst, handelt es sich bei diesem Organ um das Gehirn.

Über Gehirn und Gedächtnis beim Menschen werde ich dir im Kapitel über das Nervensystem genauer berichten. An dieser Stelle wollen wir uns auf die Lern- und Verstandesleistungen der Tiere konzentrieren.

Erkunden, Neugierde, Spiel – typisch menschlich?

Erkunden, Neugierde und Spiel sind Verhaltensweisen, die auch bei vielen höher entwickelten Tieren zu beobachten sind. Ich selbst scheue mich davor, von höher und weniger hoch entwickelten Tieren zu sprechen. Dennoch zeigen vor allem Vögel und Säugetiere diese Verhaltensweisen, während Amphibien, Reptilien, Fische und auch alle Nichtwirbeltiere vor allem angeborene Verhaltensweisen zeigen. Wenn sie lernen können, dann handelt es sich meist um klassische und instrumentelle Konditionierung.

◇ Von *Erkunden* spricht man, wenn beispielsweise ein Hund ziellos umherläuft und dabei Gegenstände beschnuppert, ohne dass er hungrig sein muss.

◇ *Neugierde* bedeutet ein gerichtetes Suchen nach Situationen oder Gegenständen, die unbekannt oder neu sind. Diese Neugierde ist unabhängig von einer bestimmten Motivation.

◇ Im *Spiel* entwickelt ein Tier sein Verhalten im Wechselspiel mit der Umgebung. Man versteht darunter ein Verhalten, das nicht zwingend notwendig ist und keinen unmittelbaren Nutzen oder Erfolg bringt. Für das Spiel sind im Gegensatz zum Instinktverhalten häufige Wiederholungen typisch. Das Spielverhalten zeigt sich bei Tieren am besten in einem entspannten Umfeld. Hat ein Tier Hunger oder will es seinen Sexualtrieb befriedigen, zeigt es kein Spielverhalten.

Durch Spielen und Erkunden sammeln die Tiere Erfahrungen, erproben angeborene und erworbene Fähigkeiten, üben sie ein und kombinieren sie neu.

Auf diese Weise können sie zu Grundlagen einsichtigen Verhaltens werden.

Lernen durch »Versuch und Irrtum«

Als *Lernen nach Versuch und Irrtum* werden kompliziertere Fälle der klassischen und instrumentellen Konditionierung bezeichnet.

Zum Lösen eines Problems in einer bestimmten Reizsituation stehen meist verschiedene Bewegungen zur Verfügung.

Ein Tier lernt durch mehrmaliges Versuchen, in einer bestimmten Situation die erfolgreichste der möglichen Bewegungen anzuwenden.

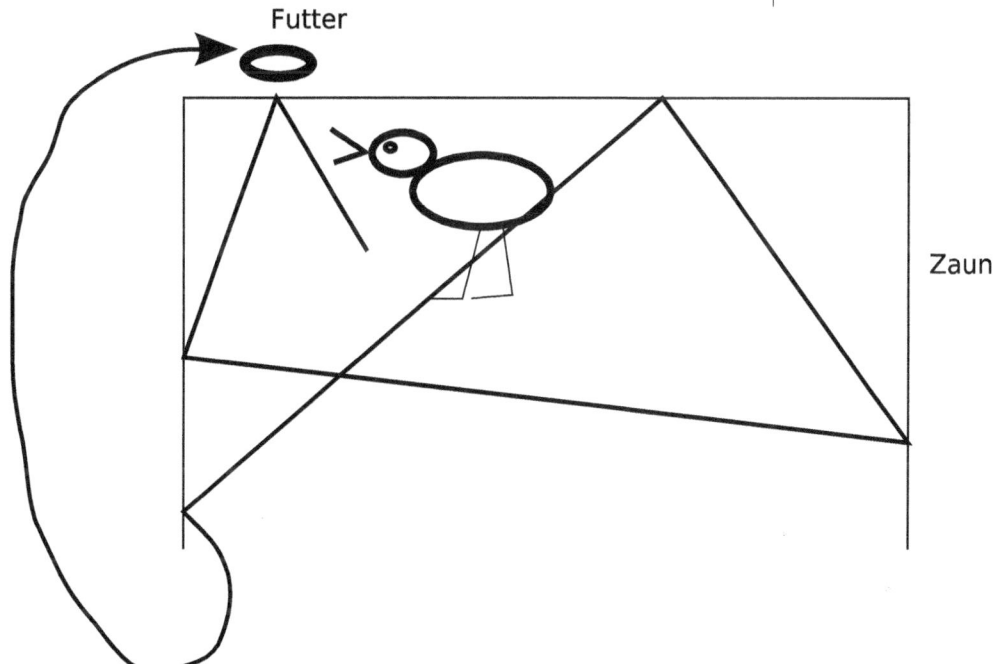

Futter

Zaun

Abb. 7 4· Lernen durch Versuch und Irrtum

Einsichtiges Verhalten

Klassische Beispiele für einsichtiges Verhalten sind die bekannten Versuche, die W. Köhler schon 1917 durchführte: Beispielsweise wurde einem Schimpansen eine Banane außer Reichweite vor das Käfiggitter gelegt. Das Tier versuchte zunächst vergebens, mit der Hand nach der Banane zu greifen. Als es einen Stock im Käfig bemerkte, ergriff es ihn und zog mit ihm die Banane zu sich in den Käfig. Dabei zeigte das Tier Einsicht in den räumlichen Zusammenhang und in die Verwendbarkeit des Stockes als Werkzeug. Von einsichtigem Verhalten spricht man, wenn ein Tier die Lösung des gestellten Problems erfasst hat, bevor sie ausgeführt wurde.

Einsichtiges Verhalten lässt sich durch folgende Merkmale charakterisieren:

◇ Eine Lösung des Problems wird auf Anhieb gefunden.

◇ Vor Beginn des Handelns liegt eine gewisse »Denkzeit«.

◇ Nachdem das Tier den Lösungsweg erkannt hat, ist der Handlungsablauf zielorientiert und wird nicht mehr unterbrochen.

Abb. 7.5: Lernen durch Einsicht

Ich habe dir gerade einiges über Lernen durch Einsicht und Lernen durch Versuch und Irrtum erzählt. Wie verhalte ich mich selbst, beispielsweise wenn ich ein neues Computerprogramm bekomme? Ich muss gestehen, dass ich meist so *neugierig* bin und es einfach ausprobiere. Dies erfolgt meist durch Versuch und Irrtum. Würde ich mich einsichtig verhalten, so müsste ich die Programmbeschreibung erst einmal studieren. Nach einer gewissen Phase des Überlegens könnte ich so die Lösung meines Problems auf Anhieb finden.

Viele Tiere leben in einer Gemeinschaft

Ich möchte dir in diesem Abschnitt über das Zusammenleben der Tiere berichten. Du wirst erfahren, dass sich die Bienensprache grundlegend von der menschlichen Sprache unterscheidet und dass wir den Ameisenstaat nicht mit der Bundesrepublik Deutschland vergleichen können.

Formen sozialer Zusammenschlüsse und Möglichkeiten der Kommunikation

Sicher hast du im Fernsehen schon die großen Tierherden der afrikanischen Steppe gesehen. Oder vielleicht konntest du auf dem Bildschirm einen einsamen Eisbären durch die antarktische Einsamkeit ziehen sehen. Bienen leben in einem Bienenstaat, Ameisen in einem Ameisenstaat und Schmetterlinge meist ganz allein.

Warum leben manche Tiere in einer Gemeinschaft, was haben sie davon, welchen »Regeln« folgen sie?

Formen sozialer Zusammenschlüsse bei Tieren

◇ **Individualisierte Verbände:** Gruppenbildungen unter Artgenossen, die sich zumindest teilweise individuell kennen; beispielsweise Brutgemeinschaften bei Vögeln oder »Großfamilien« bei Säugetieren.

◇ **Anonyme Verbände:** Gruppenbildung unter Artgenossen, die sich nicht individuell kennen, aber dadurch zusammengehalten werden, dass sie versuchen, miteinander optisch oder akustisch Kontakt zu halten; beispielsweise Fisch- oder Vogelschwärme.

◇ **Paarbildung:** Fische, Amphibien und Reptilien trennen sich nach der Paarung wieder. Während bei 90% der Vogelarten Männchen und Weibchen auch nach der Begattung zum Teil noch lange zusammenbleiben, bei einigen Arten ein ganzes Leben wie beispielsweise Gänse, ist bei Säugern eine dauerhafte Paarbindung relativ selten

Vorteile sozialer Zusammenschlüsse:

◇ Gemeinsame Feindvermeidung durch Konfusionseffekt

* Ein Räuber kann leichter ein Einzeltier fixieren und fassen als aus einem Schwarm heraus.

◇ Gemeinsame Feindabwehr

* Beispielsweise können Möwen gemeinsam einen Raubvogel vertreiben.

◇ Gemeinsamer Nahrungserwerb

* Lohnt sich bei ungleichmäßig verteilter Nahrung, die schwer zu finden ist.

◇ Gemeinsames Brüten

Möglichkeiten der Kommunikation bei Tieren

Wenn Tiere in einer Gemeinschaft zusammenleben, müssen sie miteinander »Botschaften« austauschen, sie müssen kommunizieren. Diese Verständigung ist bei Tieren angeboren, sie müssen ihre »Sprache« nicht lernen. Zahlreiche Verständigungsmöglichkeiten zwischen Tieren beruhen auf dem Prinzip von Schlüsselreiz und angeborenem Verhalten.

◇ Verständigung durch einfache Signale

* akustische Signale: Ein Hirsch »röhrt« während der Hirschbrunft, um die Rivalen zu beeindrucken, oder ein Amselmännchen singt frühmorgens ein Lied, um sein Revier deutlich zu machen.

* optische Signale: Beispiele dafür wären die auffälligen Gefiederzeichnungen bei Vögeln oder ein prächtiges Geweih beim Hirsch.

* Duftstoffe: Viele Tiere haben einen typischen Nestgeruch oder locken durch besondere Duftstoffe Geschlechtspartner an. Diese Duftstoffe werden auch als *Pheromone* bezeichnet.

◇ Verständigung durch Sprache: Der Mensch besitzt eine verbale Begriffssprache, die erlernt werden muss. Er ist durch seinen Verstand in der Lage, von Gegebenheiten und Erscheinungen abstrakte Vorstellungen zu bilden, die er mit Lautzeichen benennt. Dadurch wird die Beziehung zwischen den Dingen, der persönlichen Erfahrung und den Überlegungen vermittelbar.

Im Gegensatz dazu ist die »Sprache« von Tieren im Wesentlichen angeboren. Sie ist Ausdruck von Stimmungen. Diese zielen auf Auslösung und Steuerung sozialer Verhaltensweisen ab. Allen Tieren fehlt das Sprachzentrum im Großhirn. Das »Zeichensystem« ist ein angeborener fester Code, der zum Teil symbolische Zeichen enthalten kann, wie beispielsweise die »Tanzsprache der Bienen«.

Auch Tiere »pflanzen« sich fort – Sexual- und Brutpflegeverhalten bei Tieren

Fortpflanzungsverhalten

Die sexuelle Fortpflanzung ist mit einigen Problemen verknüpft. Die zur Fortpflanzung bereiten Tiere müssen sich finden und sich als Angehörige derselben Art, aber des anderen Geschlechts »outen«.

Das Zusammentreffen paarungsbereiter Männchen und Weibchen wird dadurch gefördert, dass geschlechtsreife Tiere gleichzeitig an einem geeigneten Ort zusammentreffen. So ziehen im Frühjahr die Kröten zu ihren Laichplätzen. Paarungsbereite Männchen und Weibchen können sich auch dadurch leichter treffen, dass sie art- und geschlechtsspezifische Locksignale aussenden.

Sexualhormone sind wichtig für die Motivation zum Sexualverhalten.

Wenn Tiere durch hormonelle Umstellung in Fortpflanzungsstimmung geraten, beginnen sie meist mit arttypischen Balzritualen. Unter *Balz* versteht man der Paarung vorangehende Verhaltensweisen der Männchen und Weibchen.

Sie dient vor allem dazu, den Partner als Artgenossen und als Angehörigen des anderen Geschlechts zu identifizieren, zur weiteren Annäherung die Aggression abzubauen und die Paarungsbereitschaft aufeinander abzustimmen.

◇ Bei manchen Tieren sind für die Männchen die beiden Geschlechter zunächst nicht zu identifizieren, das heißt zu unterscheiden. Auf das Erkennen des Artgenossen muss hier das Erkennen des Geschlechts folgen: Paarungsbereite Froschmännchen versuchen zunächst, auf dem Rücken eines jeden Artgenossen die Paarungsstellung einzunehmen. Angesprungene Männchen stoßen einen besonderen Ruf aus, so dass die anderen Männchen von ihnen ablassen.

◇ Die ersten Phasen der Balz enthalten häufig Elemente des Imponierens, Drohens, Beschwichtigens und Unterwerfens, das heißt, die erste Kontaktaufnahme ist gegenüber anderen Artgenossen aggressiv. Beispielsweise wirbt der Tintenfisch Sepia mit demselben Verhalten um ein Weibchen, mit dem er männliche Rivalen einschüchtert. Das Tintenfischweibchen signalisiert Paarungsbereitschaft dadurch, dass es Aggression auslösende Reize weglässt. Es kann dann eine Begattung stattfinden. Wäre der begegnende Artgenosse ein Männchen, würde er mit männlichem Imponiergehabe reagieren und es käme zum Kampf.

◇ Sichtkontakt mit dem Partner oder Duftsignale können vor allem bei Säugetieren über Gehirn und Hypophyse die Produktion von Östrogen, ein weibliches Sexualhormon, und den Eisprung auslösen. Dadurch wird auch die Paarungs- und Brutbereitschaft geweckt.

Brutpflegeverhalten

Unter *Brutpflege* versteht man die Sorge vieler Tiere um das Gedeihen ihrer Jungen. Das Brutpflegeverhalten ist ein typisch angeborenes Verhalten. Bei vielen Insekten finden Brutpflegehandlungen statt, ohne dass die Eltern ihre Nachkommen je gesehen haben. So erfolgt beispielsweise die Eiablage häufig an der Nahrungsquelle der Larven: Der Kartoffelkäfer legt seine Eier an der Kartoffelstaude ab! In diesen Fällen spricht man besser von *Brutfürsorge*.

Bezüglich des Entwicklungsstandes der Jungen beim Schlüpfen unterscheidet man zwischen *Nesthocker* und *Nestflüchter*.

Die Brutfürsorge umfasst Handlungen der Elterntiere bis zum Schlüpfen der Nachkommen aus dem Ei. Die Brutpflege bezieht auch die Versorgung der noch hilflosen Nachkommen nach der Geburt beziehungsweise nach dem Schlüpfen mit ein.

Mutter-Kind-Beziehung beim Menschen

Auch bei der Art Homo sapiens, also beim Menschen, spielt die Mutter-Kind-Beziehung für eine normale Entwicklung eine entscheidende Rolle.

Aus natürlichen, biologischen Gründen ist die Sorge um das Neugeborene primäre Aufgabe der Mutter. Bei Säugetieren bringen nun mal die Mütter die Kinder zur Welt, nachdem sie den werdenden Organismus Wochen bis Monate »unter ihrem Herzen getragen haben«. Die Geburt des Kindes löst bei der Mutter eine hormonelle Umstellung aus, die die Milchbildung ermöglicht. Männer haben keine Milchdrüsen!

Das Kindchenschema wirkt als Schlüsselreiz für die Mutter, den Säugling zu liebkosen, ihm die Brust zu geben, mit hoher Stimme mit ihm zu sprechen. Nach einem Vierteljahr kommt es zu einer *individuellen Bindung an eine Bezugsperson.* Aus biologischen Gründen wird es sich im Normalfall um die leibliche Mutter handeln. Sie kann aber prinzipiell durch eine andere feste Bezugsperson ersetzt werden. Diese prägungsähnliche Fixierung, die in einer sensiblen Phase in den ersten beiden Lebensjahren erfolgt, ist für die weitere Entwicklung des Menschen von sehr großer Bedeutung. An Waisenhauskindern konnte der Psychologe R. Spitz schon im letzten Jahrhundert beobachten, dass bei Kindern massive Störungen auftreten konnten, wenn eine feste Bezugsperson fehlt. Das Krankheitsbild wird als *psychischer Hospitalismus* bezeichnet und äußert sich in folgenden Symptomen:

◇ Die Kindern meiden den Blickkontakt zu anderen Menschen.

◇ Sie spielen kaum noch. Sie haben Konzentrationsprobleme und sprechen wenig.

◇ In ihrer Entwicklung bleiben sie hinter den Altersgenossen zurück.

◇ Fremden gegenüber klammern sie sich zunächst an, werden aber dann immer abweisender und aggressiver.

◇ Krankheitsanfälligkeit und reduzierte Lebenserwartung stehen ihnen bevor.

Da die Berufstätigkeit beider Eltern heute als Selbstverständlichkeit angesehen wird, sollten Mutter und Vater dennoch versuchen, die Betreuung ihrer Kinder sicherzustellen. Besonders wichtig ist, dass sich ein Elternteil in den »Kernzeiten«

◇ Aufwachen

◇ Mahlzeiten

◇ »Spielstunde«

◇ »Vorlesen« vor dem Einschlafen

◇ Einschlafen

um das Kind in aller Ruhe kümmern kann.

Harlow konnte schon im letzten Jahrhundert bei Experimenten mit Rhesusaffen beobachten, welch weit reichenden Folgen ein Mutterentzug für die spätere Entwicklung eines Rhesusaffen haben kann. Die reine »Bedürfnisbefriedigung« des Fressens und der körperlichen Sauberkeit ist das eine. Ein intensiver körperlicher Kontakt, Liebkosungen und Zärtlichkeit sind aber für eine normale Entwicklung eines »Traglings« von ebenso großer Bedeutung. Der Mensch ist weder Nestflüchter noch Nesthocker, er ist verhaltensbiologisch betrachtet ein »Tragling«.

Aggressives Verhalten – erworben oder angeboren?

Selten ist über ein populärwissenschaftliches Buch so heiß diskutiert worden wie über ein Werk von Konrad Lorenz mit dem Titel *Das sogenannte Böse*. Er beschäftigte sich darin mit der »Naturgeschichte der Aggression« und rührte offensichtlich in offenen Wunden. Er selbst hat immer wieder betont, dass wir uns dessen bewusst sein sollen, dass ein bestimmtes aggressives Potenzial in uns steckt. Diese Erkenntnis darf für uns aber keinesfalls die Entschuldigung sein für unser eigenes aggressives Handeln. Wir haben einen Verstand und können lernen, mit unseren aggressiven Neigungen umzugehen, das heißt sie nicht am Nächsten auszuleben.

In diesem Abschnitt werde ich versuchen, dir Sinn und Zweck aggressiven Handelns bei Tieren zu erklären, dir zu zeigen, wie Tiere mit ihrer Aggression umgehen und ob das eine oder andere auf den Menschen übertragbar ist.

Wie gehen Tiere mit ihrer Aggression um?

Was glaubst du, sind die häufigsten Gründe für aggressives Verhalten bei Tieren? Einige kannst du dir sicher denken:

◇ Sicherung der Nahrung

◇ Revierverteidigung, das heißt die Sicherung des Lebensraumes

◇ der Kampf um einen Geschlechtspartner

◇ Kampf im Zusammenhang mit Rangordnung

◇ Aggression als Feindabwehr und Aggression gegenüber Artgenossen, die sich als Außenseiter einer Gruppe verhalten

* Artgenossen, die nicht dem normalen Artbild entsprechen, werden von anderen Artgenossen als bedrohlich angesehen, angegriffen und bisweilen getötet: Beispielsweise werden kranke oder sich abnorm verhaltende Jungtiere bei Raubkatzen vom Muttertier getötet.

Das sind die häufigsten Gründe, warum Tiere aggressiv reagieren. Die Konkurrenz von Artgenossen um die gleichen lebensnotwendigen Güter stellt eine wesentliche Motivation für aggressives Verhalten dar.

Formen aggressiver Auseinandersetzungen bei Tieren

◇ **Beschädigungskampf:** Wird manchmal mit denselben Waffen geführt, mit denen sich das Tier auch gegen artfremde Feinde verteidigt.

◇ **Turnier- oder Kommentkampf:** Der Kampf gegen Artgenossen wird meist auf besondere, ungefährliche Art ausgefochten: Beispielsweise kämpfen Giraffen gegen artfremde Angreifer mit ihren scharfkantigen Hufen, gegen Rivalen aber mit ihren Hörnern.

Ich glaube, du liegst völlig richtig, wenn dich sportliche Auseinandersetzungen an den Turnier- beziehungsweise Kommentkampf bei Tieren erinnern. Nicht umsonst spricht man in beiden Fällen von einem Turnier, das im Normalfall nach festen Regeln stattfindet. Vielleicht fallen dir noch mehr Gemeinsamkeiten ein?

Wie bekommen Tiere ihrer Aggression in den Griff?

Schon im »Vorfeld« eines Kampfes kann durch gegenseitiges Drohen und »Imponieren« ein Kampf vermieden werden. Drohen enthält häufig Intentionsbewegungen zum Kampf, das heißt, dass Kampfhandlungen angedeutet werden, ohne dass sie ausgeführt werden.

Imponieren ist möglich durch:

◇ Vergrößerung des Umfangs, wie beispielsweise Aufrichten von Federn und Haaren; Abspreizen von Körperanhängen oder Extremitäten

◇ Besondere Körperfärbung, wie der rote Bauch des Stichlingmännchens

◇ Akustisches Drohen, wie beispielsweise Bellen der Hunde, Röhren der Hirsche, Singen der Vögel

Häufig wird ein Kampf schon dadurch entschieden, dass einer der Partner das Feld eingeschüchtert durch das wirkungsvollere Imponieren des Gegners »freiwillig« räumt.

Meist sind beim Drohen zwei Verhaltensmuster gleichzeitig aktiviert:

◇ Angriff und Flucht: *Drohgebärden* zeigen die Tiere häufig in einer Position quer zur Angriffsrichtung und sind somit zum Angriff und zur Flucht gleich bereit.

◇ *Demutsgebärden* des unterlegenen Tieres bilden häufig den Abschluss des Kampfes zwischen zwei Rivalen. Daraufhin stellt der Sieger sein aggressives Verhalten sofort ein.

Zu den Demutsgebärden gehört, dass die den Kampf auslösenden Gesten weggenommen werden und dass sie häufig das Gegenteil der Drohgebärden darstellen: sich »klein machen«.

Bei Tieren mit hoch entwickeltem Fluchtvermögen beziehungsweise geringer Bewaffnung fehlen Demutsgebärden, da sie einen Kampf, bevor sie unterliegen, mit einer Flucht beenden. Demutsgebärden sind häufig ritualisierte Bewegungen aus dem Bereich der Brutpflege, der sozialen Körperpflege, des Sexualverhaltens. Durch Demutsgebärden wird beim Sieger des Kampfes im Allgemeinen die sogenannte Tötungshemmung ausgelöst.

Bei einigen Tieren, wie beispielsweise Löwen oder Wanderratten, existiert beim Kampf zwischen Mitgliedern verschiedener Rudel keine Tötungshemmung. Es ist also nicht bei allen Tiere so, dass sie den Unterlegenen nicht töten, wenn er aufgibt und das mit Demutsgebärden zeigt.

Rudeltiere wie beispielsweise die Wölfe zeigen von vornherein ein Beschwichtigungsverhalten, um erst gar keine Aggression aufkommen zu lassen. Dieses Verhalten wird als *Begrüßungszeremonie* bezeichnet.

Aber beachte, dass bei vielen Arten mit Kommentkämpfen stets ein bestimmter Prozentsatz von Ernstkämpfen zu finden ist. In begrenztem Umfang ist aggressives Verhalten auch für Lernvorgänge offen: So können sich beispielsweise die »Erzfeinde« Hund und Katze sehr gut verstehen, wenn sie miteinander aufwachsen.

7

Revierverhalten

Tiere besetzen und verteidigen häufig einen bestimmten, zur Sicherung wichtiger Lebensbedürfnisse geeigneten Raum, ein Revier. Dieses Verhalten ist sehr häufig an bestimmte Situationen gebunden:

◇ Während der Häutung vertreiben Hummer ihre Artgenossen aus ihrer Nähe.

◇ Stichlingsmännchen besetzen während der Fortpflanzungsperiode ein Revier.

◇ Manche Tiere, beispielsweise Füchse, besetzen ein Revier zeitlebens.

Die Grenzen des Reviers werden häufig durch bestimmte Signale markiert:

◇ Duftstoffe, wie Harn oder auch spezielle Drüsensekrete

◇ optische Signale: revierverteidigende Fische tragen sie auf ihrem Körper (z.B. Stichling)

◇ akustische Signale: Singvögel oder manche Säugetiere

Im eigenen Revier herrscht meist eine erhöhte Aggressionsbereitschaft, während in einem fremden Revier die Fluchtbereitschaft meist erhöht ist. Tiere, die während der Fortpflanzungszeit kein Revier erobern konnten, kommen im Allgemeinen auch nicht zur Fortpflanzung. Hat ein Tier ein Revier einmal besetzt, kann es das Revier fast immer gegen störende Eindringlinge verteidigen. Die Kampfbereitschaft ist umso größer, je näher ein Tier dem Zentrum seines Reviers kommt. An den Grenzen des Reviers nimmt die Kampfbereitschaft ab. Denn die Höhe der Kampfbereitschaft hängt von der Wahrnehmung einer bekannten Umgebung ab, in der sich ein Tier befindet. Auch starke Tiere, die in fremde Reviere eindringen, haben kaum eine Chance, selbst schwächere Revierbesitzer zu vertreiben. Das Revierverhalten kann einer Überbevölkerung entgegenwirken, denn ein Tier kann sich normalerweise nur in seinem Revier fortpflanzen. Da ein Revier stets eine bestimmte Größe haben muss, ist die Zahl der möglichen Reviere begrenzt und damit auch die Zahl der möglichen Nachkommen einer Art.

Rangordnung

Bei in Gruppen lebenden Tieren, die auf engem Raum zusammenleben, bildet sich ein Verhältnis von Über- und Unterordnung aus. Dies bezeichnet man als *Rangordnung*. Die Rangordnung wurde erstmals als Hackordnung bei Hühnern beschrieben.

Dadurch wird ein Kampf um Futter und Geschlechtspartner eingeschränkt. Das Ergebnis des Kampfes wird gelernt und hat zur Folge, dass

der Unterlegene den Sieger als überlegenen Artgenossen anerkennt und ihn für einige Zeit nicht mehr bekämpft.

Die Überlegenen verschaffen sich meist durch ihr bloßes Erscheinen Vortritt. Ein Streit tritt zwischen zwei bezüglich der Rangordnung nahe stehenden Tieren einer Sippe leichter auf als zwischen ferner stehenden.

Du kannst häufig beobachten, dass sich je eine Rangordnung innerhalb der Weibchen und innerhalb der Männchen ausbildet. Ranghöhere Tiere haben meist eine größere Chance zur Fortpflanzung als rangniedrigere.

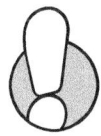

Da Rangordnungen nicht starr sind, werden sie in immer wiederkehrenden Kämpfen festgelegt. Die ranghöchsten Tiere, das heißt die Leittiere einer Gruppe, werden als *Alpha-Tiere* bezeichnet. Sie müssen nicht unbedingt die körperlich stärksten Tiere sein, sondern es handelt sich auch oft um ältere Tiere, die eine große Erfahrung besitzen.

Es gibt nicht nur eine durch Kampf erworbene Rangstellung, sondern auch eine abgeleitete Rangstellung: So nehmen bei Affen die Weibchen die Stellung desjenigen Männchens ein, mit dem sie eine Verbindung eingegangen sind.

Bei Graugänsen übernehmen die Jungen die Stellung des Vaters. Auch bei Tieren gibt es typische »Radfahrerreaktionen«. Man versteht darunter eine für Radfahrer typische Körperhaltung im übertragenen Sinn: »Nach oben buckeln, nach unten treten«, das heißt gegenüber ranghöheren Mitgliedern der Gruppe Unterwerfungsgesten zeigen und sich rangniederen Mitgliedern gegenüber aggressiv verhalten.

Häufig gibt es auch getrennte Rangordnungen für Weibchen und Männchen.

Aggressives Verhalten beim Menschen

Sowohl Innen- als auch Außenfaktoren können die Aggressionsbereitschaft erhöhen und als Schlüsselreiz für aggressives Verhalten wirken:

◇ **Innenfaktoren:** Die Bereitschaft zu aggressivem Handeln hängt sicherlich vom vegetativen Nervensystem, vom Hormonsystem und von bestimmten Zentren im Gehirn ab. Wie Untersuchungen der Zwillingsforschung ergaben, sind die unterschiedlichen Motivationen zu aggressivem Verhalten teilweise angeboren und somit vererbbar. Das sympathische Nervensystem eines aggressiven Menschen hat meist ein höheres Erregungsniveau. Die Bereitschaft zu aggressivem Verhalten kann von der Entwicklungsphase abhängen, beispielsweise während der Trotzphase von Kindern. Aber auch Faktoren wie Schmerz, Müdigkeit oder Hunger können eine Rolle spielen.

◇ **Außenfaktoren:** Frustrationen sind nach Freud ein Enttäuschungserlebnis bei erzwungenem Verzicht auf Befriedigung eines Triebbedürfnisses. Sie wirken als Auslöser für aggressives Verhalten und erhöhen die Aggressionsbereitschaft.

◇ **»Erlernte« Aggression:** Der Mensch kann aggressives Verhalten auch lernen: Machen Kinder die Erfahrung, dass sie durch ihr aggressives Verhalten bei Erwachsenen mehr erreichen, wird ihre Aggressionsbereitschaft gesteigert. Ferner konnte nachgewiesen werden, dass eine autoritäre Erziehung mit Prügeln und Bestrafen die Aggressionsbereitschaft langfristig steigert. Zudem reagieren Kinder, die zu wenig Liebe und Zuneigung empfangen haben, auffallend aggressiv. Eine Steigerung der Aggressivität ist auch auf die Nachahmung aggressiven Verhaltens von Film- und Fernsehstars in den einschlägigen Filmen zurückzuführen. Ebenso wird darüber diskutiert, ob diverse Computerspiele dazu beitragen, die Aggressionsbereitschaft mancher Menschen zu erhöhen.

Versuch, gemeinsame Wurzeln mit dem aggressiven Verhalten der Tiere zu finden

Auch beim Menschen steht die Aggression im Dienste der Sicherung berechtigter Interessen:

◇ Lebensunterhalt

◇ Sexualität

◇ Eindringen eines Fremden in ein Revier

◇ Rangordnung

In diesem Zusammenhang ist auch die Tatsache erwähnenswert, dass Aggression auf einen Befehl hin ausgeübt werden kann. Auch beim Menschen lässt sich eine angeborene Mimik und Gestik der Drohung und Unterwerfung beobachten. Aggresionsbeschwichtigende Ausdrucksformen sind beispielsweise Lächeln und Grüßen.

Sport hat möglicherweise eine bedeutende »Ventilfunktion« für das Abreagieren des Aggressionstriebs. Es ist dennoch nach wie vor offen, ob beim Menschen ein eigener Aggressionstrieb vorliegt.

Vermutlich spielen sowohl angeborene als auch erworbene Anteile in einem komplexen Geschehen zusammen. Der Mensch hat jedenfalls die Möglichkeit, Interessenskonflikte auch ohne Aggression zu lösen.

Unterschiede zum aggressiven Verhalten bei Tieren

◇ Geistige Fähigkeiten des Menschen

◇ Menschen können Konflikte auch über Gespräche lösen

◇ Menschen können planen und ihr Verhalten an einen Plan anpassen

◇ Für Kämpfe zwischen Menschen werden oft technische Hilfsmittel eingesetzt

◇ Menschen können ihre Aggressionen kontrollieren und die Energie auf andere Dinge umlenken.

Beim Menschen funktionieren aggressionshemmende Mechanismen nicht mehr mit der gleichen Verlässlichkeit wie bei Tieren. Da bei der Anwendung weit reichender Waffen der persönliche Kontakt zwischen den kämpfenden Gegnern fehlt, können tötungs- und aggressionshemmende Auslöser ohnehin nicht wirksam werden.

Zusammenfassung

In diesem Abschnitt hast du Folgendes gelernt:

◇ Angeborenes Verhalten wird durch zwei Faktoren bestimmt

  ✳ Schlüsselreiz

  ✳ Motivation

◇ Neben den angeborenen Verhaltensweisen spielt sowohl bei Tieren als auch beim Menschen erlerntes Verhalten eine Rolle.

◇ Beim Menschen tritt das angeborene Verhalten in den Hintergrund, das erlernte Verhalten dominiert.

◇ Das Zusammenleben von Artgenossen wird durch angeborene und erworbene Verhaltensweisen geregelt.

◇ Für die Entwicklung eines Menschen ist seine frühkindliche Betreuung sehr wichtig.

◇ Aggressives Verhalten ist teilweise erlernt und teilweise angeboren.

Aufgaben

1. Versuche, das Verhalten von Boxern vor und während eines Kampfes zu interpretieren!

2. Eine hungrige Erdkröte schnappt nach allen kleinen, sich bewegenden Gegenständen. Erkläre ihr Verhalten!

3. Kleine Kinder fangen an zu schreien, wenn sie etwas erreichen wollen. Warum?

4. Bei Rednern kann man oft beobachten, dass sie sich hinter dem Ohr kratzen. Verstehst du ihr Verhalten?

◇ Bitte deine Eltern, beim nächsten Sonntagsausflug einen Tierpark zu besuchen. Beobachte die Tiere und versuche, sie als »Verhaltensbiologe« zu sehen!

8

Genetik – die Informationswissenschaft des Lebens

In diesem Kapitel werde ich dich auf einer Reise zu den spannenden und aufregenden Brennpunkten der modernen Biologie begleiten. Wenn in den Medien heute von »moderner Biologie« gesprochen wird, ist meist die Molekulargenetik gemeint. Viele Menschen haben Angst vor genetischer Manipulation, vor gentechnisch manipulierten Mikroorganismen, die zu wahren Monstern werden, und vor gentechnisch veränderten Lebensmitteln. Doch wie so oft löst Unkenntnis Ängste aus und nicht immer wissen wir, wo sie berechtigt und wo sie unbegründet sind.

Deshalb sollst du in diesem Kapitel

◎ die klassische Genetik kennen lernen

◎ erfahren, welche Bedeutung die Genetik für uns Menschen, aber auch in der Tier- und Pflanzenzucht hat

◎ die Grundprinzipien der modernen Molekulargenetik verstehen lernen.

In einem eigenen Kapitel werde ich dir Möglichkeiten der Gentechnologie und ihre Bedeutung für uns Menschen zeigen.

Ich bin mir der »Frechheit« bewusst, dir auf wenigen Seiten die Grundprinzipien der Genetik vermitteln zu wollen. Doch du wirst in einigen Jahren durch deine Wählerstimme mit darüber entscheiden, welche politische Partei über dein Wohl bestimmt.

Was hat dies mit moderner Genetik zu tun?

Parteien wollen durch ein modernes und aufgeklärtes Image Wähler beeindrucken. Dazu gehört auch die Aufgeschlossenheit allen modernen Strömungen gegenüber – ob sie nun sinnvoll sind oder nicht. Vor allem die modernen Naturwissenschaften dienen oft als Feigenblatt. Ich möchte dir helfen, dass du dein Wissen nicht unbedingt aus der Boulevardpresse und pseudowissenschaftlichen Magazinen so mancher Fernsehsender beziehen musst, sondern dir selbst mit Hilfe dieser folgender Seiten eine eigene Meinung bilden kannst.

Etwas Geschichte schadet nicht – klassische Genetik

Der Begriff »Genetik« stammt vom griechischen Wort »geneá« und bedeutet Abstammung. Die Genetik ist eine Teildisziplin der modernen Biologie und beschäftigt sich mit der Weitergabe der Erbinformation von Generation zu Generation.

Schon immer ist den Menschen aufgefallen,

◇ dass bei allen sonstigen Unterschieden die Menschen immer zwei Arme, Beine, Augen, Ohren, Nieren und zwei Lungenflügel haben

◇ dass kein Mensch größer als 250 cm wird

◇ dass kein Mensch ohne technische Hilfsmittel fliegen kann

◇ dass »Weiße« weiße Kinder haben und »Farbige« farbige Nachkommen

Dir werden sicher noch einige Beispiele einfallen.

Die Griechen erkannten dies auch schon vor mehr als 2000 Jahren, konnten aber die »Gesetzmäßigkeiten«, die hinter diesen Beobachtungen stehen, nicht richtig erkennen. So dauerte es noch einmal bis zum 17. Jahrhundert, bis mit der Entwicklung der modernen Mikroskopie erste Entdeckungen in dem für uns schwer zugänglichen Bereich der Zellen gemacht wurden. Aber erst 1865 gelang dem Augustinerpater Gregor Mendel der entscheidende Durchbruch.

Gregor Mendel und seine Regeln

Im Garten des Augustiner-Chorherrenstifts in Brünn begann Gregor Mendel Mitte des 19. Jahrhunderts, mit Erbsenpflanzen zu experimentieren. Er kreuzte verschiedene Rassen – rot blühende mit weiß blühenden, beziehungsweise Erbsen mit gelben Samen mit Erbsen, die grüne Samen hatten. Er befruchtete sie künstlich, indem er den Pollen der einen Erbsenpflanze auf die Narbe einer zweiten Erbsenpflanze übertrug. Nach der Ernte wertete er die Samen aus und züchtete aus ihnen im nächsten Jahr die folgende Generation. Auf diese Weise wertete Mendel an die 20.000 Erbsenpflanzen aus. Als er 1868 zum Abt seines Klosters in Brünn gewählt wurde, hatte er für seine Experimente keine Zeit mehr und stellte die Versuche ein. Nachdem er 1869 seine Ergebnisse veröffentlichte, gerieten sie weitgehend in Vergessenheit. Erst zu Beginn des 20. Jahrhunderts entdeckten unabhängig voneinander die Forscher de Vries, Correns und Tschermak die Veröffentlichung Gregor Mendels wieder. Sie wurden als *Mendelsche Regeln* bekannt und zur Basis der modernen Evolutionsforschung.

Die Bedeutung Gregor Mendels wird noch klarer, wenn man bedenkt, dass er noch keine Kenntnisse von Chromosomen oder der chemischen Basis der Erbinformation hatte. Bezeichnenderweise sprach Mendel auch nicht von Genen, sondern von Erbfaktoren.

Die Mendelschen Regeln

Die Mendelschen Regeln sind statistischer Natur, das heißt, sie sind das Ergebnis der Auswertung eines riesigen Zahlenmaterials.

Mendel ging davon aus, dass die Erbfaktoren in den Zellen zweimal vorhanden sind, einmal von der Mutter und einmal vom Vater. Es gibt Merkmale, die sich durchsetzen und die man auch im äußeren Erscheinungsbild erkennen kann. Sie werden als *dominant* bezeichnet. Merkmale, die gegenüber den dominanten unterliegen, sich also nicht durchsetzen, werden als *rezessiv* bezeichnet. Das äußere Erscheinungsbild bezeichnet man auch als den *Phänotyp*. Die Erbfaktoren nennt man den *Genotyp*. Ferner erreichte Mendel durch fortgesetzte Inzucht seiner Erbsenpflanzen, dass sie *reinerbig* oder *homozygot* wurden. Dies bedeutet, dass beispielsweise eine Pflanze nur noch das Merkmal »Weiße Blüte« hat. Davon zu unterscheiden sind *mischerbige* oder *heterozygote* Pflanzen. Sie haben beispielsweise sowohl die Information »Weiße Blüte« als auch die Information »Rote Blüte«.

Du kennst jetzt einige der wichtigsten Begriffe der »klassischen Genetik«:

◇ dominant

◇ rezessiv

◇ homozygot oder reinerbig

◇ heterozygot oder mischerbig

◇ Genotyp

◇ Phänotyp

Wir werden diese Begriffe jetzt mit »Leben« füllen!

Als Beispiel möchte ich die »klassische« Pflanze Gregor Mendels verwenden, die Erbsenpflanze: Wie fast alle Lebewesen hat eine Erbsenpflanze in all ihren Zellen die Erbanlagen zweimal vorliegen, einmal von der Mutter und einmal vom Vater. Für unser Gedankenexperiment verwenden wir reinerbige Pflanzen.

Wir kreuzen nun Erbsenpflanzen, die grüne Samen haben, mit Erbsenpflanzen, die gelbe Samen haben. Wir bekommen folgendes Ergebnis: *Alle Nachkommen (die so genannte F_1-Generation) dieser beiden reinerbigen Erbsenpflanzen (die so genannte P-Generation von Parental-Generation [Parental = lat. Eltern]) sind untereinander gleich, was dieses eine Merkmal betrifft.*

Dies ist auch der Inhalt der ersten Mendelschen Regel:

Erste Mendelsche Regel: Kreuzt man zwei reinerbige Individuen, die sich in einem Merkmal unterscheiden, so sind alle Nachkommen gleich oder uniform.

Da in unserem Fall Grün dominant über Gelb ist, bekommen wir ausschließlich grüne Erbsensamen. Gelb ist hier rezessiv.

Mendel hat nun im nächsten Jahr die erhaltenen grünen Erbsensamen, also die F_1-Generation, wieder ausgesät.

Überlege: Ist die F_1-Generation reinerbig oder mischerbig?

Nun, die F_1-Generation kommt ja dadurch zustande, dass eine Samenzelle und eine Eizelle der P-Generation miteinander verschmelzen. Die P-Generation war aber reinerbig gelb, beispielsweise der männliche Pollen, und reinerbig grün, beispielsweise die weibliche Eizelle. Im Verschmelzungsprodukt aus Eizelle und Samenzelle, aus dem sich dann die neue Erbsenpflanze entwickelt, befinden sich somit sowohl die Erbanlage für gelbe als auch für grüne Samen. Die F_1-Generation ist also mischerbig.

Mendel erhielt bei der Kreuzung der mischerbigen F_1-Generation untereinander folgendes Ergebnis.

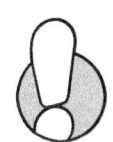

> **Zweite Mendelsche Regel oder »Spaltungsregel«:** Kreuzt man die Individuen der F1-Generation untereinander weiter, so erhält man in der darauf folgenden F2-Generation wieder beide Merkmale, wobei sich dominante Merkmalsträger zu rezessiven Merkmalsträgern im Verhältnis 3:1 verhalten.

Gregor Mendel untersuchte auch die Vererbung mehrerer verschiedener Merkmale der Erbse. Er kreuzte beispielsweise reinerbige rot blühende Erbsen, die gelbe Samen hatten, mit reinerbigen weiß blühenden, die grüne Samen hatten. Die Samen der F_1-Generation waren wieder uniform. Als er sie im nächsten Jahr wieder aussäte, stellte er fest, dass alle Merkmale neu kombiniert waren. Also:

◇ rot blühende mit gelben Samen

◇ rot blühende mit grünen Samen

◇ weiß blühende mit gelben Samen

◇ weiß blühende mit grünen Samen.

> **Dritte Mendelsche Regel oder Regel von der Neukombination der Anlagen:** Werden zwei reinerbige Individuen gekreuzt, die sich in mehreren Merkmalen unterscheiden, dann treten in der F2-Generation sämtliche Kombinationen der Merkmale der P-Generation auf. Die einzelnen Merkmale werden unabhängig voneinander vererbt.

An dieser Stelle ist es mir ein Bedürfnis, dich noch einmal darauf aufmerksam zu machen, dass Mendel dies schon vor mehr als 150 Jahren erkannte, lange vor der Erfindung des Elektronenmikroskops, des Computers und so vieler Hilfsmittel, ohne die heute Forschung nicht mehr denkbar zu sein scheint!

Wir wollen im folgenden Abschnitt ein paar Jahrzehnte überspringen. Ich werde versuchen, die Ergebnisse Mendels mit den Erkenntnissen der Zellbiologie zu vergleichen. Die Zellbiologie oder *Cytologie* erlebte Anfang des 20. Jahrhunderts mit der Verbesserung der Mikroskopie einen gewaltigen Aufschwung.

Zellen teilen sich – aber wie?

Du wirst in diesem Abschnitt

◇ die Chromosomen als Träger der genetischen Information kennen lernen und erfahren,

◇ wie aus einer befruchteten Eizelle Billionen von Zellen eines einzigen Menschen entstehen, die jeweils die vollständige Erbinformation enthalten.

Um die »Ungeheuerlichkeit« dieses Vorgangs besser zu verstehen, möchte ich einen Vergleich anführen:

> Die Chromosomen sind gleichzusetzen mit einer CD, die als Information ein »Office-Paket« enthält. Stelle dir vor, diese CD müsste in neun Monaten einige Billionen Mal vervielfältigt werden, und zwar fehlerfrei. Ich bin mir bewusst, dass die Gegenüberstellung hinkt, denn die Komplexität des Menschen ist wohl kaum mit einem im Vergleich dazu simplen Office-Paket zu vergleichen.

Chromosomen – die CDs des Lebens

Wieder einmal leitet sich ein Name einer biologischen Struktur aus dem Griechischen ab: *Chromos* bedeutet Farbe und *soma* Körper. Chromosomen sind anfärbbare Körper! Sie sind normalerweise in der Zelle nicht sichtbar, können aber kurz vor der Teilung einer Zelle durch Anfärben mit bestimmten Farbstoffen sichtbar gemacht werden. Sie wurden zwar schon 1843 entdeckt, aber erst 1910 erkannte Morgan sie als Träger der genetischen Information.

Die Chromosomen bestehen aus der chemischen Verbindung Desoxyribo-NukleinSäure, auch **DNS** genannt, und bestimmten Eiweißmolekülen, den Histonen. Die DNS kannst du dir als ein riesengroßes Molekül vorstellen, das wie eine Strickleiter ausschaut. Wenn du mit einem Partner eine Strickleiter an beiden Enden fasst und sie gegeneinander »verdrehst«, bekommst du eine Schraube. Die Biologen bezeichnen diese Schraube auch als *α-Helix*. Die »Holme« der Strickleiter bestehen abwechselnd aus den Verbindungen »Phosphorsäure« und dem Zucker »Desoxyribose«, während die Sprossen der Strickleiter von den vier bekannten *»Stickstoffbasen«*

◇ Adenin

◇ Cytosin

◇ Guanin

◇ Thymin

gebildet werden. Sie werden auch als das »Alphabet des Lebens« bezeichnet.

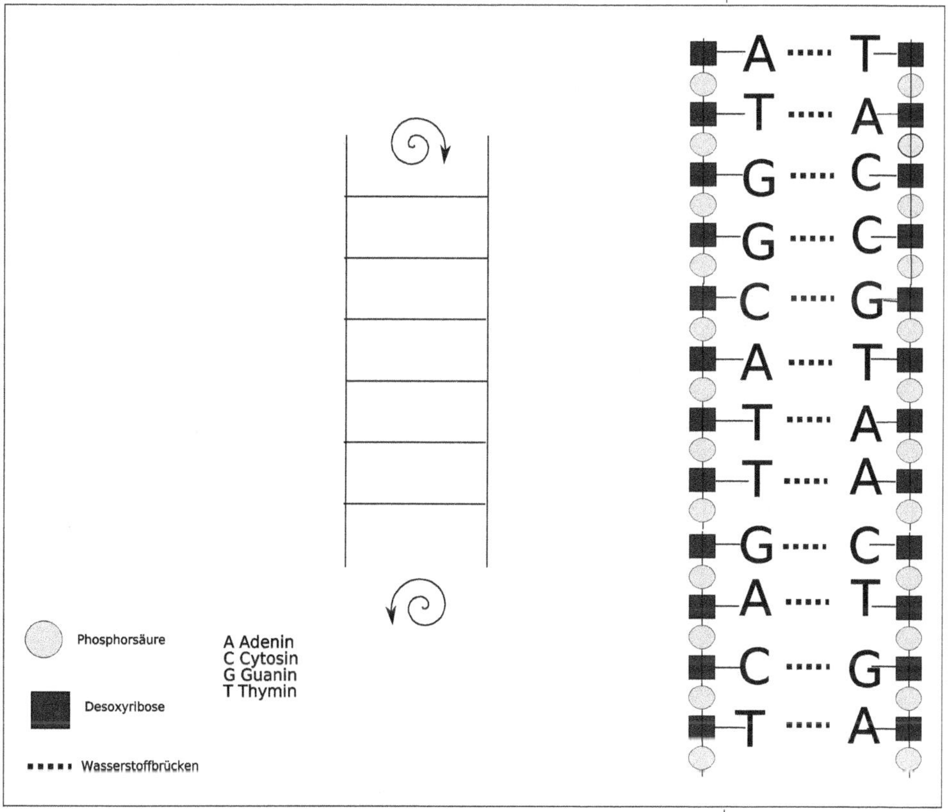

A ····· T
T ····· A
G ····· C
G ····· C
C ····· G
A ····· T
T ····· A
T ····· A
G ····· C
A ····· T
C ····· G
T ····· A

Phosphorsäure

Desoxyribose

▪▪▪▪▪ Wasserstoffbrücken

A Adenin
C Cytosin
G Guanin
T Thymin

Abb. 8.1:
Bau der DNS

Die »Holme der Strickleiter« sind in der Mitte wie ein Reißverschluss zu öffnen. Ein Holm wird also durch ein Basenpaar gebildet, wobei die beiden Basen in der Mitte locker miteinander verbunden sind.

Wenn du dir den Bau der DNS genauer anschaust, fällt dir dann etwas auf?

Richtig!

◇ Sowohl die Basen **C**ytosin und **G**uanin als auch **A**denin und **T**hymin stehen einander stets gegenüber, sie sind »gepaart« Man spricht auch von *komplementärer Basenpaarung*.

◇ Und noch etwas fällt auf: Die Abfolge der Basen auf einer Seite bedingt die Abfolge der Basen auf der anderen Seite und ist rein »zufällig«, das heißt, es ist keine Regelmäßigkeit erkennbar. Wir können hier auch von einem schriftartigen Charakter der Basenabfolge sprechen!

Doch zurück zum Bau der Chromosomen. Die Bedeutung der DNS wirst du in einem späteren Abschnitt über die Molekulargenetik noch genauer kennen lernen.

Wie ich schon erwähnte, sind Chromosomen nur unmittelbar vor und während der Zellteilung sichtbar. Da wir uns in diesem Kapitel vor allem auf den Menschen konzentrieren werden, möchte ich dir kurz schildern, wie menschliche Chromosomen sichtbar gemacht werden können:

Einem Menschen wird etwas Blut entnommen, die weißen Blutkörperchen abgetrennt und in eine Nährlösung gebracht. Dort werden sie im Brutschrank einige Stunden kultiviert. Dabei teilen sie sich sehr stark. Anschließend wird der Teilungsvorgang durch Zugabe von Chemikalien jäh unterbrochen, die Blutkörperchen weiter präpariert und anschließend unter dem Mikroskop betrachtet.

In weißen Blutkörperchen, die sich unmittelbar vor der Teilung befanden, beziehungsweise sich eben teilten, fand man im Zellkern stark anfärbbare Strukturen, die Chromosomen. Später untersuchte man auch noch andere Zelltypen des Menschen und fand immer wieder in den Zellkernen die Chromosomen.

Für den »Chromosomensatz« eines Menschen ist Folgendes typisch:

◇ In allen Zellen außer den Geschlechtszellen ist stets die gleiche Anzahl an Chromosomen.

◇ Bei allen Lebewesen einer Art, wie beispielsweise beim Menschen, sind stets gleich viele Chromosomen in den Zellkernen.

◇ Diese Chromosomen liegen in der Zelle stets paarweise vor, also »doppelt« und können durch die Form und die Größe unterschieden werden. Eine Ausnahme bilden die so genannten *Geschlechtschromosomen* X und Y – doch dazu später. Der *Chromosomensatz*, dies ist die Gesamtheit der Chromosomen einer Zelle, schaut bei allen Menschen gleich aus und ist auch in allen Zellen stets der gleiche!

◇ Den »doppelten« Chromosomensatz bezeichnet man auch als *diploid*.

Interessant ist ferner, dass kein Zusammenhang zwischen der Entwicklungshöhe eines Lebewesens und seinem Chromosomensatz besteht: Beispielsweise hat der Mensch 46 Chromosomen, während die Kartoffel ebenso wie der Gorilla 48 Chromosomen hat.

In der Phase, in der die Chromosomen vor der Teilung sichtbar werden, erkennt man auch, dass sie in Längsrichtung gespalten sind und nur noch an einer Stelle zusammenhängen. Die beiden »Spalthälften« werden als *Chromatiden* bezeichnet, die Stelle, an der sie zusammenhängen, wird als Centromer bezeichnet. Die beiden Chromatiden eines Chromosoms sind völlig identisch.

Mitose oder wie sich Zellen vermehren

Zellen vermehren sich durch Teilung. Dazu muss vorher von den 46 Chromosomen je eine Kopie angefertigt werden, die mit dem Original völlig identisch ist. Diese Kopien müssen dann vollständig und unversehrt verteilt werden, so dass die beiden Zellen, die aus der Ausgangszelle entstehen, den vollständigen und fehlerfreien Chromosomensatz besitzen. Bei teilungsaktiven Zellen geschieht dies beim Menschen zum Teil in weniger als einer Stunde.

Ich werde dir im Folgenden den Ablauf der Zellteilung kurz schildern:

Die Mitose hat zum Ziel, zwei ihrem Informationsgehalt nach gleichwertige Zellen zu bekommen. Sie gliedert sich in vier Phasen:

◇ **Prophase:** Die Zelle beginnt mit der Teilung.

 ✳ Dabei wird die Kernmembran aufgelöst.

 ✳ Dabei wird der Spindelfaserapparat gebildet.

 ✳ Die Chromosomen werden sichtbar, da sich ihre DNS stark in sich spiralisiert.

◇ **Metaphase:** Die Chromosomen ordnen sich mit ihrem Centromer in der Äquatorialebene an und nehmen Kontakt mit den Fasern des Spindelfaserapparats auf.

◇ **Anaphase:** Die Chromosomen trennen sich am Centromer. Von jedem Chromosom wird je ein Chromatid zu je einem der beiden Zellpole mit Hilfe des Spindelfaserapparats gezogen.

◇ **Telophase:** Sie ist im Prinzip die Umkehrung der Prophase:

 ✳ Die Chromosomen entspiralisieren sich wieder.

 ✳ Der Spindelfaserapparat löst sich wieder auf.

 ✳ Es wird eine neue Kernmembran gebildet.

 ✳ Zwischen den beiden Kernen wird eine Zellwand eingezogen, es sind zwei Zellen entstanden.

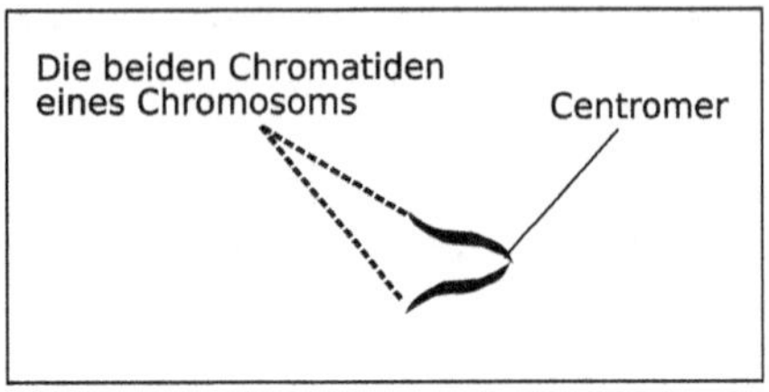

Die beiden Chromatiden
eines Chromosoms

Centromer

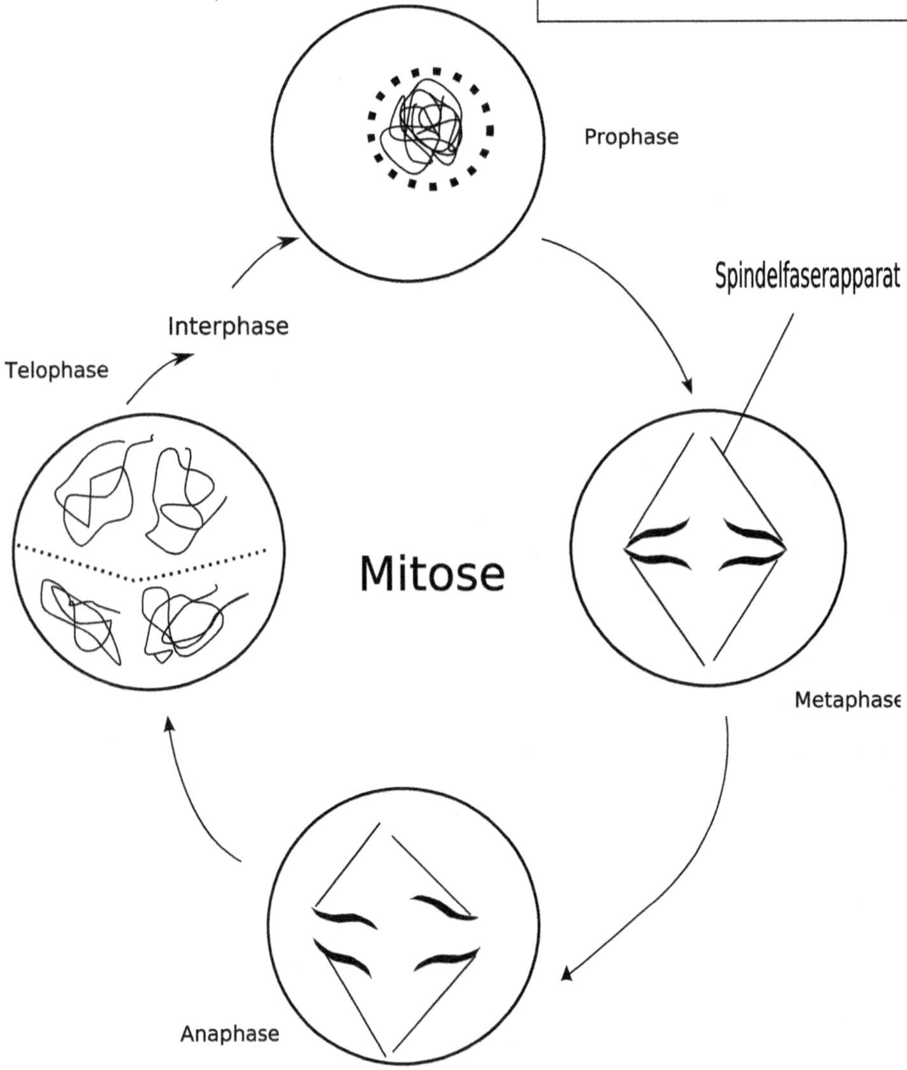

Prophase

Spindelfaserapparat

Interphase

Telophase

Mitose

Metaphase

Anaphase

Abb. 8.2:
Ablauf der
Mitose

Überlege: Kann sich an diese Mitose sofort wieder eine Mitose anschließen? Kann sich die Zelle sofort wieder teilen?

Wenn du dir das Schema der Mitose noch einmal durch den Kopf gehen lässt, glaube ich, fällt dir die Antwort nicht schwer.

Ein Chromosom besteht nach der Mitose nur noch aus *einem* Chromatid. Soll sich die Zelle noch einmal teilen, geht dies nur, wenn sich die Chromatiden völlig identisch verdoppeln, das heißt eine exakte Kopie angefertigt wird. Dies geschieht in der Interphase. Den genaueren Ablauf dieser »Verdoppelung« der Chromatiden wirst du im Abschnitt über Molekulargenetik kennen lernen.

Wir werden uns jetzt noch mit einem »Spezialfall« einer Zellteilung beschäftigen müssen, nämlich mit den Teilungen, die zur Bildung von Ei- und Samenzelle führen.

Ei- und Samenzelle sind etwas Besonderes!

Wenn Eizelle und Samenzelle miteinander verschmelzen, entsteht ein neuer Organismus. Bringt beim Menschen jede Samenzelle ihren doppelten Chromosomensatz mit und auch jede Eizelle – wie viele Chromosomen hätte dann das Verschmelzungsprodukt?

Richtig! 2 x 46 = 92 Chromosomen! In der nächsten Generation käme es dann wieder zu einer Verdoppelung und so weiter. Damit wir zum Schluss nicht nur noch aus Chromosomen bestehen, muss die Chromosomenzahl auf ein vernünftiges Maß begrenzt werden. Wie dies geschieht, zeige ich dir im folgenden Abschnitt über die Meiose, den Teilungsvorgang, der zur Bildung der Geschlechtszellen führt.

Meiose

Wenn du die Abbildung 8.3 gründlich betrachtest, fällt dir vielleicht etwas auf?

Die Meiose scheint doch etwas komplizierter zu sein als die Mitose. Sie besteht grundsätzlich aus zwei Teilungsvorgängen, der

◇ Reduktionsteilung und der sich anschließenden

◇ Äquationsteilung.

Besonders auffallend ist, dass in der Reduktionsteilung nicht die Chromatiden getrennt werden, sondern die Chromosomenpaare. Dies ist deshalb so bedeutsam, weil dadurch der Chromosomensatz »halbiert« wird. Dennoch ist in jeder Hälfte die vollständige Erbinformation enthalten. Allerdings nur noch »einfach« und nicht mehr »doppelt«, also nur noch haploid und nicht mehr diploid. Von jedem Chromosomenpaar kommt bei der Reduktionsteilung je ein Chromosom in jede Hälfte.

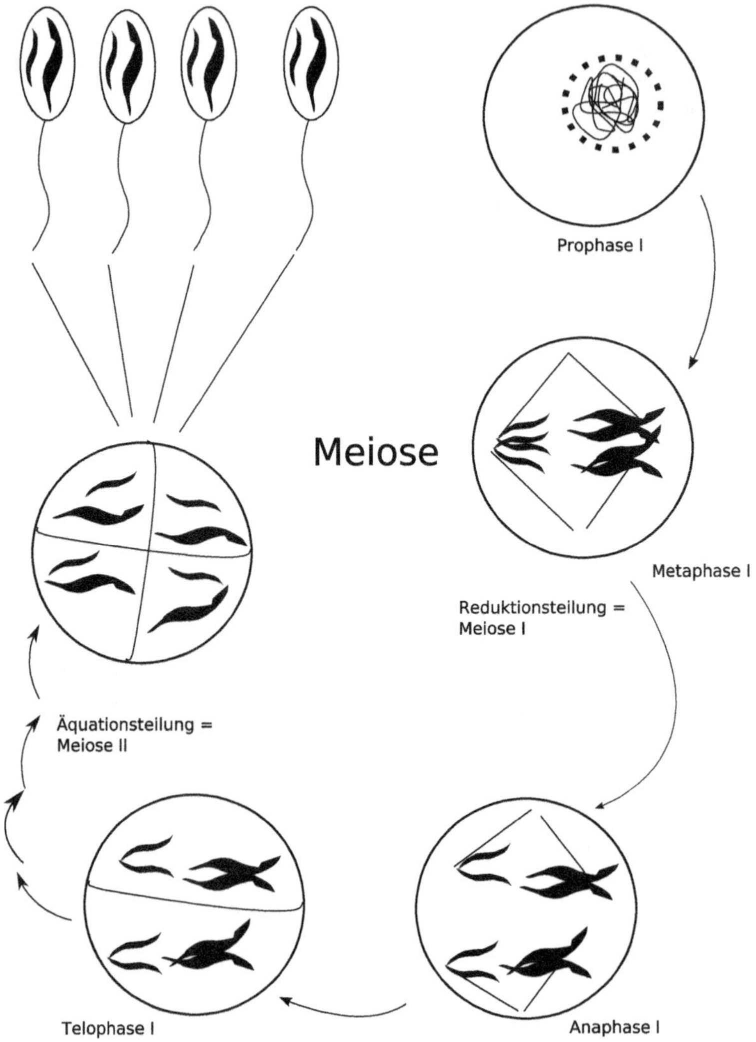

Prophase I

Meiose

Metaphase I

Reduktionsteilung =
Meiose I

Äquationsteilung =
Meiose II

Telophase I

Anaphase I

Abb. 8.3: Ablauf der Meiose

Die beiden Chromosomen eines Chromosomenpaares lassen sich äußerlich nicht voneinander unterscheiden. Sie sind dennoch nicht – im Gegensatz zu den Chromatiden – identisch. Sie enthalten zwar die Informationen über die gleichen Merkmale, aber nicht unbedingt in derselben Weise.

Erinnere dich: Schon Mendel ging davon aus, dass in allen Zellen die Erbfaktoren doppelt vorhanden sind, einmal von der Mutter und einmal vom Vater. Sie können sowohl reinerbig oder homozygot als auch mischerbig oder heterozygot sein.

So könnte ich von meinem Vater auf dem einen Chromosom eines Paares die Information »Blutgruppe A« bekommen haben, während ich von meiner Mutter die Information »Blutgruppe 0« auf dem anderen Chromosom des gleichen Paares bekommen hätte. Ich wäre dann »mischerbig« oder heterozygot.

So schließt sich der Kreis:

Mendel schloss aufgrund seiner Experimente, dass wir in unseren Zellen jeweils zwei Erbfaktoren haben müssten, die Zellbiologen konnten dies auch bei ihrem Blick durch das Mikroskop bestätigen. Sie fanden, dass wir jeweils zwei »homologe« Chromosomen haben, die zusammen 23 Chromosomenpaare ergeben. Ihr Verhalten während der Mitose und Meiose bestätigt die Mendelschen Regeln.

Praktische Anwendungen in der Tier- und Pflanzenzucht

Menschen züchten seit vielen Jahrtausenden Pflanzen und Tiere. Pferde, Rinder, Ziegen, Schafe und Schweine einerseits, Weizen, Roggen, Gerste, Hafer, Reis, Mais und Wein andererseits. Dies sind die ältesten Lebewesen, die vom Menschen »kultiviert« wurden. Unsere Vorfahren taten dies unbewusst, ohne Kenntnisse der modernen Genetik. Sie verließen sich auf ihre Beobachtungsgabe und ihre Erfahrung. Heute werden moderne »Nutztiere und Nutzpflanzen« mit wissenschaftlichen Methoden gezüchtet. Dabei finden noch immer die Mendelschen Regeln Anwendung. Am Beispiel zweier konkreter Fragestellungen möchte ich dir noch einmal die Bedeutung der Mendelschen Regeln zeigen.

> Durch den Gehalt an Bitterstoffen wurde zunächst eine Nutzung der eiweißreichen Lupinenarten als Futterpflanzen verhindert. In den dreißiger Jahren gelang es, bitterstofffreie Sorten (= Süßlupinen) zu züchten, die auch eine Nutzung als Futterpflanzen gestatteten. Die Ernteerträge waren anfänglich stark eingeschränkt, weil alle bitterstofffreien Lupinen platzende Hülsen besaßen. Die Lösung des Problems erzielte man durch Kreuzung der Süßlupinen mit bitterstoffhaltigen Lupinen, die platzfeste Hülsen besaßen. Allerdings konnten erst in der F_2-Generation bitterstofffreie Pflanzen mit platzfesten Hülsen für die Weiterzucht gewonnen werden, da die F_1-Generation nur aus Pflanzen mit Bitterstoffen und platzenden Hülsen bestand. (Aus einer bayerischen Abituraufgabe!)

Wie geht man mit einer Fragestellung dieser Art um?

Bei Kreuzungen kann prinzipiell davon ausgegangen werden, dass der Züchter von einer reinerbigen Elterngeneration. Da in der F_1-Generation nur Pflanzen mit Bitterstoffen vorkamen, die platzende Hüllen hatten, ist offensichtlich

◇ »mit Bitterstoff« dominant und »ohne Bitterstoff« rezessiv, das heißt »mit Bitterstoff« setzt sich durch und

◇ »platzende Hüllen« dominant, während »nicht platzende Hüllen« rezessiv sind.

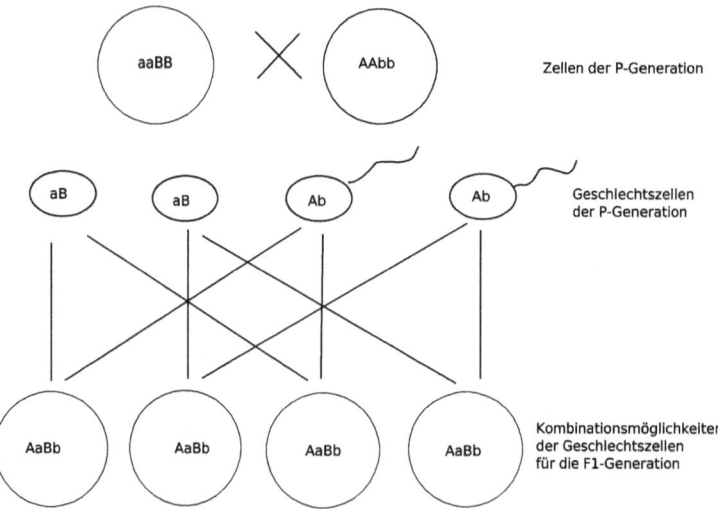

Parentalgeneration aaBB gekreuzt mit AAbb

aaBB ✕ AAbb — Zellen der P-Generation

aB aB Ab Ab — Geschlechtszellen der P-Generation

AaBb AaBb AaBb AaBb — Kombinationsmöglichkeiten der Geschlechtszellen für die F1-Generation

Wie du siehst, gibt es für die F1-Generation nur die Möglichkeit "mit Bitterstoffen" und "platzendenden Hüllen"

	aB	aB
Ab	AaBb	AaBb
Ab	AaBb	AaBb

Dieses Kombinationsquadrat wird von Genetikern häufig verwendet. Des entspricht der oberen Darstellung , ist aber etwas übersichtlicher!

Abb. 8.4: Kreuzung zweier reinerbiger Pflanzen, die sich in zwei Merkmalen unterscheiden

Die Genetiker verwenden für die dominanten Merkmale Großbuchstaben und für die rezessiven Merkmale Kleinbuchstaben. Dabei verwenden sie normalerweise die ersten Buchstaben des Alphabets.

In unserem Beispiel würde das bedeuten:

◇ **A** = »mit Bitterstoff« und dominant, während **a** = »ohne Bitterstoff« und rezessiv

◇ **B** = »platzende Hüllen« und dominant, während **b** = »nicht platzende Hüllen« und rezessiv ist.

Wie du schon weißt, sind die Merkmale in jeder Zelle – mit Ausnahme der Geschlechtszellen – zweimal vorhanden, einmal von der Mutter und einmal vom Vater.

Wenn der Pflanzenzüchter also reinerbige »bitterstofffreie« Pflanzen und »platzende Hüllen« mit »bitterstoffhaltigen« Pflanzen und »nicht platzenden« Hüllen kreuzt, hat die Parentalgeneration folgende Anlagenkombination:

aaBB und AAbb.

Wie du Abbildung 8.4 entnehmen kannst, müssen unter der Voraussetzung, dass die Parentalgeneration bezüglich der zu untersuchenden Merkmale erbgleich war, alle Nachkommen der F_1-Generation uniform oder erbgleich sein. Dabei setzt sich in jedem Falle das dominante Merkmal durch. Weder die Mendelschen Regeln noch die Erkenntnisse aus den Beobachtungen des Verhaltens der Chromosomen bei Mitose und Meiose lassen ein anderes Ergebnis zu.

Doch zurück zu unserem Züchter. In der F_1-Generation hat er jetzt eigentlich all das, was er nicht will: bittere Lupinen, die noch dazu leicht platzende Hüllen haben. Was soll das? Doch warte ab! Als Biologe muss man manchmal sehr viel Geduld aufbringen! Wir wollen die mischerbigen, bitter schmeckenden Lupinen mit platzenden Hüllen, also die F_1-Generation, weiterzüchten. Dazu schau dir einmal Abbildung 8.5 an.

Wenn du das Kombinationsquadrat vervollständigst, bekommst du ein erstaunliches Ergebnis! In der F_2-Generation erhältst du alle Kombinationsmöglichkeiten der Anlagen, also auch Süßlupinen ohne platzende Hüllen. Sie haben die Anlagenkombination **aabb**. Sie sind also reinerbig. Wenn der Züchter nur noch diese Sorte weiterzüchtet, also nur noch diese homozygote Rasse, wird er auch in den Folgegenerationen nur noch Süßlupinen ohne platzende Hülle bekommen.

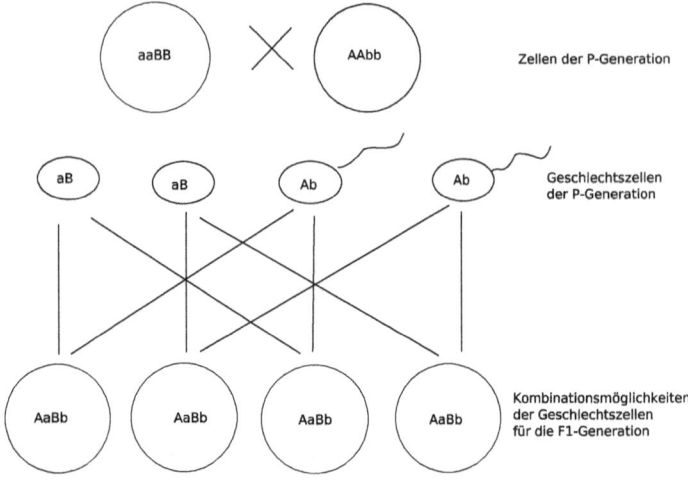

Parentalgeneration aaBB gekreuzt mit AAbb

Wie du siehst, gibt es für die F1-Generation nur die Möglichkeit
"mit Bitterstoffen" und "platzendenden Hüllen"

Kombinationsmöglichkeiten der Erbanlagen in den Geschlechtszellen der F1-Generation	AB	Ab	aB	ab
AB				
Ab				
aB				
ab				

Abb. 8.5: Kreuzung der F₁-Generation

Dies mag wieder einmal ganz einfach aussehen, doch bedenke, dass wir sowohl auf den Erfahrungsschatz jahrtausenderlanger Züchtungsgeschichte als auch auf die Erkenntnisse der modernen Genetik und Cytologie zurückgreifen können. Etwas Bescheidenheit und vor allem Achtung vor dem Können der Züchter tut uns gut!

An einem Beispiel aus der Tierzucht kannst du jetzt selbst einmal »Züchter« spielen:

> Um die Verletzungsgefahr auszuschließen, versuchen Rinderzüchter heute immer, hornlose Tiere zu züchten. Ein Bauer kreuzt einen reinerbigen Bullen, der gehörnt ist, dessen Mutter aber eine hervorragende Milchleistung brachte, das heißt sehr viel Milch produzierte, mit einer reinerbigen Kuh, die hornlos ist, aber wenig Milch liefert. Wie gehst du als Züchter vor?

Wenn es nur keine Fehler gäbe!

Ich glaube, ich verrate kein Geheimnis, wenn ich dir sage, dass das größere Problem beim Schreiben dieses Buches weniger der fachliche Inhalt als vielmehr die »Technik« des Computers und der Programme war. Doch weniger der Umgang mit den Programmen hat mich genervt als vielmehr ungeklärte Programmabstürze. Programme haben heute eine Komplexität in einem solch gewaltigen Umfang erreicht, dass sie praktisch nicht mehr fehlerfrei funktionieren können. Selbst Bill Gates kann nicht immer für die Fehlerfreiheit seiner Produkte garantieren. Hast du schon einmal den »Beipackzettel« von CD-Rohlingen gelesen? Was sollte man da nicht alles sein lassen:

Man sollte

◇ Fingerabdrücke, Staub und andere Verschmutzungen vermeiden

◇ keine Etiketten oder Schutzüberzüge aufkleben

◇ den Diskrand nie Schlagwirkungen aussetzen

◇ die CD vor übermäßiger Wärmeeinwirkung, Sonneneinstrahlung und Feuchtigkeit schützen

Wie schaut es aber mit der Information des Lebens, der genetischen Information, aus? Sollten wir unsere körpereigenen CDs auch so sorgfältig behandeln? Können wir überhaupt etwas zu deren Schutz tun? Und wie ist es um die »Fehlerhaftigkeit« unserer Erbinformation bestellt? Diese Fragen versuche ich im folgenden Abschnitt zu klären!

Mutationen – die »Programmfehler« des Lebens

Mutation kommt vom Lateinischen mutare = verändern. Dies drückt sehr schön aus, dass eine Veränderung der Erbinformation nicht in jedem Falle nur negativ zu beurteilen ist!

Es gibt drei verschiedene Formen von Mutationen:

◇ Genommutationen

◇ Chromosomenmutationen

◇ Genmutationen

Über Genmutationen werde ich dir im Abschnitt *Molekulargenetik* einiges erzählen.

Genommutationen

Unter *Genom* versteht man die Gesamtheit der Erbinformation, also im Prinzip alle Chromosomen. Unter bestimmten Bedingungen, die man meist nicht kennt und die auch nur selten nachzuvollziehen sind, kann es zu Veränderungen in der Zahl der Chromosomen kommen. Geschieht dies bei der Bildung der Geschlechtszellen, also der Ei- und Samenzellen, hat es Auswirkungen auf die folgende Generation. Wenn in eine dieser Zellen bei der Meiose ein Chromosom zu viel oder zu wenig kommt, hat dies insofern dramatischere Folgen, als dann beim Neugeborenen ein Chromosom fehlt oder zu viel vorhanden ist. Da jedoch die Zahl der Chromosomen in einer Zelle beispielsweise beim Menschen seit Jahrmillionen »optimiert« ist, hat jede Abweichung negative Auswirkungen. Meist kommt es dann während der Schwangerschaft zu Störungen der Embryonalentwicklung und zum Tod des Embryos.

Das bekannteste Beispiel einer Genommutation, bei der das Neugeborene lebensfähig ist, ist die Trisomie 21. Man nennt das auch Down Syndrom. Die Mutation entsteht dadurch, dass bei der Bildung der Eizellen die beiden Chromosomen des Paares 21 nicht getrennt werden. Deshalb sind in der künftigen Eizelle zwei 21er Chromosomen. Wird diese Eizelle von einer »normalen« Samenzelle befruchtet, kommt es zur Trisomie 21. Das 21er-Chromosom ist eines der kleinsten. Daher ist die Auswirkung eines zusätzlichen 21ers nicht so dramatisch. Menschen mit Trisomie 21 sehen etwas anders aus, als die »normalen« Menschen. Aber was ist schon »normal« und wer möchte schon immer nur der »Norm« entsprechen?

Bei Pflanzen kann man vor allem bei vielen Kulturpflanzen, beispielsweise beim Weizen, feststellen, dass ganze Chromosomensätze vervielfältigt sind. Bei Pflanzen haben derartige Genommutationen meist keine so starken Auswirkungen und erhöhen sogar zum Teil die »Vitalität« der Pflanzen.

Chromosomenmutationen

Bei diesem Mutationstyp ist die »Architektur« der Chromosomen, das heißt ihre Struktur, betroffen. Es kann beispielsweise ein Stück verloren gegangen sein, aus welchen Gründen auch immer. Meist kennt man sie nicht. Energiereiche radioaktive Strahlen spielen eventuell eine Rolle. Chromosomenmutationen sind ausgesprochen »bösartig«, das heißt, es kommt zu schlimmen Folgen, wie beispielsweise geistige Debilität und körperliche Symptome wie Herz-Kreislauf-Schwäche, Infektionsanfälligkeit und reduzierte Lebenserwartung.

> Bei Erbkrankheiten, ausgelöst durch Mutationen, kann man nur »an den Symptomen herumkurieren«, aber nie die Ursache beseitigen. Denn das Chromosom »zu viel« oder das »fehlerhafte« liegt ja in allen Billionen von Zellen dieses Menschen vor. Bietet sich hier vielleicht einmal eine Chance für die moderne Gentechnologie? Im Augenblick kann man allenfalls versuchen, die Leiden zu mildern.

Mädchen oder Junge? – Geschlechtsbestimmung beim Menschen

Auch das Geschlecht wird durch die genetische Information bestimmt – zumindest bei den Säugetieren und somit auch beim Menschen. Von den 46 Chromosomen liegen bei Frauen alle paarweise vor, also 23 Chromosomenpaare. Die beiden »Paarlinge« sind der Struktur, der Form und der Größe nach identisch. Sie unterscheiden sich möglicherweise nur bezüglich ihrer Information, also beispielsweise auf dem einen Paarling »Blutgruppe A« und auf dem anderen Paarling »Blutgruppe B«.

> Männer haben allerdings nur 22 Chromosomenpaare, ihr 45. Chromosom ist das X-Chromosom, das auch bei Frauen paarweise vorkommt, und das 46. Chromosom ist ein Y-Chromosom. Y-Chromosomen haben nur Männer. Die Begriffe X- und Y-Chromosom leiten sich von der Form der beiden Chromosomen ab.

Enthalten die Zellkerne eines Embryos zwei X-Chromosomen, entwickelt sich ein Mädchen; enthalten sie ein X-Chromosom und ein Y-Chromosom, entwickelt sich ein Junge. Diese Entwicklung wird von Hormonen gesteuert. Deren Konzentrationsverhältnisse sind davon abhängig, ob zwei X- oder ein X- und ein Y-Chromosom vorliegen. Bei der Meiose, die zur Bildung von Samenzellen führt, entstehen 50% Spermien mit einem X-Chromosom und 50% Spermien mit einem Y-Chromosom. Je nachdem, welches Spermium mit einer Eizelle verschmilzt, wird ein Mädchen oder ein Junge geboren.

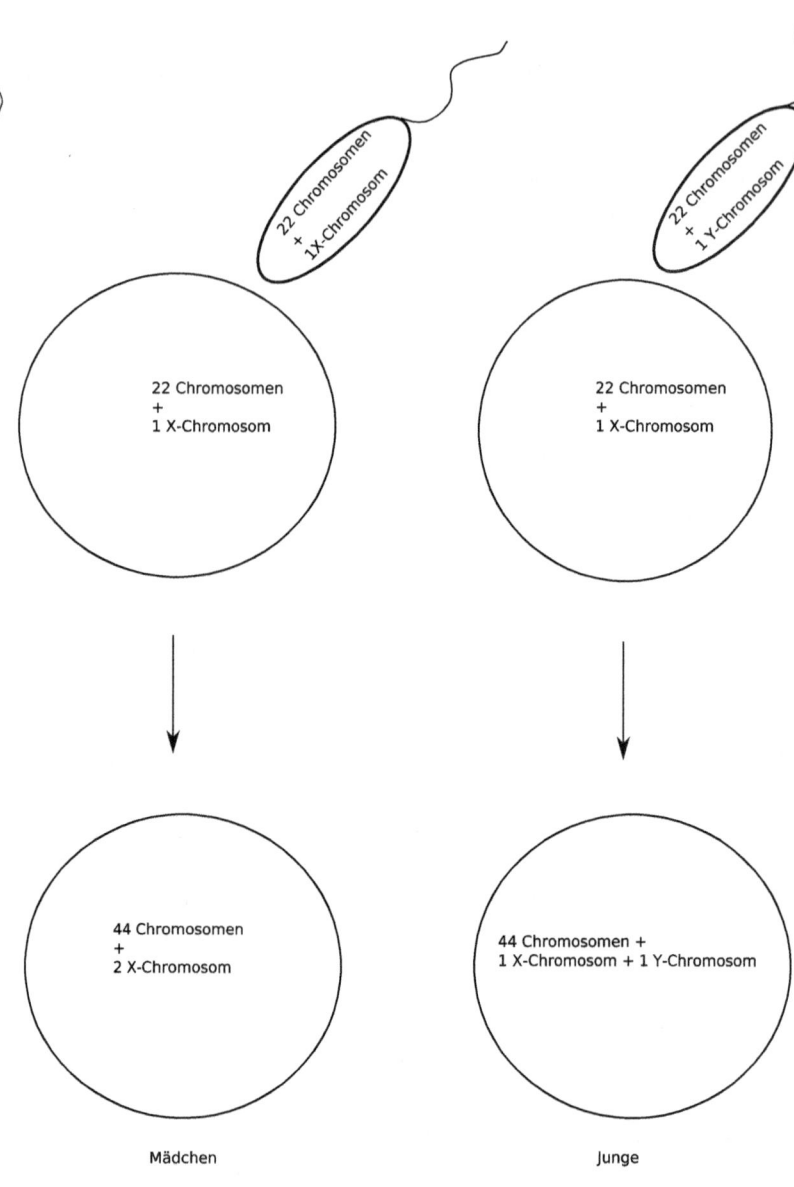

Abb. 8.6: Geschlechtsbestimmung beim Menschen

Molekulargenetik – »Schöne neue Welt«?

Aldous Huxley schrieb Mitte des letzten Jahrhunderts einen Aufsehen erregenden Roman mit dem Titel *Schöne neue Welt*. Huxley skizziert eine

Gesellschaft, in der Ordnung und Freiheit durch Konditionierung des Individuums, das Fehlen von starken Gefühlen und die Begrenzung von Religion und Kultur gewährleistet werden soll. Auch von genetischen Manipulationen ist in diesem Roman die Rede.

Sind wir wirklich so weit, dass der Mensch genetisch beliebig manipulierbar ist, oder werden wir noch so weit kommen?

Dieser Abschnitt soll mit dazu beitragen, dass du dir eine eigene Meinung bilden kannst. Ich möchte aber jetzt schon vorwegnehmen, dass viele Ängste unbegründet sind. Doch die Sorgen müssen ernst genommen werden. Unsere Gesellschaft wird erkennen müssen, dass ihre Mitglieder nicht alles tun dürfen, was sie können. Mehr denn je wird wichtig werden, dass wir unsere Entscheidungen auf dem Fundament der Ethik aufbauen. Dies ist meine Meinung.

Du wirst in diesem Abschnitt kennen lernen:

◇ wie Merkmale in der DNS codiert sind

◇ wie der genetische Code entziffert werden kann

◇ wie die Umsetzung der genetischen Information in körperliche Merkmale erfolgt

◇ welche Auswirkungen Genmutationen haben

◇ wie sich Eltern, die sich Kinder wünschen, »genetisch« beraten lassen können

> Die Entzifferung des genetischen Codes ist eine der großartigsten Leistungen der modernen Biologie. Zahlreiche Wissenschaftler weltweit waren und sind daran beteiligt. Denn nach wie vor gibt es vieles zu forschen – auch für dich! Und es gibt mit »genetischen« Themen noch viele Nobelpreise zu holen – vielleicht auch für dich! Deshalb wollen wir uns jetzt auf den etwas mühsamen Weg zum Verständnis des genetischen Codes machen. Einen ersten Schritt hast du schon im letzten Abschnitt getan und dadurch erste Grundlagen für das Verständnis geschaffen.

Die DNS verdoppelt sich

Wir müssen uns noch einmal mit der »Chemie« der Vererbung, das heißt mit der DNS beschäftigen. Wie du schon weißt, sind die Basen »gepaart«, das heißt gegenüber von Adenin liegt Thymin und gegenüber von Cytosin liegt Guanin beziehungsweise umgekehrt. Die Reihenfolge der Basen an einem Strang hat »schriftartigen« Charakter, das heißt, sie lässt keinerlei Regelmäßigkeit erkennen.

Eine fantastische Eigenschaft der Erbinformation habe ich aber bisher noch nicht erwähnt: Wie gelingt es, dass bei der Zellteilung die Erbinformation vollständig auf die beiden neuen Zellen verteilt wird, so dass jede die komplette Erbinformation der Ausgangszelle hat?

Dazu öffnet sich die DNS wie ein Reißverschluss:

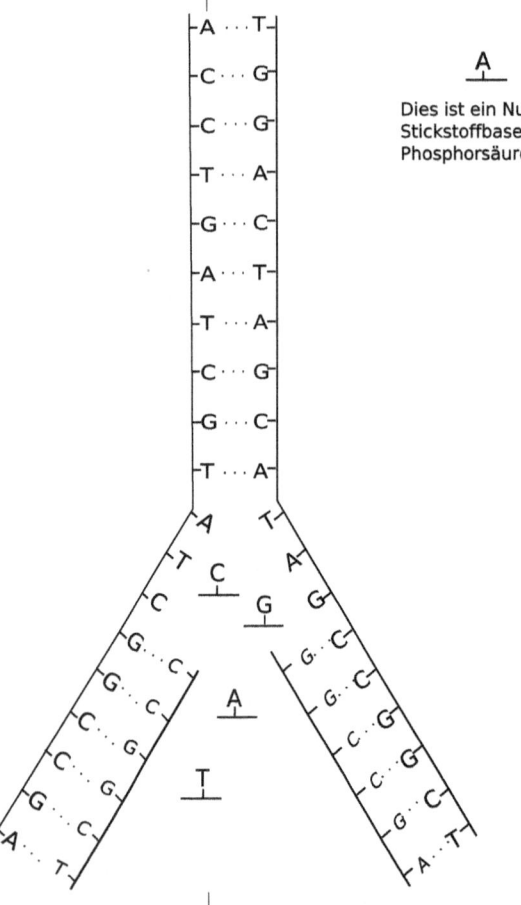

A

Dies ist ein Nukleotid. Es besteht aus einer Stickstoffbase - hier Adenin - einem Molekül Phosphorsäure und dem Zucker Desoxyribose

Abb. 8.7: Semikonservative Verdoppelung der DNS

An die frei werdenden Stickstoffbasen lagern sich die entsprechenden Nukleotide an:

◇ an eine Adenin-Base ein Thymin-Nukleotid

   ※ Dies besteht aus der Stickstoffbase Thymin, die an den Zucker Desoxyribose gebunden ist, wobei Desoxyribose auch noch mit Phosphorsäure verknüpft ist.

◇ an eine Cytosin-Base ein Guanin-Nukleotid

   ※ Dies besteht aus der Stickstoffbase Guanin, die an den Zucker Desoxyribose gebunden ist, wobei Desoxyribose wiederum mit Phosphorsäure verknüpft ist.

◇ an eine Guanin-Base ein Cytosin-Nukleotid

* Dies besteht aus der Stickstoffbase Cytosin, die an den Zucker Desoxyribose gebunden ist, wobei Desoxyribose wiederum mit Phosphorsäure verknüpft ist.

◇ an eine Thymin-Base ein Adenin-Nukleotid

* Dies besteht aus der Stickstoffbase Adenin, die an den Zucker Desoxyribose gebunden ist, wobei Desoxyribose wiederum mit Phosphorsäure verknüpft ist.

Die Nukleotide sind im Cytoplasma der Zelle vorhanden. Die Bausteine, aus denen sie gebildet werden, nehmen wir mit der Nahrung auf. Der »Mechanismus« der DNS-Verdoppelung wird als *semikonservativ* bezeichnet, da eine Hälfte der »Strickleiter« erhalten bleibt, während die zweite Hälfte aus den vorhandenen Nukleotiden neu synthetisiert wird.

Auf diese Weise bleibt die Basenreihenfolge erhalten, das heißt, nach der Mitose haben die beiden »Tochterzellen« die gleiche Basenabfolge in ihrer DNS.

Der genetische Code – Programmiersprache des Lebens

Was bedeutet »codieren«?

Information kann auf sehr unterschiedliche Weise verschlüsselt werden. Im Prinzip sind die Buchstaben eines geschriebenen Textes auch die Verschlüsselung einer Information. Es gibt aber auch noch weitere Codierungsmöglichkeiten. Wenn du kurz nachdenkst, fallen dir bestimmt ein paar ein:

> Beim Morsealphabet wird beispielsweise das Alphabet durch Licht- oder Tonsignale codiert. Der Code verwendet drei Symbole, Punkt, Strich und Pause, die als kurzer und langer Ton beziehungsweise als kurzes oder langes Lichtsignal mit entsprechenden Pausen gesendet werden können.
>
> Beispiel: SMS ist im Morsealphabet wie folgt verschlüsselt: ··· −− ···.
>
> Drei kurze Signale stehen für S und zwei lange Signale für M. So einfach ist das!

Wenn du einen Computer benutzt, hast du es immer mit einer Codierung zu tun. Egal, ob du Bilder oder Musik auf einer CD hast oder Daten auf einer Diskette oder auf der Festplatte speicherst, die Musik, die Bilder und die Daten sind auf den Datenträgern in »codierter« Form gespeichert. Die Codierung ist auch hier meist relativ einfach: 1 und 0, Strom ein und Strom aus, Licht ein und Licht aus!

Was soll bei Lebewesen denn codiert werden?

Bevor wir uns mit der Frage »wie« beschäftigen, musst du dir erst einmal klar werden, was überhaupt codiert werden soll. Es klingt so einfach, wenn wir feststellen, dass wir von der Mutter die Musikalität und vom Vater die sportliche Leistungsfähigkeit »mitbekommen haben«. Was bedeutet das eigentlich: »vererben« und »geerbt«? Erinnere dich an das angeborene Verhalten! Wie wird das »Kindchenschema« vererbt, wie »steht« dies auf den Chromosomen, auf der DNS »geschrieben«? Wie wird die Blutgruppe A vererbt?

Fangen wir mit der letzten Frage an – ich glaube, dann ist es einfacher zu verstehen.

Unter »Blutgruppe A« versteht man ein bestimmtes Protein. Du hast die Eiweißstoffe oder Proteine schon im Kapitel über den Stoffwechsel kennen gelernt. Proteine bestehen aus kleineren Bausteinen, den Aminosäuren. Davon gibt es 20 verschiedene, die in den Lebewesen vorkommen. Wenn einige hundert bis zu einigen tausend Aminosäuren miteinander verknüpft werden, bekommt man ein Proteinmolekül. Die 20 verschiedenen Aminosäuren sind nun nicht regelmäßig angeordnet, sondern ebenso wie die Stickstoffbasen der DNS mit »schriftartigem Charakter«. Bei einem bestimmten Protein, wie beispielsweise dem Hormon Insulin, ist jedoch bei allen Menschen – zumindest bei fast allen Menschen – die Abfolge der Aminosäuren immer gleich. Diese Abfolge der verschiedenen Aminosäuren bestimmt den räumlichen Bau eines Proteinmoleküls. Dieser kann ganz schön kompliziert sein. Wir werden uns mit ihm nicht näher befassen. Trotzdem solltest du dir merken, dass der komplizierte räumliche Bau eines Proteinmoleküls durch die Abfolge der einzelnen Aminosäuren bestimmt wird und für die Funktionsfähigkeit des Proteins unentbehrliche Voraussetzung ist.

Welche Aufgabe haben aber die Proteine in unserem Körper?

◇ Sie wirken als Enzyme, das heißt *Biokatalysatoren* und ermöglichen dadurch erst die zahllosen chemischen Reaktionen in unserem Körper.

◇ Sie übermitteln als Botenstoffe oder *Hormone* in unserem Körper Informationen.

◇ Sie sind am Aufbau der Zellen beteiligt.

◇ Sie sind beispielsweise für die Muskelkontraktion verantwortlich.

Wie du siehst, haben die Proteine eine breit gestreute Funktion in unserem Körper. Doch nun zurück zur Blutgruppe A.

»Blutgruppe A« bedeutet, dass diese Menschen in der Oberfläche ihrer roten Blutkörperchen ein Protein vom Typ »A« haben, das sich vom Protein des Typs »B« bei Blutgruppe B durch die Reihenfolge der einzelnen Aminosäuren geringfügig unterscheidet.

Doch was bestimmt die Reihenfolge der Aminosäuren im Protein?

Wenn du die vorangegangenen Seiten diese Buches noch einmal »überfliegst«, wirst du vielleicht eine Idee haben.

In der Basenabfolge liegt der Schlüssel

Wenn du den Bau der DNS mit dem Bau der Proteine vergleichst, wirst du bei allen Unterschieden eine Gemeinsamkeit entdecken:

Die Reihenfolge der Bausteine hat sowohl bei der DNS als auch bei den Proteinen einen schriftartigen Charakter.

Diesen Zusammenhang erkannten die Biologen schon vor etwa 60 Jahren. Sie fanden Folgendes heraus:

Die Abfolge der Aminosäuren in einem Protein wird durch die Reihenfolge der Stickstoffbasen der DNS bestimmt.

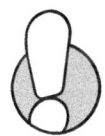

Wie sollen aber **vier** Stickstoffbasen **zwanzig** Aminosäuren codieren?

Eine Stickstoffbase als »Code-Wort« für eine Aminosäure geht nicht, da wir nur vier Stickstoffbasen, aber 20 Aminosäuren haben.

Zwei Stickstoffbasen für eine Aminosäure geht auch nicht. Warum?

Probiere einmal aus, wie viele Kombinationsmöglichkeiten du für Adenin, Cytosin, Guanin und Thymin bekommst, wenn du von einem »Code-Wort« mit zwei Buchstaben ausgehst!

Beispiel: AA, AC, AG, AT, CC, CA, ... und so weiter!

Ich verrate es dir: Es gibt 4^2 Möglichkeiten, also 16!

Sie reichen aber immer noch nicht aus, 20 verschiedene Aminosäuren zu codieren. Drei Stickstoffbasen, ein Basentriplett, ob das wohl reicht?

Bei einem Basentriplett als Code-Wort gibt es 4^3 Möglichkeiten, also 64. Das reicht für die Codierung der 20 Aminosäuren. Ich habe bisher immer von den Stickstoffbasen Adenin, Cytosin, Guanin und Thymin geschrieben. Aus Gründen, auf die ich etwas später eingehen werde, findest du hier statt der Stickstoffbase Thymin die Stickstoffbase **Uracil**!

8

2. Base	U	C	A	G	3. Base
1. Base					
U	Phe	Ser	Tyr	Cys	U
U	Phe	Ser	Tyr	Cys	C
U	Leu	Ser	Ende	Ende	A
U	Leu	Ser	Ende	Trp	G
C	Leu	Pro	His	Arg	U
C	Leu	Pro	His	Arg	C
C	Leu	Pro	Glu	Arg	A
C	Leu	Pro	Glu	Arg	G
A	Ile	Thr	Asp	Ser	U
A	Ile	Thr	Asp	Ser	C
A	Ile	Thr	Lys	Arg	A
A	Met, Anfang	Thr	Lys	Arg	G
G	Val	Ala	Asp	Gly	U
G	Val	Ala	Asp	Gly	C
G	Val	Ala	Glu	Gly	A
G	Val	Ala	Glu	Gly	G

Tabelle 8.1: Der genetische Code

Wie ist der Code zu lesen?

Die Aminosäuren werden immer mit drei Buchstaben »abgekürzt«. So steht beispielsweise »Val« für die Aminosäure Valin oder »Phe« für die Aminosäure Phenylalanin.

In der ersten Spalte der Tabelle steht die erste Base eines Tripletts, in der zweiten Zeile steht der zweite Buchstabe und in der letzten Spalte steht der dritte Buchstabe des Code-Wortes oder Codons.

Die Aminosäure Valin kann also beispielsweise durch folgende »Basentripletts« codiert werden:

◇ GUU

◇ GUC

◇ GUA

◇ GUG

Du siehst also, dass mehrere Tripletts oft die gleiche Aminosäure codieren. Einen Code, bei dem es für die gleiche Information mehrere Codewörter gibt, bezeichnet man auch als »degeneriert«.

Es ist ebenfalls erstaunlich, dass mit ganz wenigen, »exotischen« Ausnahmen der genetische Code bei allen Organismen gleich ist – vom mikroskopisch kleinen Darmbakterium Escherichia coli bis zum Homo sapiens, dem Menschen. Man bezeichnet ihn deshalb auch als *universell*.

Versuche einmal, folgenden »Basentext« zu dechiffrieren!

CGAUCUACGGCAAAAUAUCCCACGCGU

Es geht leichter, wenn du nach jeder dritten Base einen kleinen Trennungsstrich machst. Dann nimmst du den ersten Buchstaben des Tripletts und vergleichst mit der ersten Spalte der Code-Tabelle, den zweiten Buchstaben suchst du dann in der obersten Zeile, den dritten Buchstaben in der letzten Spalte. Versuch es doch einmal!

Arg-Ser-Thr-Ala-Lys-Tyr-Pro-Arg

Diese Aminosäuresequenz wird also durch diesen Basentext codiert. Es fällt auf, dass der Code ohne Satzzeichen arbeitet, das heißt, dass zwischen den Code-Wörtern keine »Leerstellen« oder Ähnliches liegen.

Der DNS-Abschnitt, der ein bestimmtes Protein codiert, wird auch als *Gen* bezeichnet.

Dass der genetische Code degeneriert ist, bringt Vorteile:

Sollte einmal ein Fehler in der Basenabfolge auftreten, würde sich das nicht in jedem Falle sofort bemerkbar machen:

GUA, GUC, GUG und GUU codieren in jedem Falle die Aminosäure Valin. Wenn einmal die dritte Stelle des Tripletts vertauscht wird, hätte dies keine Folgen, denn es würde in jedem Falle die Aminosäure Valin eingebaut.

Doch wo und wie werden die Proteine zusammengesetzt?

Die Proteinbiosynthese – die geniale Umsetzung der genetischen Information

Die Proteinbiosynthese findet außerhalb des Zellkerns an den *Ribosomen* statt. Dies sind winzig kleine, nur im Elektronenmikroskop sichtbare Zellorganellen. Damit die Proteinsynthese dort stattfinden kann, muss zunächst eine Kopie des entsprechenden DNS-Abschnitts angefertigt und zu den Ribosomen gebracht werden. Du kannst dir das ungefähr so vorstellen: Eine Firma gibt einem Software-Entwickler einen Auftrag. Dieser erstellt ein Programmpaket. Der Auftraggeber benötigt jedoch nur bestimmte Programmteile. Deshalb macht der Software-Entwickler einige Kopien von seinem Original-Programm und schickt diese Kopien in die Firma.

Im Zellkern werden also zunächst Kopien von den Genen angefertigt, die die Information über die benötigten Produkte darstellen.

Diesen ersten Schritt der Proteinbiosynthese bezeichnet man auch als *Transkription*

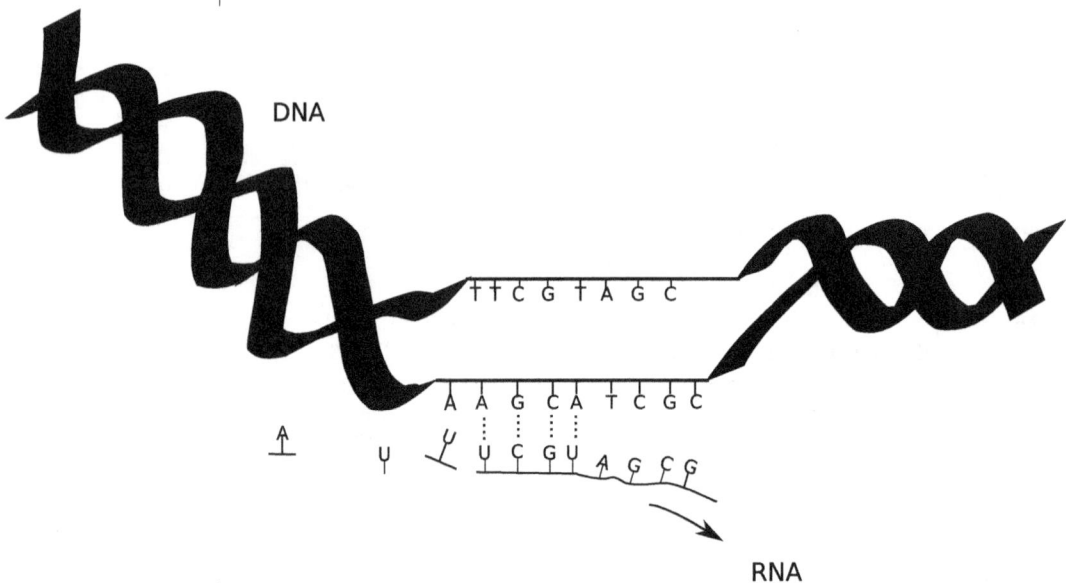

*Abb. 8.8: Protein-
biosynthese –
Transkription*

Transkription

Bei der Transkription wird also eine Kopie des betreffenden DNS-Abschnitts, das heißt des Gens, angefertigt. Bei der Kopie, die sehr viel Ähnlichkeit mit der DNS hat, handelt es sich um einen zweiten Typ von Nukleinsäuren, nämlich um die RNS. RNS steht für RiboNukleinSäure. Sie hat statt des Zuckers Desoxyribose den Zucker Ribose und statt der Stickstoffbase Thymin die Stickstoffbase Uracil, die mit U abgekürzt wird. Jetzt wird dir vielleicht auch klar, warum in der Tabelle mit dem genetischen Code zwar nirgendwo Thymin, dafür aber Uracil zu finden war. Der genetische Code bezieht sich nämlich auf die bei der Transkription gebildete

RNS. Da diese RNS als Bote zu den Ribosomen wandert, wird sie auch als *m-RNS* bezeichnet. »m« steht für messenger, also für Bote.

Die m-RNS entsteht dadurch, dass sich der entsprechende Abschnitt der DNS entspiralisiert. Dann wird am Startcodon beginnend mit Hilfe von Enzymen die m-RNS gebildet. Es lagern sich wieder paarweise m-RNS-Nukleotide an den frei werdenden DNS-Nukleotiden an, werden miteinander verknüpft und lösen sich dann wieder als m-RNS von der DNS. Anschließend geht die DNS wieder in ihre Spiralform zurück. Die m-RNS verlässt den Zellkern und wandert zu den Ribosomen.

Translation

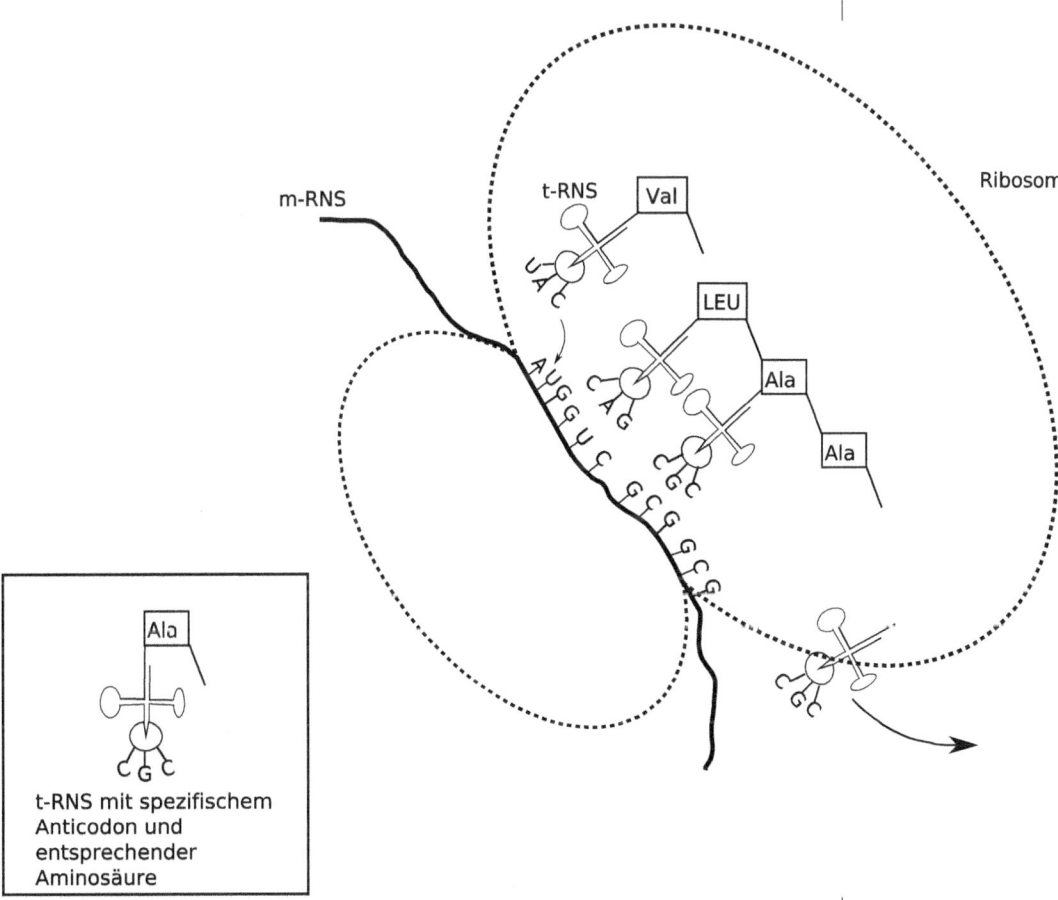

t-RNS mit spezifischem Anticodon und entsprechender Aminosäure

Abb. 8.9: Proteinbio-synthese – Translation

An den Ribosomen geschieht die »Übersetzung«, also *Translation* der Sprache der Nukleinsäuren in die Sprache der Proteine. Dazu braucht man einen »Dolmetscher«, der beide Sprachen beherrscht: Die *t-RNS*, ein weiterer Typ der RNS, erfüllt diese Forderung. Wenn du dir die Abbildung 8.9

genau anschaust, wirst du feststellen, dass jede t-RNS eine besondere Basensequenz hat, das so genannte *Anticodon*. Dieses ist Bestandteil der t-RNS. Jede t-RNS mit einem bestimmten Anticodon kann aber nur eine ganz bestimmte Aminosäure an ihrem Ende binden. Wie du dir vorstellen kannst, muss es mindestens 20 verschiedene t-RNS-Moleküle geben, denn es gibt ja auch 20 verschiedene Aminosäuren. Da der genetische Code aber »degeneriert« ist, gibt es noch viel mehr t-RNS, nämlich für jedes Codon des genetischen Codes ein spezifisches Anticodon und somit eine spezifische RNS mit der für sie typischen Aminosäure.

Wenn also auf der DNS eine bestimmte Abfolge von Codons in Form einer spezifischen Basensequenz vorliegt, wird diese während der Transkription auf die m-RNS in Form deren spezifischen Basensequenz übertragen, also im Prinzip kopiert. Die m-RNS, die nur noch diese Basensequenz als Information für das spezifische Protein enthält, wird zu den Ribosomen transportiert. Dorthin gelangen auch die t-RNS-Moleküle, jedes mit einem typischen Anticodon und einer spezifischen Aminosäure. Zu einem Codon der m-RNS passt aufgrund der spezifischen Basenpaarung also nur ein einziges Anticodon der t-RNS. Damit kann nur diese eine Aminosäure an diese Stelle transportiert werden. Im aktiven Zentrum der Ribosomen werden die Aminosäuren miteinander verknüpft und lösen sich von der t-RNS.

Auf diese Weise entstehen zum Teil riesige Proteinmoleküle. Sie können dann als Katalysatoren den Ablauf der chemischen Reaktionen in unserem Körper steuern.

Wenn wir also von »Vererbung« sprechen, bedeutet dies eigentlich die Vererbung der Information zum Bau bestimmter Proteine.

Stimmt es dann eigentlich gar nicht, wenn ich sage, ich hätte meine braunen Augen von meiner Mutter geerbt?

»Im Prinzip ja, aber ...!« Auf dem entsprechenden DNS-Abschnitt des Chromosoms, das meine Mutter in ihrer Eizelle hatte, aus der ich dann entstanden bin, war eine bestimmte Basensequenz, die ein spezifisches Protein codierte. Dieses Protein ist ein Biokatalysator, ein Enzym, das eine typische Reaktion ermöglicht, durch die in den Zellen meiner Augen aus Substanzen, die ich mit der Nahrung aufnehme, ein brauner Farbstoff entsteht.

Den Zusammenhang zwischen einem »Gen«, das die Information für ein bestimmtes Protein darstellt, und dem Protein, das beispielsweise als Enzym wirkt, soll dir folgende Grafik zeigen:

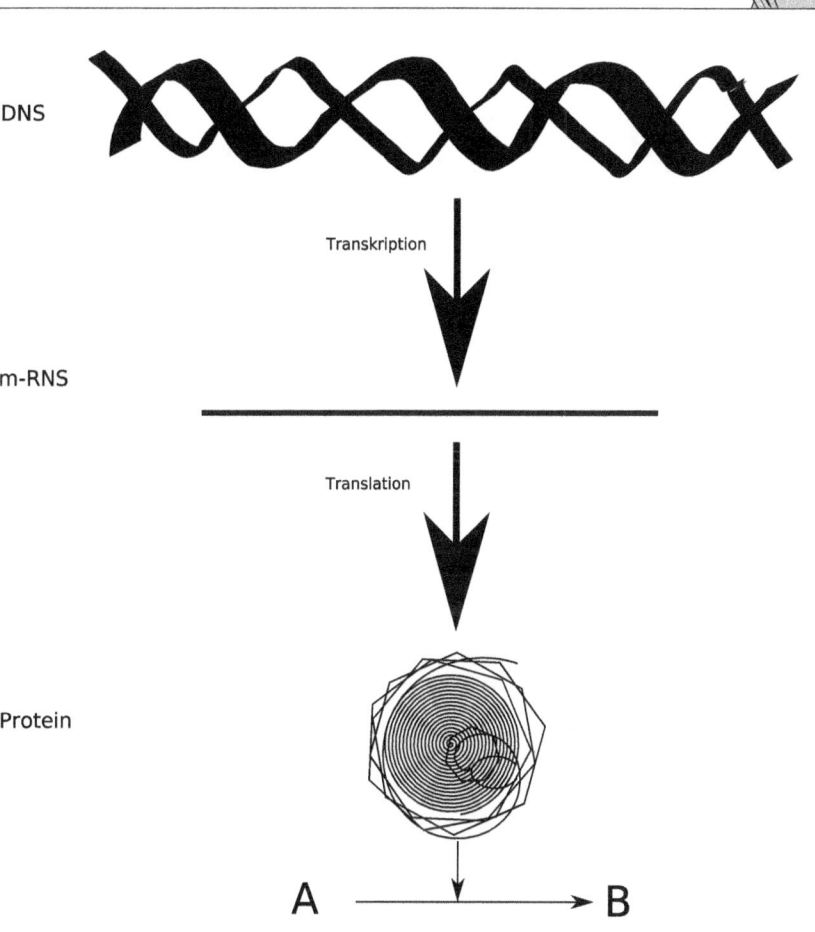

DNS

Transkription

m-RNS

Translation

Protein

A ——————→ B

Als Enzym katalysiert das entstandene Protein die Umwandlung
des Stoffs A in den Stoff B.

Abb. 8.10: Zusammenhang Gen – Protein

Wie dies alles gesteuert wird, wie sichergestellt wird, dass in den Augen
nicht die Proteine gebildet werden, die eine Muskelzelle braucht, ist nach
wie vor ein großes Geheimnis. Es gibt zwar gewisse »Modellvorstellun-
gen«, aber es ist unklar, ob sie in Wirklichkeit zutreffen oder nicht. Im
Schlusskapitel dieses Buches möchte ich dir noch einiges über die Sicherheit naturwissenschaftlicher Aussagen und den Wert von Modellvorstel-
lungen erzählen.

Es ist doch erstaunlich und unvorstellbar, wie dies alles geschieht, schnell
und fehlerfrei. Oder doch nicht immer fehlerfrei? Dazu erzähle ich dir im
nächsten Abschnitt einiges!

Genmutationen – nicht immer alles im grünen Bereich?

Wenn du noch einmal den genetischen Code betrachtest, wirst du feststellen, dass ihm eine gewisse »Fehlerfreundlichkeit« nicht abzusprechen ist. Dadurch, dass die meisten Aminosäuren »mehrfach abgesichert« sind, das heißt, dass mehrere Tripletts die gleiche Aminosäure codieren, macht sich nicht jede Veränderung der Basenabfolge im Phänotyp, das heißt in den Proteinen, sofort bemerkbar.

Ich zeige dir die Problematik an folgendem kleinen »Nonsens«-Satz. Wie bei solchen Sätzen üblich, bürge ich nicht für die »inhaltliche« Qualität. Aber es hat den Vorteil, dass alle Wörter aus drei Buchstaben bestehen, im Prinzip also aus Tripletts:

DAS REH IST ROT.

Dieser Satz entspräche der Information auf der DNS. Was passiert, wenn eine Base ausgetauscht wird?

Tauschen wir im letzten Triplett das T gegen ein D:

DAS REH IST ROD.

Ein Deutschlehrer – und auch ich – würde den Rotstift zücken, aber der Sinn des Satzes ist nach wie vor erkenntlich.

Machen wir noch einmal einen Basenaustausch – entschuldige, Buchstabenaustausch – und ersetzten im letzten Triplett das R durch ein T:

DAS REH IST TOT.

Ein Rotstift würde jetzt auch nicht mehr allzu viel nützen. Denn der Buchstabenaustausch hat zu einem vollkommen anderen Sinn des Satzes geführt. Ich glaube, es ist für jeden nachvollziehbar, dass es ein großer Unterschied ist, ob das REH nur ROD oder vielleicht TOT ist.

Du kannst weitere Buchstabenveränderungen vornehmen, der Satz wird zunehmend »sinnlos« werden, er hätte keine »Funktion« mehr.

Und genau dies passiert bei einer Genmutation. Durch den Austausch von Stickstoffbasen – wie dies möglich ist, kommt später – kann es zu Veränderungen in der Aminosäuresequenz der Proteine kommen.

Beispielsweise codiert die Basensequenz GCA die Aminosäure Alanin. Tauscht man die zweite Base durch G aus, ergibt sich die Basensequenz GGA. Diese codiert allerdings die Aminosäure Glycin. Du könntest jetzt vermuten, das sei doch nicht so schlimm. Und Gott sei Dank hast du mit deiner Vermutung auch meist Recht. Aber oft befindet sich die »falsche« Aminosäure an einer für den »Sinn« des Proteins entscheidenden Stelle. Proteine sind da sehr empfindlich. Einmal eine falsche Aminosäure und schon funktioniert der Katalysator nicht mehr!

Möglichkeiten und Chancen der genetischen Familienberatung

Die eigentliche Ursache einer Erbkrankheit, also beispielsweise ein Basenaustausch, lässt sich nicht korrigieren. In Billionen von Zellen müsste dazu in jedem Zellkern eines von mehr als 20.000 Genen korrigiert werden. Ein Gen besteht wiederum aus bis zu Tausenden von Stickstoffbasen. Und da müsste man nun die eine fehlerhafte Base herausfinden und austauschen. Billionen Mal! Ein unvorstellbares Unterfangen.

Deshalb muss bei Erbkrankheiten ein anderer Therapieansatz gewählt werden.

Bei Infektionskrankheiten kann man die Ursache, ein Bakterium, mit einem Antibiotikum bekämpfen.

Bei Erbkrankheiten muss man andere Wege gehen. Ich werde dir drei Wege des »Umgangs mit Erbkrankheiten« kurz vorstellen:

◇ »Stammbaumanalysen«

◇ Pränatale Diagnose

◇ Beispiele einer Therapie bei Betroffenen

Stammbaumanalyse

Eine Stammbaumanalyse klingt zunächst im Zusammenhang mit Menschen etwas seltsam. Gewöhnlich denkt man da zunächst an Rassehunde oder Pferde.

Aber auch bei Menschen lässt sich durch Analyse ihrer Vorfahren die Wahrscheinlichkeit bestimmen, mit der ein Elternpaar unter Umständen ein behindertes Kind bekommen wird.

Ein Beispiel siehst du in Abbildung 8.12.

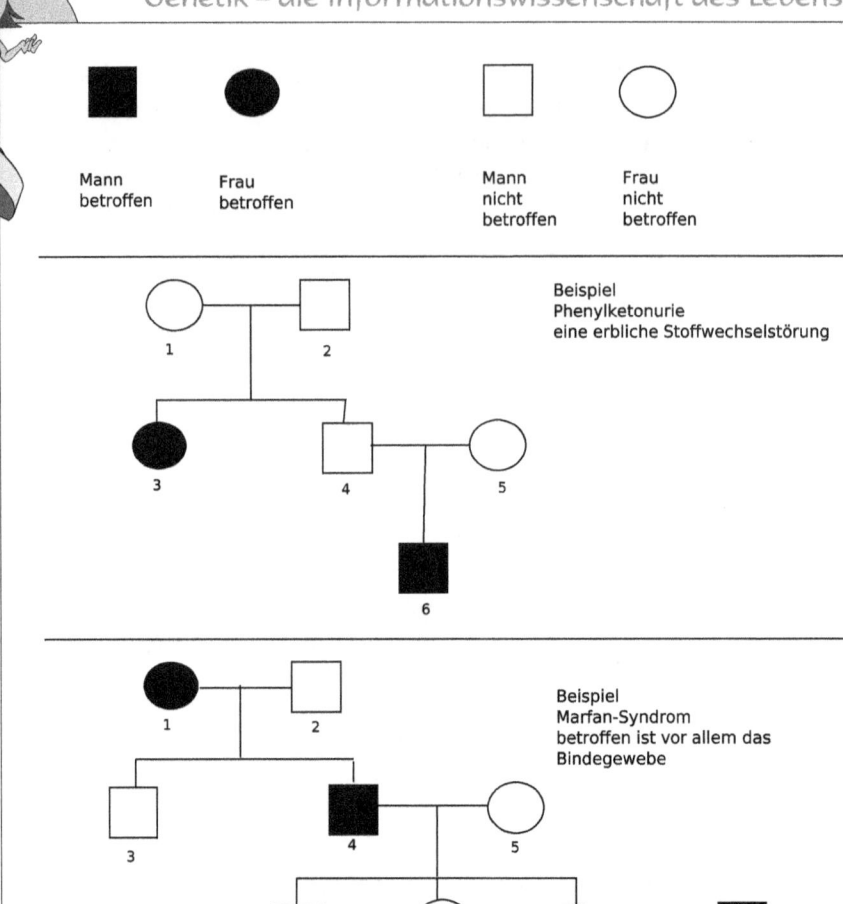

Mann
betroffen

Frau
betroffen

Mann
nicht
betroffen

Frau
nicht
betroffen

Beispiel
Phenylketonurie
eine erbliche Stoffwechselstörung

Beispiel
Marfan-Syndrom
betroffen ist vor allem das
Bindegewebe

Abb. 8.11: Stammbäume

Betrachten wir zunächst den Stammbaum, der den »Erbgang« der Phenylketonurie zeigt. Die Betroffenen haben aufgrund eines einzigen Basen-
austauschs ein fehlerhaftes Enzym und können die Aminsäure Phenylalanin nicht abbauen. Folge dieses Defekts sind veränderte Nervenzellen und
geistige Debilität. Heute kann man durch eine geeignete Diät ab der
Geburt die Folgen verhindern.

Die beiden Großeltern 1 und 2 sind gesund, also nicht betroffen. Sie haben
zwei Kinder, eine kranke Tochter 3 und einen gesunden Sohn 4.

Wenn du dir noch einmal ein Kombinationsquadrat – siehe Mendel – auf-
zeichnest, wirst du die Situation besser verstehen.

A gesund
a krank

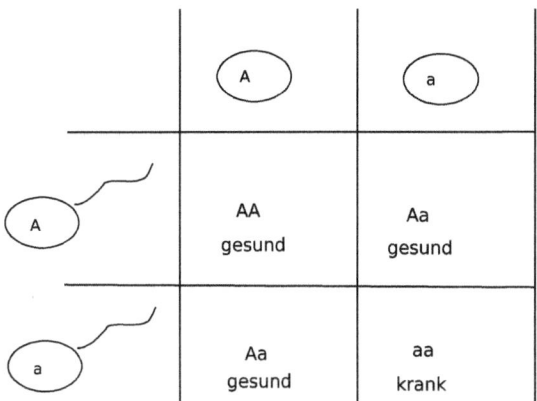

Die beiden Großeltern 1 und 2 müssen heterozygot Aa sein, denn sie sind selbst gesund, haben aber eine kranke Tochter.
Die Krankheit wird rezessiv vererbt, kommt also nur reinerbig zum Ausbruch. Der Sohn 4 muss ebenfalls Aa haben, denn er vererbt die Krankheit an seinen Sohn 6. Auch dessen Mutter 5 muss Aa sein. Die mendelschen Regeln gelten und lassen keine andere Möglichkeit zu!

Abb. 8.12: Kreuzungsschema zum Stammbaum Phenylketonurie

Auf diese Weise kann man durch Analyse der Krankheitsgeschichten der betroffenen Familien die Wahrscheinlichkeit berechnen, mit der man ein krankes Kind bekommt. Je besser die Familiengeschichten der beiden Partner erforscht sind, umso eher kann man Vorhersagen treffen. Auf unser Beispiel der Phenylketonurie angewandt, bedeutet dies: Da die Frau 5 ebenfalls phänotypisch gesund ist wie ihr Mann 4, beide jedoch schon einen kranken Sohn 6 haben, werden sie mit einer Wahrscheinlichkeit von 75% ein gesundes Kind haben. Dies mag für manche Eltern eine Entscheidungsgrundlage für ein weiteres Kind sein.

Das Marfan-Syndrom wird dominant vererbt. Hier tritt die Krankheit meist nicht »wie aus heiterem Himmel auf«, denn beim dominanten Erbgang hat einer der beiden Elternteile ebenfalls diese Krankheit. Überprüfe dies am Stammbaum!

Pränatale Diagnose

»Stammbaumanalysen« können also noch vor einer Verschmelzung von Ei- und Samenzelle bei der Entscheidung helfen, ob ein Paar ein Kind möchte – oder nicht.

Dagegen sind *pränatale Diagnosen* Untersuchungen während einer Schwangerschaft, das heißt, der Embryo entwickelt sich bereits im Mutterleib.

Bei pränataler Diagnose unterscheidet man zwischen nicht-invasiven Untersuchungen und invasiven Untersuchungen:

◇ *Nicht-invasive* (nicht in den Körper der Mutter eindringende) pränatale Diagnose wie eine Untersuchung des mütterlichen Blutes oder Ultraschalluntersuchungen. Bei ihnen besteht nach heutigem Wissensstand kein Risiko für das Neugeborene.

◇ *Invasive* (in den Körper der Mutter eindringende) pränatale Diagnose wie die Fruchtwasserpunktion birgt Risiken wie Fehlgeburten.

Durch pränatale Diagnose lässt sich möglicherweise eine Genom- oder Chromosomenmutation feststellen.

Beispiele für mögliche Therapieansätze bei Erbkrankheiten

Da ich Biologe und kein Mediziner bin, maße ich es mir auch nicht an, über Therapien »fachfremd« zu berichten. Wenn ich dir an dieser Stelle zwei bekannte Beispiele nenne, dann nur, weil ich dir zeigen möchte, dass es auch für Menschen mit Erbkrankheiten Therapien gibt, auch wenn man die Ursache nicht beseitigen kann.

Phenylketonurie

Wird die Phenylketonurie nicht behandelt, kommt es zu schweren Störungen in der Entwicklung des Nervensystems verbunden mit massiven kognitiven Störungen und epileptischen Anfällen. Diese Folgen können vermieden werden, wenn ab der Geburt die Aufnahme von Phenylalanin – eine der 20 in den Proteinen vorkommenden Aminosäuren – streng begrenzt wird. Konkret bedeutet dies, dass die Eiweißaufnahme streng limitiert und überwacht wird. Damit es zu keinem Mangel an essenziellen Aminosäuren kommt, müssen die Betroffenen zusätzlich Aminosäurepräparate einnehmen. Obwohl die kognitive Entwicklung mit Eintritt in die Pubertät größtenteils abgeschlossen ist und eine Diät dann nicht mehr so wichtig wäre, ist es dennoch sinnvoll, sie beizubehalten. Während die Phenylketonurie unbehandelt meist noch vor dem 19. Lebensjahr zum Tode führt, haben behandelte Patienten eine normale Lebenserwartung.

Hämophilie

Bei dieser Erbkrankheit, die auch als *Bluterkrankheit* bekannt ist, handelt es sich um eine Gerinnungsstörung des Blutes, das heißt, eine noch so kleine Blutung ist nicht zu stillen und die Person kann verbluten. Es gibt mehrere Formen der Hämophilie. Dies ist leicht zu verstehen, da es sich bei der Blutgerinnung um einen sehr komplexen Vorgang handelt. In früheren Jahrzehnten musste versucht werden, verlorenes Blut durch »gespendetes« Blut zu ersetzen. Dies gelang nicht immer. Heute kann man den »Faktor«, der für den normalen Ablauf der Blutgerinnung wichtig ist, gentechnologisch herstellen und im Bedarfsfall injizieren. Auf diese Weise gelingt es meist, die Blutung zu stoppen.

Zusammenfassung

In diesem Kapitel hast du Folgendes gelernt:

◇ Gregor Mendel, einer der »Urväter« der Genetik, ist heute aktueller denn je.

◇ Die Zellen eines Organismus entstehen durch Zellteilung und enthalten stets die komplette Erbinformation. Eine Ausnahme bilden Zellteilungen bei der Bildung von Ei- und Samenzelle.

◇ Genom-, Chromosomen- und Genmutationen führen zu Veränderungen der Erbinformation.

◇ Die DNS ist die chemische Basis der Erbinformation.

◇ Die DNS lässt sich wie ein Reißverschluss öffnen und die beiden Hälften können durch die spezifische Basenpaarung Adenin-Thymin und Cytosin-Guanin ergänzt werden.

◇ Die Abfolge der Stickstoffbasen Adenin, Thymin, Cytosin und Guanin ist schriftartig.

◇ Der genetische Code, die Programmiersprache des Lebens, ist universell und entartet.

◇ Vererbung ist – auf den Punkt gebracht – die Weitergabe der Information zur Synthese bestimmter Proteine.

Aufgaben

1. Vergleiche Mitose und Meiose nach folgenden Kriterien.

   * Was wird getrennt?

   * Was ist das Ergebnis?

2. Ein Züchter kreuzt reinerbige angorahaarige Meerschweinchen mit reinerbigen normalhaarigen Meerschweinchen. Als Nachkommen – F_1-Generation – erhält er nur normalhaarige Meerschweinchen.

   * Welches Merkmal wird dominant, welches rezessiv vererbt?

   * Erstelle für diese Kreuzung ein »Kombinationsquadrat«!

   * Anschließend wird die normalhaarige F_1-Generation weitergekreuzt. Erstelle ein Kombinationsquadrat! Welche Nachkommen erhält der Züchter?

3. Die DNS wird vor der »Verdoppelung« wie ein Reißverschluss geteilt. Welche Eigenschaft der Bausteine der DNS ermöglicht es, dass die beiden DNS-Stränge identisch sind?

4. Setze folgende Basensequenz der m-RNS um in eine Aminosäuresequenz:

   * AUGCUCGCACCCUCUCAUUGA

   * Was passiert, wenn die 4. Stickstoffbase Cytosin durch Guanin ersetzt wird? Welche Konsequenz hat dieser Austausch?

5. Wie würde ein Bakterium folgende Aminosäuresequenz codieren?

   * Leu-Lys-Val-Ser-Phe

   * Welche »Problematik« hast du beim Codieren dieser Sequenz?

9 Chancen und Risiken der Gentechnologie

Gentechnologie – diesen Begriff hast du bestimmt schon einmal gehört. Aber worum genau geht es in diesem Kapitel?

In diesem Kapitel erfährst du

◎ was man unter »genetischer Manipulation« überhaupt versteht

◎ wie Bakterien manipuliert werden, damit sie für uns die Produktion wichtiger »Stoffe« übernehmen

◎ welchen Sinn die genetische Manipulation von Nutzpflanzen und Nutztieren hat

◎ was man unter dem genetischen »Fingerabdruck« versteht

◎ wie man die Gentechnologie für uns Menschen zu diagnostischen Zwecken einsetzen könnte

Wieder erscheint es fast vermessen, auf ein paar Seiten etwas darstellen zu wollen, was in der wissenschaftlichen Literatur oft dicke Wälzer nicht können. Trotzdem, ich gehe dieses Wagnis ein, denn ich glaube, dass ich es schaffen werde, dir so weit einen Einblick zu geben, dass du zumindest

eine Ahnung hast, worum es hier geht, dich selbstständig und kompetent informieren kannst und dir vor allem eine eigene Meinung bildest.

Die Gentechnologie ist der »Anwendungsbereich« der modernen Genetik. Dies kommt auch im englischen Begriff *genetic engineering* für Gentechnologie zum Ausdruck. Häufig wird in diesem Zusammenhang auch von *Biotechnologie* gesprochen. Die Gentechnologie ist ein Teilbereich der »uralten« Biotechnologie. Solange es Menschen auf der Erde gibt, nutzten sie biotechnologische Verfahren zur Herstellung von Lebensmitteln. Unter Biotechnologie im weiteren Sinne versteht man den Einsatz von Mikroorganismen, vor allem von Bakterien, Hefe- und Schimmelpilzen bei der Lebensmittelproduktion. Beispiele für Biotechnologien sind die Wein- und Bierherstellung, Backen mit Hefe- und Sauerteig und die Joghurt- und Käseherstellung.

Wird jetzt auch noch unser Erbe manipuliert?

Was versteht man nun eigentlich unter genetischer Manipulation?

Im Prinzip ist es eine Veränderung der genetischen Information. Zwar sind auch Mutationen Veränderungen der DNS und somit der Erbinformation, aber sie geschehen spontan und zufällig. Selbst wenn wir Organismen wie beispielsweise Bakterien Mutation auslösenden Situationen aussetzen, wissen wir nicht, ob und welche Mutationen wir bekommen.

Die Gentechnologie ist aber mehr als nur eine »Manipulation«, eine Veränderung der Erbinformation. Auch zu diagnostischen Zwecken können gentechnologische Verfahren herangezogen werden. Man könnte unter Gentechnologie im weiteren Sinne jeden »Umgang« mit der DNS verstehen.

Bakterien werden genetisch manipuliert

Bakterien – Lebewesen wie du und ich?

Bakterien unterscheiden sich von den Pflanzen und den Tieren vor allem auch dadurch, dass sie keinen Zellkern und nur ein einziges ringförmiges

Chromosom besitzen. Neben diesem Chromosom haben sie meist zusätzlich noch kleinere, ringförmige DNS-Moleküle. Sie enthalten meist ein bis mehrere Gene, die für einige nützliche Eigenschaften der Bakterienzelle verantwortlich sind. Wenn Bakterien gegenüber manchen Antibiotika »resistent« werden, vermittelt ein Plasmid diese Eigenschaft, ein *Resistenzplasmid.*

Sexualität – biologisch wichtig oder reiner Lustgewinn?

Ein weiterer Plasmidtyp sind die *Fertilitätsplasmide.* Sie ermöglichen den Austausch beziehungsweise die Übertragung von DNS von einer Bakterienzelle, die den Fertilitätsfaktor (F^+) hat, auf eine Bakterienzelle, die ihn nicht hat (F^-). F^+- und F^--Bakterien sind die beiden Geschlechter bei Bakterien.

Beim Austausch genetischer Information zwischen zwei Zellen sprechen Biologen immer auch von einem »sexuellen« Vorgang. Dies ist offensichtlich auch bei Bakterien schon möglich, denn sie können genetische Information austauschen.

Sexualität ist biologisch betrachtet sehr bedeutsam. Der entscheidende Punkt bei der sexuellen Fortpflanzung ist die Verschmelzung von Ei- und Samenzelle beziehungsweise die dabei erfolgende Neukombination der genetischen Information. Wenn du noch einmal den Abschnitt über die Meiose aufschlägst, wirst du sehen, dass bei ihr die Chromosomenpaare in der Reduktionsteilung getrennt werden. Und zwar nicht streng getrennt in die Chromosomen, die ursprünglich vom Vater kamen, und in die, die von der Mutter kamen. »Väterliche« und »mütterliche« Chromosomen werden zufällig verteilt – jedoch immer so, dass von jedem Paar eines in die neue Zelle gelangt.

Durch diese Reduktionsteilung bei der Meiose und durch einen zusätzlichen Vorgang, den die Biologen als *crossing-over* bezeichnen, kommt es bei der sexuellen Fortpflanzung, das heißt beim Verschmelzen von Ei- und Samenzelle oder beim Austausch von DNS bei Bakterien, zu einer Neukombination der genetischen Information. Dies ist evolutionsbiologisch ein außerordentlich wichtiger Faktor.

Bei Bakterien gibt es verschiedene »parasexuelle« Vorgänge, die weniger kompliziert sind als die Sexualität bei Pflanzen und Tieren. Das Grundprinzip, die Um- und Neukombination der genetischen Information, ist jedoch das gleiche. Nicht der Lustgewinn macht also die Sexualität aus, sondern die Um- und Neukombination der Erbinformation, als eine »Triebkraft« der Evolution.

9

Das Handwerkszeug der Gentechnologen

Escherichia coli, oder abgekürzt E.coli, das Darmbakterium des Menschen, hat sich zu einem idealen »Haustier« der Gentechnologen entwickelt. Es bietet mehrere Vorteile:

◇ leicht in großen Mengen kultivierbar

◇ von Natur aus im Menschen vorhanden

◇ kein Krankheitserreger

Escherichia coli lebt normalerweise in Symbiose mit dem Menschen. Es hat den für Bakterien typischen einfachen Bau, das heißt:

◇ Es hat keinen Zellkern.

◇ Es hat ein einfaches ringförmiges Chromosom.

◇ Es hat Plasmide, wie beispielsweise Resistenzfaktoren.

◇ Es ist hervorragend »erforscht«, das heißt, fast bis in den letzten Winkel »durchleuchtet«.

Da die Veränderung der genetischen Information immer nach dem gleichen Grundprinzip abläuft, möchte ich dir im Folgenden zeigen, wie man eine Bakterienzelle und ihre Plasmide verändern kann, so dass sie beispielsweise für uns ein wichtiges Hormon wie das Insulin herstellen kann.

Dazu zeige ich dir zunächst die wichtigsten »Werkzeuge« und Methoden.

Restriktionsenzyme und Ligasen

Bei diesen Biokatalysatoren handelt es sich um Enzyme, die von Natur aus in Bakterien vorhanden sind. Sie nutzen sie, um fremde DNS abzubauen. Restriktionsenzyme haben nun eine für Gentechnologen besonders interessante Eigenschaft. Sie erkennen im Normalfall eine bestimmte Basensequenz und »schneiden« die DNS nur an dieser Stelle und zwar so, dass sie die DNS im Desoxyribose-Phosphorsäure-Strang »versetzt« schneiden. Man bezeichnet sie deshalb auch oft als molekulare Scheren.

Durch dieses versetzte Schneiden entstehen so genannte *sticky ends*, klebrige Enden.

Durch ein anderes Enzym, die DNS-Ligase, können diese Stücke wieder miteinander verbunden werden, nachdem sich die Basen erneut gepaart haben.

Ein Restriktionsenzym kann prinzipiell jede DNS schneiden, egal welcher Herkunft, Hauptsache, die DNS hat die entsprechende Basensequenz, die das Restriktionsenzym erkennt.

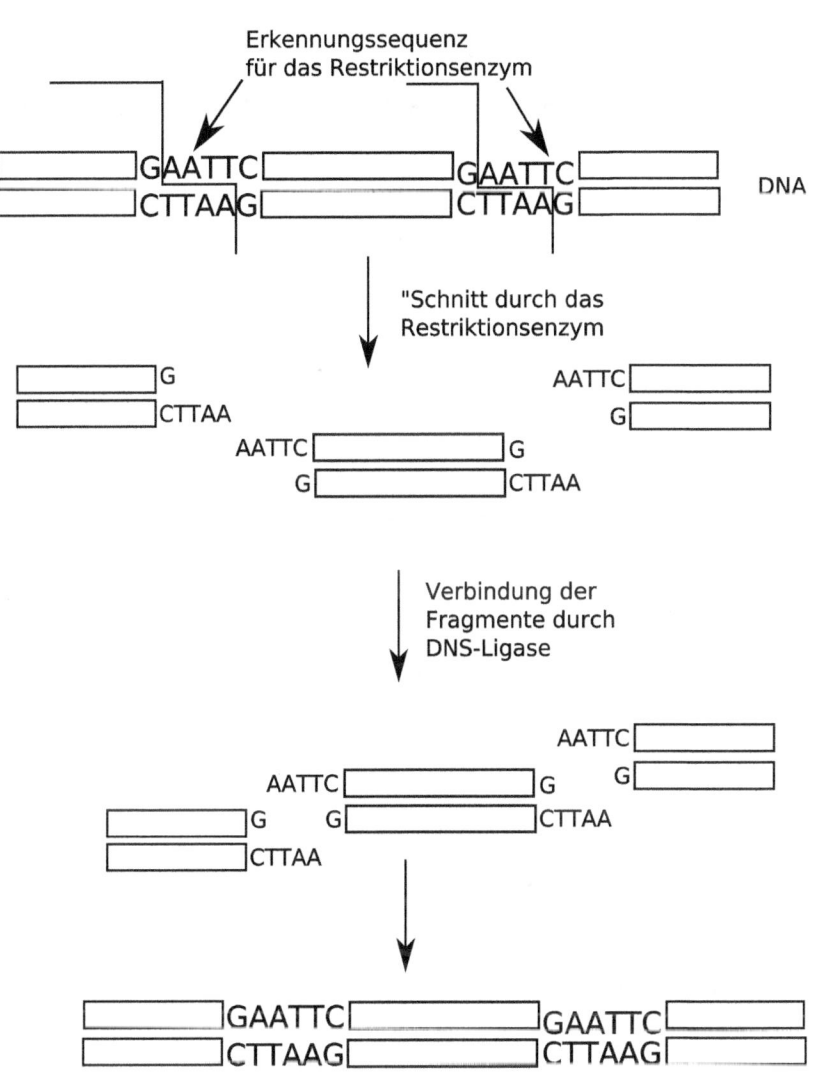

Erkennungssequenz
für das Restriktionsenzym

"Schnitt durch das
Restriktionsenzym

Verbindung der
Fragmente durch
DNS-Ligase

Abb. 9.1: Wirkung eines Restriktionsenzyms

Hier bietet sich dem »Gen-Ingenieur« eine außergewöhnliche Möglichkeit:

Er isoliert die DNS zweier verschiedener Lebewesen und nimmt das gleiche Restriktionsenzym. Dieses schneidet jeweils an einer bestimmten Basensequenz. Gibt er nun in einem Reagenzglas eine Ligase zum Gemisch der geschnittenen DNS beider Organismen, bekommt er unter anderem auch eine neu zusammengesetzte DNS beider Organismen, eine so genannte *rekombinante DNS.*

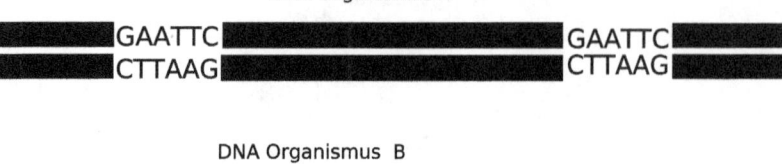

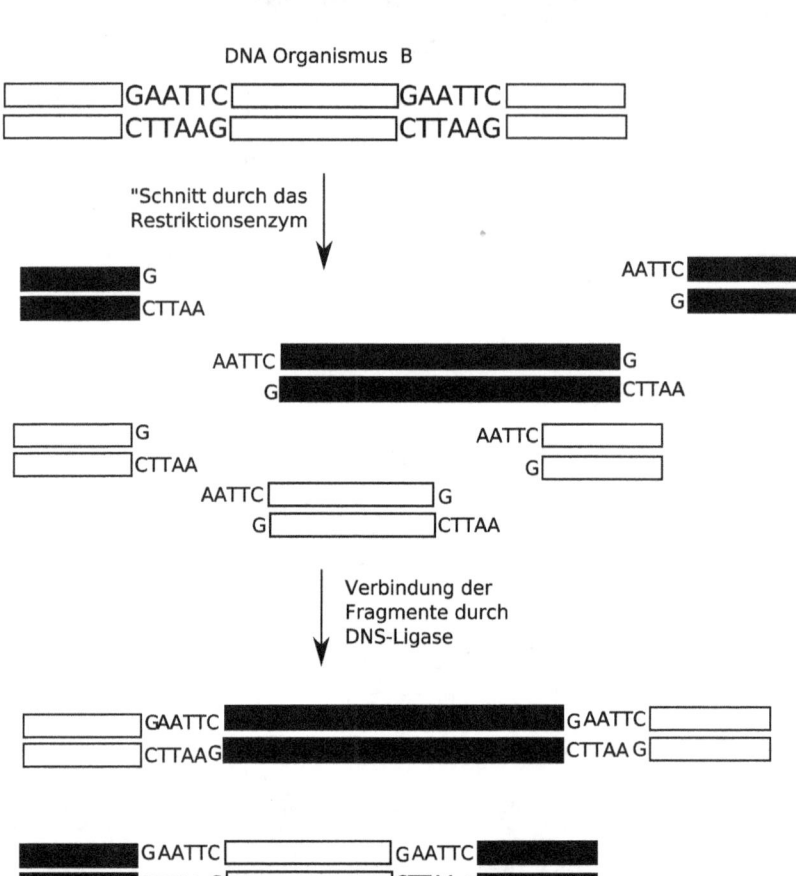

Abb. 9.2: Restriktionsenzyme – Rekombinante DNS

Plasmide und Wirtszellen

Auch Plasmide lassen sich, die entscheidende Basensequenz vorausgesetzt, mit Restriktionsenzymen schneiden. Damit kann man durch Mischen mit nichtbakterieller DNS ebenfalls rekombinante Plasmide herstellen.

Diese können von Bakterien durch einen parasexuellen Vorgang aufgenommen werden:

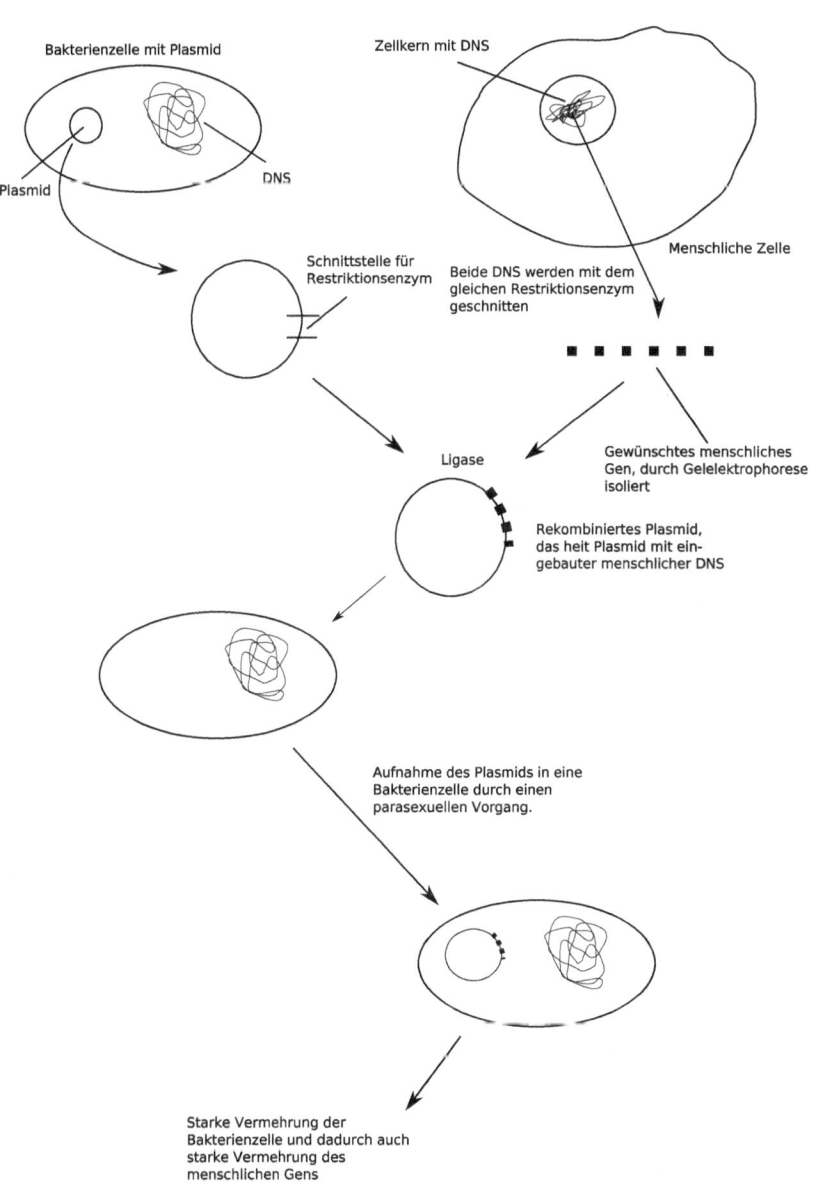

Abb. 9.3: Einbau eines menschlichen Gens in ein Bakterium

Fassen wir die entscheidenden Schritte dieser Technik der »DNS-Klonie-rung mit Hilfe eines bakteriellen Plasmids« zusammen:

◇ Die menschliche DNS wird mit einem bestimmten Restriktionsenzym geschnitten.

◇ Das bakterielle Plasmid wird mit dem gleichen Restriktionsenzym geschnitten. Dadurch entstehen die gleichen »sticky ends«.

◇ Durch Zugabe einer Ligase werden die Bruchstücke miteinander verknüpft, so dass ein Plasmid mit einer bestimmten eingebauten menschlichen DNS entsteht.

◇ Durch einen parasexuellen Vorgang wird dieses Plasmid in ein Bakterium, meist Escherichia coli, »eingeschleust«. Diese Plasmide werden auch als *Vektoren* bezeichnet.

◇ Das Plasmid wird vor der Teilung dieser Bakterienzelle ebenfalls verdoppelt, so dass zahlreiche Kopien des gewünschten menschlichen Gens entstehen.

Neben bakteriellen Zellen können auch Hefezellen, ja sogar pflanzliche und tierische Zellen, prinzipiell Fremd-DNS aufnehmen.

Vielleicht hast du dir schon an dieser Stelle die Frage gestellt, wie man eine **bestimmte** menschliche DNS bekommt, beispielsweise das Gen für die Insulinsynthese. Dieser Frage werden wir im nächsten Abschnitt nachgehen.

Die Suche nach der Stecknadel im Heuhaufen

Die Suche nach einem bestimmten menschlichen Gen gleicht in der Tat der sprichwörtlichen Suche nach der Stecknadel im Heuhaufen. Dies sind aber vor allem auch technische Probleme. Für deinen Einblick in die Gentechnologie ist es aber nicht so wichtig, sie alle zu kennen und vor allem auch zu verstehen. Ich werde dir deshalb an dieser Stelle nur ein Standardverfahren zeigen, das bei der Suche verwendet, aber auch darüber hinaus eingesetzt wird. Dabei handelt es sich um die Methode der *Gel-Elektrophorese*.

Für die Gelelektrophorese verwendet man als »Gelbildner« Agarose. Du kannst dir ein Gel wie ein »Gummibärchen« vorstellen, nur in einer etwas anderen Form, Farbe und Größe!

Bei diesem Verfahren wird das durch »Behandlung« mit Restriktionsenzymen gewonnene Gemisch aus DNS-Fragmenten aufgetrennt. Da es sich bei den DNS-Fragmenten um geladene Moleküle handelt, wandern sie im elektrischen Feld.

Erinnere dich an deinen Physikunterricht! Von wem werden negativ geladene Teilchen angezogen?

Richtig! Von der positiven Elektrode. Die DNS-Fragmente sind negativ geladen und wandern im elektrischen Feld zur positiven Anode. Die »Wanderungsgeschwindigkeit« wird vor allem durch die Molekülgröße, aber auch durch die Ladung bestimmt.

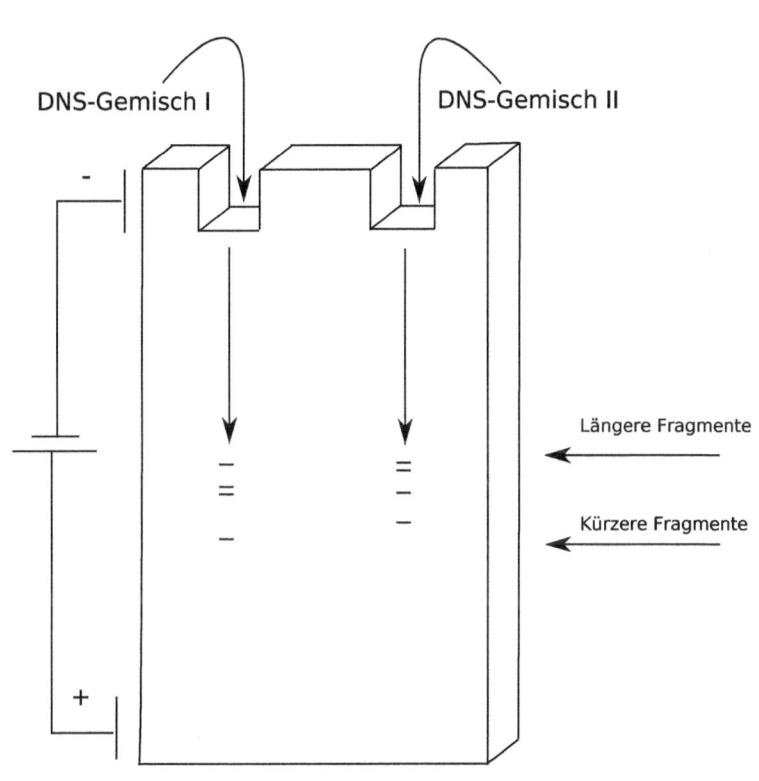

DNS-Gemisch I

DNS-Gemisch II

Längere Fragmente

Kürzere Fragmente

Abb. 9.4: Gelelektrophorese

Man kann bei der Gelelektrophorese auch mehrere Proben gleichzeitig auftragen und trennen lassen. Die Ergebnisse können dann miteinander verglichen werden, denn man erhält unter gleichen Bedingungen charakteristische Verteilungsmuster. Diese Methode spielt auch beim »Genetischen Fingerabdruck« eine Rolle, auf den ich in einem späteren Abschnitt noch einmal zurückkommen werde. Die DNS-Fragmente wandern im Gel umso weiter, je kürzer sie sind, denn das Gel wirkt wie ein »Molekülsieb« und behindert die Wanderungsgeschwindigkeit längerer DNS-Fragmente.

Mit der Methode der »Gelelektrophorese« lassen sich die DNS-Fragmente trennen, die durch die Wirkung der Restriktionsenzyme gewonnen wurden. Wenn man Glück hat, ist darunter auch das Gen für die Insulinsynthese. Dieses gilt es nun zu identifizieren. Auch dazu haben die Molekulargenetiker mittlerweile die entsprechenden Standardtechniken.

Wenn man dann endlich ein Bakterium gefunden hat, das das Gen für die Insulinherstellung genommen hat, muss man es nur noch dazu bringen, das Insulin auch herzustellen. Dies ist nicht einfach, da Insulin ein Protein ist, das die Bakterien überhaupt nicht brauchen. Aber auch dies gelingt und so steht am Ende einer sehr langen und intensiven Forschungsarbeit der wissenschaftliche und wirtschaftliche Erfolg.

9

Grüne und rote Gentechnik

Was könnte sich hinter diesen Begriffen »verstecken«?

Man verwendet den Begriff *Grüne Gentechnik* für gentechnologische Veränderungen bei Pflanzen und *Rote Gentechnik* für vergleichbare Veränderungen bei Tieren.

Ziele der roten und grünen Gentechnik sind vor allem die Ertragssteigerung und somit der wirtschaftliche Erfolg. Bei Pflanzen stehen Aspekte im Vordergrund wie Ertragssteigerung, Widerstandskraft gegenüber Schädlingen, aber auch Resistenz gegenüber eingesetzten Schädlingsbekämpfungsmitteln. Diese bringen dann nur noch die Wildkräuter zum Absterben, aber nicht mehr die resistenten Kulturpflanzen. Auch bei Tieren ist der »Produktionsfaktor« interessant, beispielsweise höhere Milchleistung oder fettärmeres Fleisch. Die Möglichkeit, durch gentechnische Manipulation beispielsweise Rinder dazu zu bringen, zusammen mit der Milch auch für den Menschen wichtige Medikamente zu produzieren, macht die rote Gentechnik für die Industrie interessant.

Dabei werden über die Artgrenzen hinweg Gene übertragen. Der universelle genetische Code erlaubt dies. In diesen Fällen spricht man von *transgenen Nutzpflanzen und Nutztieren*.

Auch im Falle der grünen und roten Gentechnik werden bakterielle Plasmide als Vektoren verwendet. Speziell bei der genetischen Veränderung von Säugetierzellen wird mit Viren als Vektoren experimentiert.

Die Einwände gegen die rote und grüne Gentechnik sind ernst zu nehmen. Vor allem bei gentechnisch verändertem Mais ist eine Übertragung der veränderten Gene auf andere, nicht veränderte Maissorten durch Pollenflug nicht auszuschließen. Über die Artgrenzen hinweg ist nach heutigen Kenntnissen ein so genannter *Horizontaler Gentransfer* nicht auszuschließen. Dies würde bedeuten, dass beispielsweise das Gen, das eine Maispflanze gegen ein Unkrautvernichtungsmittel resistent macht, auf ein Unkraut übertragen wird. Damit könnte auch das Unkraut resistent werden und das Vernichtungsmittel würde nicht mehr wirken.

Noch eine weitere Gefahr lauert in einer mit wenig Sorgfalt durchgeführten gentechnologischen Veränderung unserer Nutzpflanzen und -tiere:

Immer mehr Menschen entwickeln Allergien gegen Proteine, die für sie fremd sind. Im Laufe einer langen Evolution haben wir uns an die Situation angepasst, in der wir im Augenblick sind. Wie du im Kapitel über

Immunologie noch erfahren wirst, reagiert unser Körper häufig sehr »ungehalten«, wenn er mit fremden, neuen Proteinen konfrontiert wird.

Ein ernst zu nehmendes Argument vor allem gegen die grüne Gentechnik ist die Abhängigkeit der Bauern von den großen Konzernen, die sowohl den Verkauf des Saatgutes als auch das dazu passende Spritzmittel »aus einer Hand« anbieten.

Der genetische Fingerabdruck – was ist das?

Sicher hast du schon in den Medien erfahren, dass ein Verbrecher mit einem genetischen Fingerabdruck identifiziert werden konnte.

Ich möchte an dieser Stelle versuchen, dir einen kleinen Einblick in einen Bereich der Gentechnologie zu geben, mit dem du hoffentlich nie etwas zu tun haben wirst.

Neben der Gelelektrophorese spielt beim genetischen Fingerabdruck noch eine weitere Standardtechnik der Gentechnologie eine Rolle, die *Polymerase-Kettenreaktion* oder PCR. Dies ist eine Methode, mit deren Hilfe ein kleineres DNS-Stück im Reagenzglas vervielfältigt werden kann, so dass in kurzer Zeit eine größere Menge dieses DNS-Stücks vorliegt. Interessant ist diese Technik vor allem dann, wenn nur Spuren von DNS zur Untersuchung zur Verfügung stehen. Dies ist bei Kriminalfällen häufig der Fall, wenn vom möglichen Täter nur winzige Blut-, Sperma-, Speichel- oder Hautspuren gefunden werden konnten.

Grundprinzip der PCR

Die zu untersuchende DNS-Probe wird in einem Reagenzglas gelöst und vorsichtig erwärmt. Durch diese Erwärmung »öffnet sich der Reißverschluss« der DNS und liegt so nun einsträngig vor. In der Lösung befinden sich auch alle Nukleotide. Sie lagern sich an der einsträngigen DNS aufgrund der Basenpaarung an und werden durch das Enzym Polymerase miteinander verknüpft. Erinnert dich dieser Vorgang an etwas? Ja, es ist dies im Prinzip das Gleiche, was bei der Verdoppelung der DNS in der Zelle vor einer Mitose abläuft. Nachdem man doppelsträngige DNS hat, erwärmt man wieder vorsichtig, der »Reißverschluss« öffnet sich abermals, erneut können sich die Nukleotide aufgrund der spezifischen Basenpaarung anlagern und werden wiederum durch die Polymerase verknüpft. Auf diese Weise bekommt man sehr viele Kopien auch geringer DNS-Mengen. Diese Kopien benötigt man, um sie dann weiter untersuchen zu können.

Mit dieser Methode lassen sich übrigens auch winzigste Spuren so genannter *fossiler DNS* so stark vermehren, dass sie untersucht werden können. Damit kann beispielsweise auch DNS untersucht werden, die schon mehrere Millionen Jahre alt ist und die man aus toten Insekten in Bernstein gefunden hat. Die PCR ist eine fantastische Methode, mit deren Hilfe winzigste DNS-Spuren so vervielfältigt werden können, dass sie für weitere Untersuchungen in ausreichender Menge zur Verfügung stehen. Der Amerikaner Kary B. Mullis bekam für seine »Entdeckung« der PCR den Nobelpreis!

Doch zurück zum »genetischen Fingerabdruck«. Teile der DNS des möglichen Täters liegen nun in zahlreichen Kopien vor, aber wir müssen noch eine Frage klären, und die ist an dieser Stelle die entscheidende:

Wie können wir die DNS eines Verdächtigen so genau identifizieren, dass er als Täter überführt und seine DNS eindeutig von Menschen, die die Tat nicht begangen haben, unterschieden werden kann?

Dazu braucht man wieder zwei Methoden beziehungsweise Werkzeuge, die du schon kennen gelernt hast, nämlich die Restriktionsenzyme und die Gelelektrophorese.

Täter werden überführt

Wie du bereits gesehen hast, bekommen wir bei der Auftrennung der DNS, die mit Restriktionsenzymen behandelt wurde, in der Gelelektrophorese ein charakteristisches »Bandenmuster«.

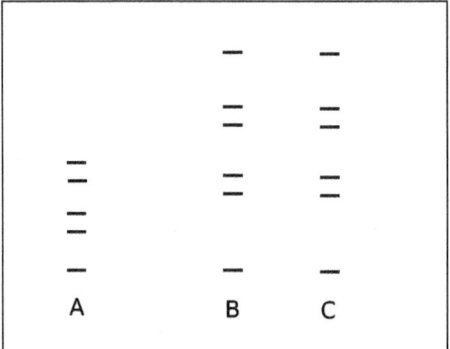

Ergebnis der unterschiedlichen Wanderungsgeschwindigkeiten ausgewählter DNS-Bruchstücke, die durch Behandlung mit Restriktionsenzymen gewonnen wurden, in der Gelelektrophorese

B und C zeigen ein übereinstimmendes Bandenmuster, während A deutlich abweicht.
Daraus folgt, dass die Proben B und C von der gleichen Person stammen müssen, die Probe A muss dagegen von einer anderen Person stammen.

Abb. 9.5: Genetischer Fingerabdruck

Verschiedene Personen weisen individuelle, charakteristische Längenunterschiede der mit dem jeweils gleichen Restriktionsenzymen behandelten spezifischen DNS-Abschnitte auf. Dies bedeutet, dass dieses Muster bei der Gelelektrophorese mit sehr großer Wahrscheinlichkeit ebenso »einmalig« und charakteristisch für einen Menschen ist wie der »klassische« Fingerabdruck.

Gentechnologie – Allheilmittel?

Die Gentechnologie beziehungsweise die Biotechnologie hat längst wichtige Beiträge zur medizinischen Versorgung des Menschen geleistet:

◇ Diagnosen von Erbkrankheiten und Infektionskrankheiten

◇ Erste Ansätze einer Gentherapie

◇ Gentechnologische Herstellung von Impfstoffen und anderer pharmazeutischer Präparate

Diagnosen von Erbkrankheiten und Infektionskrankheiten

Schwer zu diagnostizierende Infektionskrankheiten lassen sich durch so genannte *Gensonden* erkennen. Auf diese Weise lassen sich beispielsweise HIV-Gene im Blut und in Gewebeflüssigkeiten nachweisen. Das Prinzip der Gensonden beruht auf der komplementären Basenpaarung. Wenn man Teile des gesuchten Gens, das heißt dessen Basensequenz, kennt, lässt sich komplementär dazu ein kleines einsträngiges DNS-Molekül synthetisieren, das »radioaktiv markiert« ist. Diese radioaktive markierte DNS-Sonde wird zur DNS-Probe gegeben, die untersucht werden soll. Wenn das gesuchte Gen mit der bekannten DNS-Sequenz in der Probe vorhanden ist, kann sie sich mit der Gensonde komplementär paaren. Dieser Vorgang lässt sich auf einem Röntgenfilm aufgrund der radioaktiven Strahlung der Sonde nachweisen.

Voraussetzung für diese Technik ist in jedem Falle, dass man wenigstens einen Teil der DNS-Sequenz des gesuchten Gens kennt, damit man komplementär dazu eine Sonde konstruieren kann.

Gentherapie – kann man in Zukunft auch die Wurzel des Übels bekämpfen?

Die Gentherapie ist mit schwerwiegenden ethischen und moralischen Problemen verbunden. So wünschenswert es wäre, Erbkrankheiten zu korrigieren, so problematisch sind auch die Folgen, die ein Missbrauch dieser

Technik bringen würde. Die Gentherapie würde sich vor allem für Krankheiten wie für die Phenylketonurie anbieten, bei denen ein Enzymdefekt kompensiert werden müsste. Noch sind viele »technische Probleme« zu lösen. Jeder Eingriff in ein bestehendes, hoch komplexes System, wie es ein Organismus ist, muss wohl durchdacht sein. Der »Vernetzungsgrad« ist gewaltig und die Folgen oft nicht zu überblicken. Im nächsten Kapitel wirst du sehen, dass unser Denken durch das Schädelvolumen begrenzt ist. Ich bin davon überzeugt, dass es anmaßend ist, wenn Menschen glauben, alle Folgen ihres Handelns überschauen zu können.

Die schwerwiegendsten ethischen Probleme würden sich bei der »Manipulation« der Ei- und Samenzellen ergeben. Solche Eingriffe in die menschliche »Keimbahn« haben Auswirkungen in die nächsten Generationen.

Würde es nicht zu einer »Zwei-Klassen-Gesellschaft« führen, in der sich einige wenige Reiche die sündhaft teuren modernen Therapien leisten können, während die zahllosen Armen zusehen müssten?

Könnte es nicht so weit kommen, dass Krankenkassen schon von Neugeborenen eine »Gendiagnostik« anfertigen lassen und den Beitrag nach »genetischem Risiko« bemessen?

»Technisch« wird in Zukunft vieles machbar sein. Die Frage ist, ob wir das auch wollen.

Zusammenfassung

Zugegeben, dieses Kapitel war »schwere Kost«. Doch warum solltest nicht auch du schwere Kost vertragen? Ihr Kids seid unsere Zukunft! Deshalb müsst ihr Bescheid wissen über das, was auf euch zukommt. Eure Entscheidung, eure Kritik ist gefragt!

In diesem Kapitel hast du Folgendes gelernt:

◇ wie mit gentechnisch veränderten Bakterien Medikamente hergestellt werden können

◇ warum Pflanzen und Tiere genetisch manipuliert werden

◇ wie man mit moderner Gentechnik Verbrecher überführt

◇ wie die Gentechnik bei uns selbst, das heißt »im menschlichen Organismus«, eingesetzt werden kann

Aufgaben

1. Welche ethischen Bedenken sind gegen eine Manipulation an der Keimbahn vorzubringen?

2. Mache dich kundig, welche pharmazeutischen Präparate gentechnologisch hergestellt werden können!

3. Sind die Bedenken der Gegner des Anbaus von gentechnisch verändertem Mais nachvollziehbar?

4. Welchen Vorteil bieten »Restriktionsenzyme«?

5. Auf welchem Prinzip beruht der »genetische Fingerabdruck«?

10

Meine Nerven! – wie wir Informationen verarbeiten

In diesem Kapitel versuche ich, dich davon zu überzeugen, dass unser Gehirn wesentlich leistungsfähiger ist als der modernste Computer. Ich lade dich zu einer Erkundung unseres Nervensystems ein. Seine Leistungsfähigkeit zeichnet biologisch den Menschen aus und unterscheidet ihn dadurch von allen anderen Lebewesen. Damit ich aber nicht missverstanden werde: Ich versuche, dir den Menschen aus der Sicht des Biologen, des Naturwissenschaftlers, zu zeigen. Die Wirklichkeit aus der Perspektive des Naturwissenschaftlers zu sehen, ist aber nur eine von mehreren Möglichkeiten. Auch Philosophie und Theologie sind Möglichkeiten, die Welt zu sehen und zu verstehen.

In diesem Kapitel werde ich dir zeigen

◎ wie wir Informationen aus unserer Umwelt aufnehmen

◎ wie die Nerven Informationen weiterleiten

◎ wie wir diese Informationen verarbeiten

◎ wie die Muskeln zur Kontraktion gebracht werden

◎ wie »Zustände« unseres Körpers, beispielsweise die Körpertemperatur, gesteuert werden

◎ wie dein Gedächtnis arbeitet, wie es trainiert und »entlastet« werden kann

Überlege: Welcher Teil unseres Nervensystems könnte der Tastatur, dem Scanner oder der Digitalkamera entsprechen, welcher Teil den elektrischen Verbindungen, was könnte der Festplatte und dem Arbeitsspeicher entsprechen, was dem Drucker?

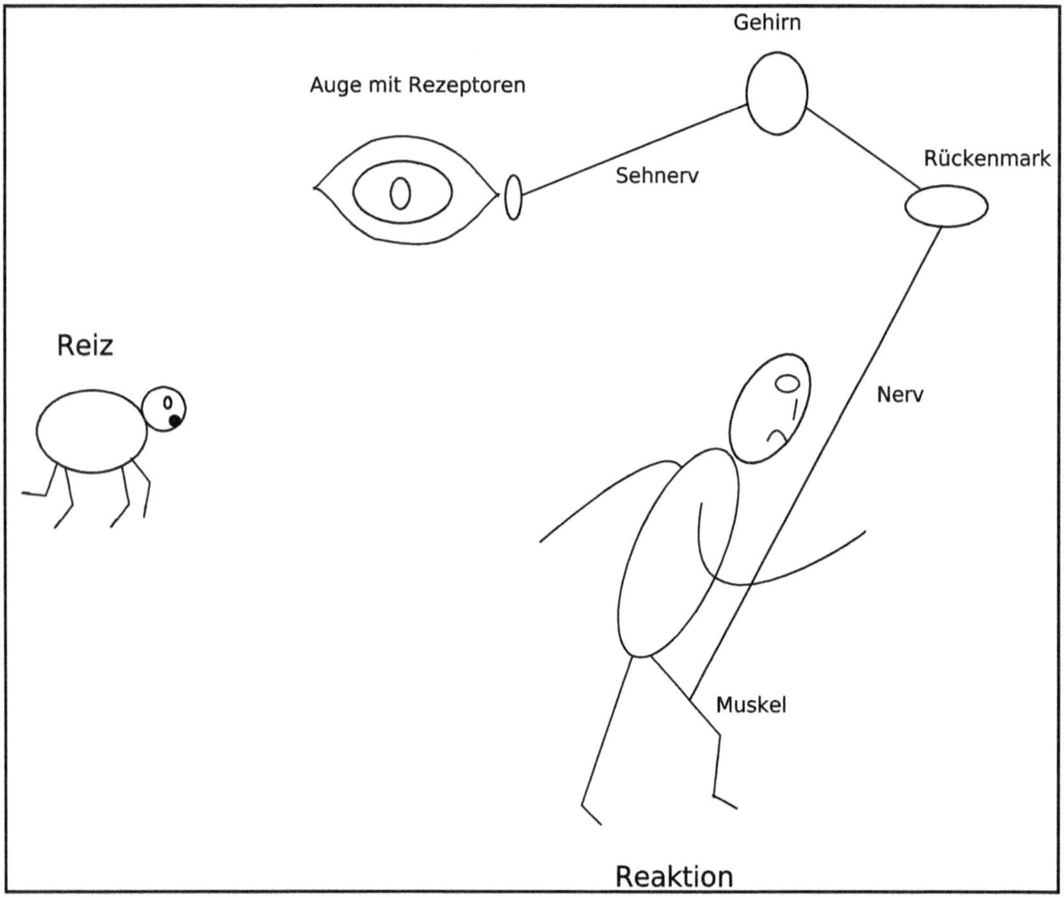

Gehirn

Auge mit Rezeptoren

Rückenmark

Sehnerv

Reiz

Nerv

Muskel

Reaktion

Abb. 10.1: Vom Rezeptor zum Muskel

Haben wir unsere »fünf Sinne« beisammen?

Bekommst du sie noch zusammen, die fünf Sinne?

◇ Sehen

◇ Hören

◇ Riechen

◇ Schmecken

◇ Tasten

Mit unseren Sinnesorganen nehmen wir unsere Umwelt wahr. Sie sind im Prinzip »Messgeräte«, die auf Zustandsänderungen unserer Umgebung reagieren. Wenn wir die Leistungsfähigkeit unserer Sinnesorgane mit denen der Tiere vergleichen, befinden wir uns im Mittelfeld. Wir sind ganz gute »Generalisten«. Etwas zynisch könnte man sagen, wir können zwar vieles, dies aber nichts besonders gut.

◇ Fledermäuse können Ultraschall hören und sich mit Hilfe der reflektierten Schallwellen orientieren.

◇ Eulen können bei Nacht mehr sehen als der Mensch, ihr Sehen ist allerdings weniger auf Sehschärfe als auf Lichtausbeute spezialisiert.

◇ Wanderfalken können kleine Objekte wie Mäuse über Entfernungen von über einem Kilometer ausmachen und verfolgen.

◇ Kleinere Vögel sind in der Lage, UV-Licht zu sehen.

◇ Bei einigen Zugvögeln ist ein Sinn für das Magnetfeld der Erde nachgewiesen.

◇ Fische können Veränderungen in einem elektrischen Feld wahrnehmen.

Diese Beispiele sollten uns wieder einmal etwas bescheidener werden lassen. Wir sollten vielleicht auch etwas mehr Achtung vor den Leistungen mancher Tiere bekommen.

Vor allem sind wir immer wieder versucht, nur das gelten zu lassen, was wir mit unseren Sinnesorganen wahrnehmen. Unsere Welt ist viel »bunter« und abwechslungsreicher, wir haben nur nicht die entsprechenden Sinnesorgane, um diese physikalischen und chemischen »Reize« zu registrieren. Die »Wirklichkeit« ist offensichtlich nicht immer identisch mit dem, was wir hören und sehen, schmecken, riechen und tasten.

Unser Auge – ein faszinierendes Organ!

a)

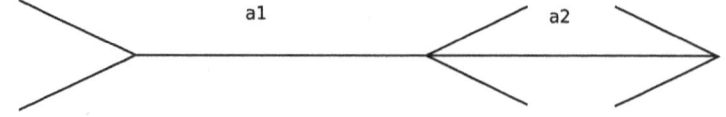

b)

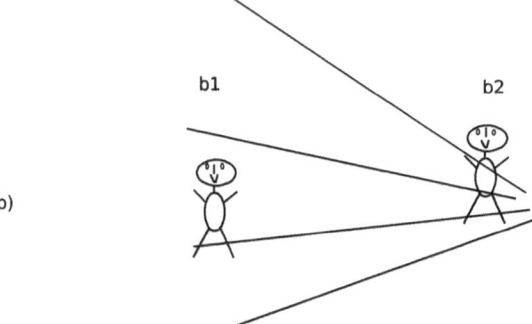

c)

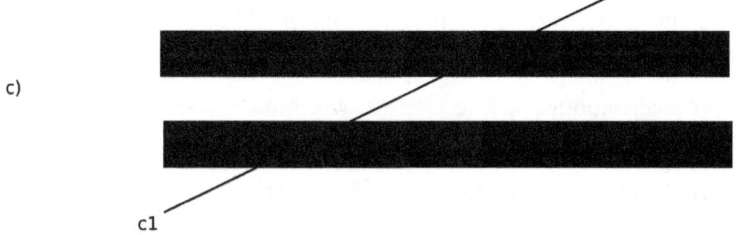

d)

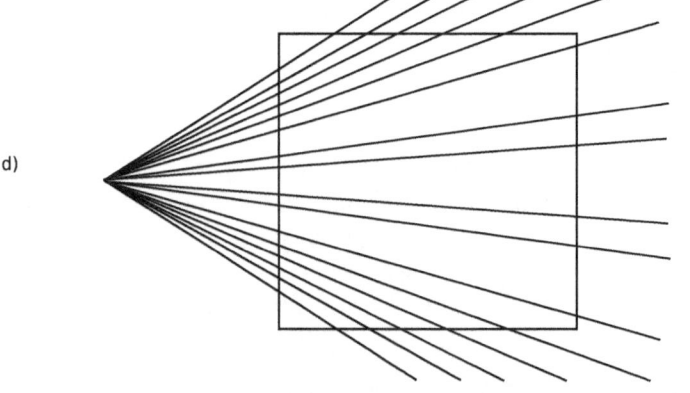

Abb. 10.2: Optische Täuschungen

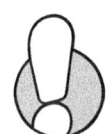

Ich hoffe, dass ich dich nicht zu sehr verunsichere, wenn ich diesen Abschnitt damit beginne, dir die Grenzen der Leistungsfähigkeit aufzuzeigen:

◇ Im Bild a) sind die Strecken a1 und a2 gleich lang. Du glaubst es nicht? Messe nach!

◇ Im Bild b) sind beide Figuren gleich groß.

◇ Im Bild c) ist die Gerade c1-c2 nicht »gebrochen«.

◇ Im Bild d) handelt es sich um ein Quadrat mit vier 90°-Winkeln.

Trotzdem, ich bleibe dabei: Unser Auge ist ein faszinierendes Organ.

> Die Gesamtzahl der Zapfen, dies sind die Sinneszellen für das Farbensehen, beträgt in unserem Auge etwa 7 Millionen. Die Zahl der Stäbchen, die für das »Hell-Dunkel-Sehen« verantwortlich sind, beträgt etwa 130 Millionen.

Erstaunlich ist auch die Leistungsfähigkeit des Auges zusammen mit dem Sehzentrum im Gehirn:

Da der Sehnerv aus dem Auge zusammen mit den das Auge versorgenden Blutgefäßen austritt, befinden sich an dieser Stelle keine Sinneszellen. Wir sind also an dieser Stelle tatsächlich blind.

Du glaubst das nicht?

Dann probiere es aus! Halte das Buch in Armlänge vor die Augen.

Halte das rechte Auge zu und fixiere mit dem linken den Kreis. Das X verschwindet. Hältst du das linke Auge zu und fixierst mit dem rechten das X, verschwindet der Kreis!

Warum aber »erleben« wir diesen *blinden Fleck* im Alltag nicht?

Dieser blinde Fleck im Gesichtsfeld wird nicht wahrgenommen, da er durch die bildverarbeitenden Gehirnregionen des Sehzentrums ergänzt werden kann. Aus den Farben der umgebenden Bereiche und dem Bild des jeweils anderen Auges errechnet das Gehirn die fehlenden Informationen. Eine tolle Leistung, oder?

*Abb. 10.3:
Demonstration des
»Blinden Flecks«*

Aufnahme von Informationen durch Sinneszellen

Am Beispiel des Auges möchte ich dir zeigen, wie wir aus unserer Umgebung Informationen aufnehmen können.

Sinnesorgane werden durch unterschiedliche chemische oder physikalische Zustände gereizt:

◇ **Auge:** Elektromagnetische Wellen des Lichts

◇ **Ohr:** Schallwellen, das heißt Luftdruckschwankungen

◇ **Nase:** Chemische Verbindungen, die wir als Geruch wahrnehmen

◇ **Zunge:** Chemische Verbindungen, die wir als Geschmack erleben

◇ **Tastsinn:** Mechanischer Druck

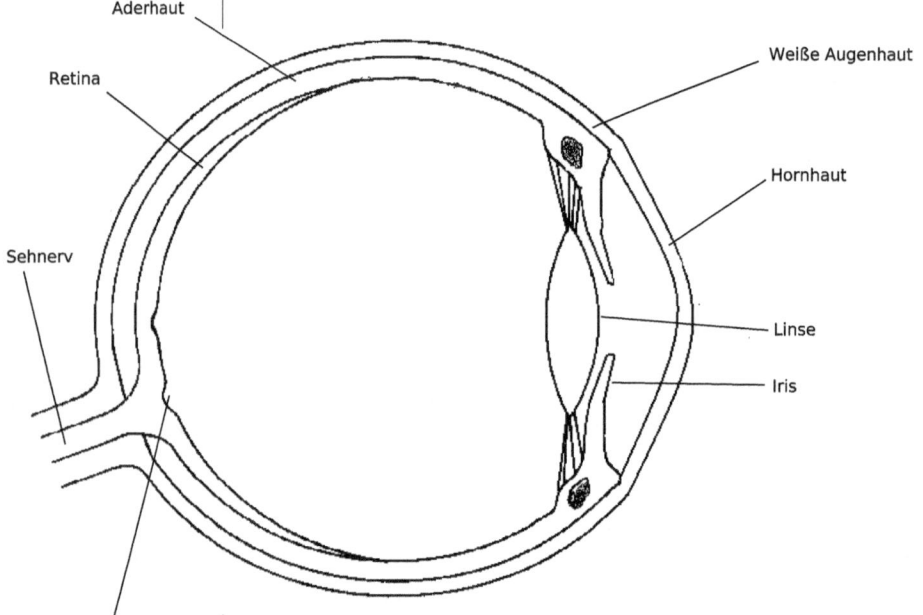

Abb. 10.4: Aufbau des Wirbeltier-auges

Das Auge reagiert also vergleichbar deiner Digitalkamera auf elektromagnetische Wellen. Wie du wahrscheinlich aus dem Physikunterricht weißt, gibt es »lange« Wellen und »kurze« Wellen. Wir haben im Auge Rezeptoren (Stäbchen und Zapfen), die auf Wellen der Wellenlängen zwischen 400 und 800 Nanometer reagieren. Ein Nanometer, abgekürzt *nm*, entspricht dem Milliardstel eines Meters. Nanometer sind die Einheit, mit der die Wellen gemessen werden.

Diese Rezeptoren im Auge sind Bestandteil der Retina.

Unter *Rezeptoren* versteht man spezialisierte Nervenzellen, die zur Aufnahme von Information dienen.

Unser Gehirn interpretiert Licht mit 400 nm als »blau«, Licht mit 800 nm als »rot«. Zwischen diesen beiden Grenzen liegt das ganze Spektrum des Regenbogens. Ist es aber nicht erstaunlich, dass wir die Farben als solche gar nicht sehen, sondern Rezeptoren unserer Augen durch elektromagnetische Wellen gereizt werden und unser Gehirn diesen Reiz als ganz bestimmte Farbe interpretiert?

Unser Auge wird gereizt – aber wie?

Jede elektromagnetische Welle hat eine ganz bestimmte Energie. Sie ist abhängig von der Wellenlänge. Kurze Wellen sind energiereich, lange Wellen energiearm. Durch die Energie dieser Lichtwellen kommt es zu Veränderungen in den spezialisierten Sinneszellen im Auge, sie werden »gereizt«.

Cytoplasmamembran – was ist das?

Sicher hast du schon einmal von einem **EKG**, einem ElektroKardioGramm, oder von einem **EEG**, einem ElektroEnzephaloGramm gehört! Vielleicht hast du auch schon einmal gelesen, dass es ein **ERG** gibt, ein ElektroRetinoGramm.

◇ **EKG:** Das EKG ist die Registrierung elektrischer Aktivitäten der Herzmuskelfasern.

◇ **EEG:** Das EEG ist ein Verfahren zur Messung elektrischer Gehirnströme. Dabei werden Spannungsschwankungen des Gehirns erfasst.

◇ **ERG:** Das ERG ist eine Methode, bei der das Auge Lichtreizen ausgesetzt wird. Die von der Netzhaut gebildeten elektrischen Potenziale werden aufgezeichnet.

Eigenartig, dass in unserem Körper »elektrische Potenziale«, also elektrische Ströme, eine Rolle spielen! Sind wir denn »verkabelt« und wissen gar nichts davon?

Ich darf dich beruhigen – als Ladungsträger kommen nicht nur Elektronen und zu deren Transport Kupferdrähte in Frage, sondern es gibt auch geladene Atome, Ionen, die als Ladungsträger, vor allem in wässrigen Lösungen, in Frage kommen.

Wichtige Ionen: Kalium K^+, Natrium Na^+, Chlor Cl^-, Calcium Ca^{2+}, negativ geladene Proteine. Diese Ionen spielen vor allem im Zusammenhang mit Informationsverarbeitung eine große Rolle!

Wenn du das Etikett einer Mineralwasserflasche genau studierst, wirst du häufig diese Ionen finden.

Innerhalb und außerhalb von Zellen sind die Ionen nicht gleichmäßig verteilt, denn die sogenannte *Cytoplasmamembran*, also die Zellwand, ist nicht beliebig durchlässig für alle Ionen. Durch diese ungleiche Ionenverteilung innerhalb und außerhalb der Zelle kommt es zu einem elektrischen Potenzial.

Wie kommt dieser Satz in dein Gehirn ?

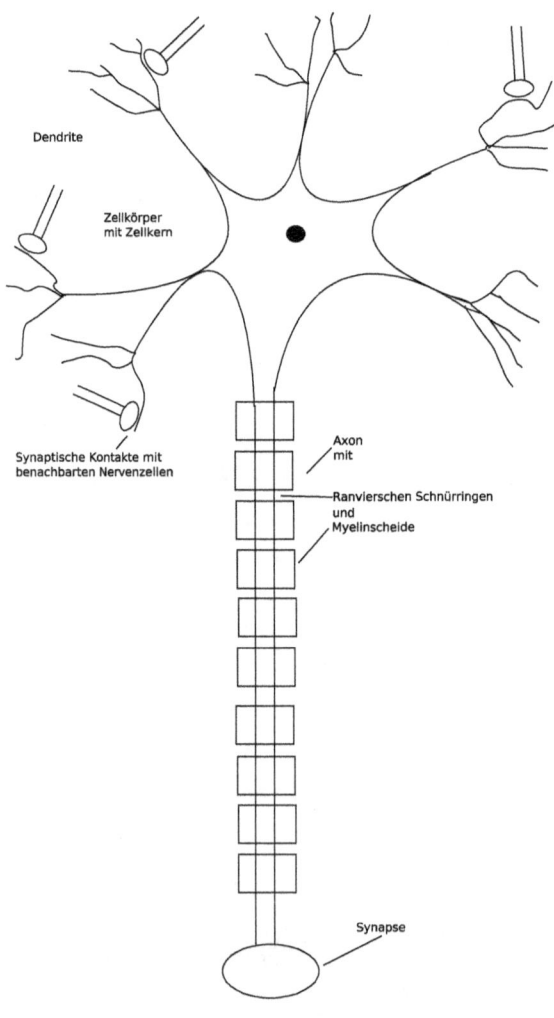

Dendrite

Zellkörper
mit Zellkern

Synaptische Kontakte mit
benachbarten Nervenzellen

Axon
mit

Ranvierschen Schnürringen
und
Myelinscheide

Synapse

Abb. 10.5: Bau einer Wirbeltiernervenzelle

Ruhepotenzial

Sinneszellen, auch diejenigen des Auges, sind spezialisierte Nervenzellen. Sie sind in der Lage, auch im Ruhezustand, das heißt im nicht gereizten Zustand, durch ungleiche Verteilung der Ionen ein Potenzial zu bilden. Dieses Potenzial wird auch als *Ruhepotenzial* bezeichnet. Dabei ist das Zellinnere negativ und das umgebende Äußere der Zelle positiv geladen. Kommt es nun zu einer Reizung der Zelle und in der Folge zu den beschriebenen Membranveränderungen, ändern sich die Ionenverteilungen um. So entstehen auch Potenzialveränderungen. In den Sinneszellen der Retina ist diese Potenzialänderung abhängig von der Stärke des Reizes.

Aktionspotenzial

Betrachten wir hingegen die Nervenzellen des Sehnervs, das heißt also die Nervenzellen, die die Informationen zum Gehirn weiterleiten, können wir beobachten, dass das durch den Reiz ausgelöste Potenzial stets gleich groß ist. Man spricht dann von einem *Aktionspotenzial*. Es folgt dem »Alles-oder-Nichts-Gesetz«. Dies bedeutet, dass immer ein Aktionspotenzial ausgelöst wird, wenn der Reiz stark genug ist. Wenn es aber ausgelöst wird, dann immer in voller Höhe, das heißt, das Aktionspotenzial »schaut immer gleich aus«.

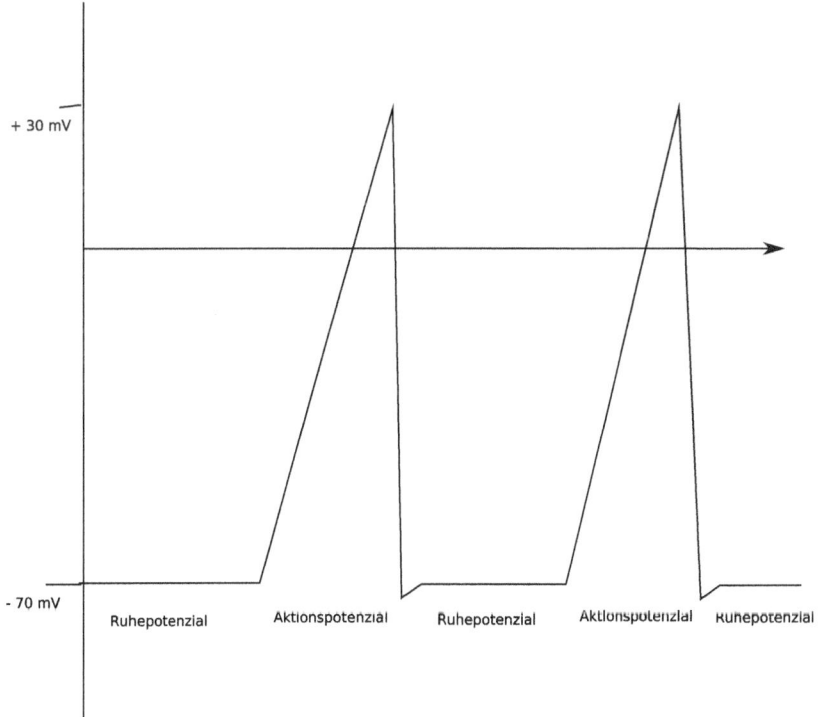

Abb. 10.6: Ablauf eines Aktionspotenzials

10

Wie werden unterschiedliche Reizstärken wahrgenommen?

Da das Aktionspotenzial nach jedem »überschwelligen« Reiz ausgelöst wird und zwar in stets gleicher Höhe, müssen wir nun die Frage klären, wie unterschiedliche Reizstärken wahrgenommen oder codiert werden. Wir hören den gleichen Ton, einmal leise und einmal laut. Wir sehen die gleiche Farbe, einmal hell und einmal dunkel.

Hast du schon eine Idee, wie man unterschiedlichen Reizstärken codieren könnte?

Unterschiedliche Reizstärken werden durch die Frequenz der Aktionspotenziale, das heißt deren Häufigkeit pro Zeiteinheit, codiert.

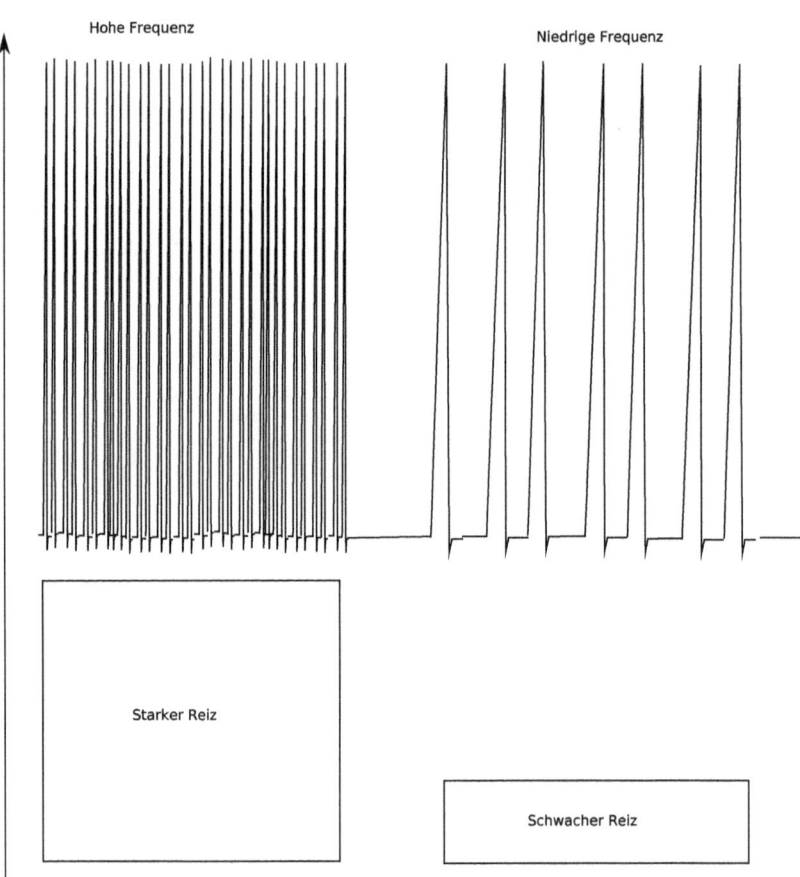

Abb. 10.7: Codierung der Reizstärke

Das bedeutet: Je stärker ein überschwelliger Reiz ist, umso mehr Aktionspotenziale pro Sekunde werden gebildet. Allerdings ist die Höchstzahl pro Sekunde begrenzt. Sie beträgt beim Menschen etwa 500 Impulse pro Sekunde. Darüber hinaus können höhere Reizstärken nicht mehr codiert werden. Du solltest aber bedenken, dass es bei Reizstärken dieser Größenordnung schon zu Schäden an den reizaufnehmenden Organen kommt. Ein lauter Knall bringt das Trommelfell zum »Platzen«, zu grelles Licht führt zu Schäden im Auge.

Wie wird das Aktionspotenzial weitergeleitet?

Damit kommen wir der Beantwortung der Frage »Wie kommt dieser Satz in dein Gehirn?« schon etwas näher:

◇ Auf dem Augenhintergrund, also auf der sogenannten Retina, wird ähnlich wie bei deiner Digitalkamera ein Bild des Satzes abgebildet.

◇ Durch die unterschiedlichen Lichtstärken werden die lichtempfindlichen Sinneszellen ungleich gereizt.

Den Sehnerv kannst du dir als großes Bündel von Kabeln, *Axonen* genannt, vorstellen. Längs des Axons »laufen« die Aktionspotenziale bis in das Sehzentrum des Gehirns. Am Axonende befinden sich die *Synapsen*. Sie dienen unter anderem als Kontaktstellen zu anderen Nervenzellen. Auf diese Weise kann eine Nervenzelle des Gehirns mit bis zu mehreren Tausend anderen Nervenzellen in Kontakt treten.

Die Weiterleitung der Aktionspotenziale ist mit einer langen Reihe aufgerichteter Dominosteine zu vergleichen: Du musst nur den ersten Stein anstoßen. Sein Fallen wird auch den letzten Stein der Reihe noch »zu Fall bringen«. So wird auch ein Aktionspotenzial, das am Axonanfang entstand, noch an der Synapse zu einem Aktionspotenzial führen.

Der Satz ist jetzt in deinem Gehirn angekommen – hoffentlich!

Unser Gehirn – kein System auf der Erde ist komplexer!

Mikroprozessoren sind die zentralen Recheneinheiten eines Computers. Sie ermöglichen es ihm, die komplexesten Aufgaben zu erfüllen.

Doch während du diese Sätze liest und versuchst, deren Inhalt zu verstehen, vollbringt dein Nervensystem, bestehend aus lebenden Nervenzellen, eine wesentlich komplexere Aufgabe. Die Leistungsfähigkeit unseres

Gehirns übertrifft die der modernsten Computer um ein Vielfaches. Es ist der komplexeste Zusammenschluss von Materie, den man sich nur vorstellen kann.

Die Netzwerke, die dadurch entstehen, lassen selbst die leistungsfähigsten, modernsten »Computer-Netzwerke« klein und armselig erscheinen.

> Das Gehirnvolumen eines erwachsenen Menschen beträgt im Durchschnitt 1500 cm³. In einem cm³ befinden sich mehrere Millionen Nervenzellen. Jede einzelne Nervenzelle hat Kontakt mit einigen Tausend anderer Nervenzellen.

Unserem Gehirn verdanken wir die bewusste Wahrnehmung unserer Umgebung, also auch unseres »Selbst«. Unser Gehirn steuert die vielfältigen Organfunktionen und lässt eine zielgerichtete feinmotorische Bewegung zu. Unser Gehirn ermöglicht, dass wir uns an Vergangenes erinnern und Zukünftiges planen. Ohne unser Nervensystem wäre Zivilisation und Kultur undenkbar. Wir sind in der Lage, eine unendliche Menge an Daten zu verarbeiten, wie es beispielsweise beim Sprechen und Denken unabdingbare Voraussetzung ist. Und all dies geschieht mit höchster Geschwindigkeit. Bis zu 100 Meter legt ein Aktionspotenzial pro Sekunde zurück.

Wir wollen uns auf den Weg machen, dieses erstaunliche, unvergleichbare Organ etwas genauer kennen zu lernen!

Anatomie eines faszinierenden Organs

Das Gehirn wird in fünf Abschnitte gegliedert:

◇ **Verlängertes Mark oder Nachhirn**

   * Übergangsstelle zwischen Gehirn und Rückenmark

   * Schalt- und Durchgangsstelle aller vom Gehirn zum Rückenmark ziehenden Nervenbahnen

   * Sitz vieler Reflexzentren, beispielsweise Husten, Niesen, Atmung, Kauen, Schlucken

◇ **Kleinhirn**

   * Es spielt für die Erhaltung des Gleichgewichts eine wesentliche Rolle und ist deshalb besonders stark ausgeprägt bei Tieren, die eine oft wenig stabile Körperlage einnehmen, wie beispielsweise Vögel.

◇ **Mittelhirn**

⁎ Es ist bei niederen Wirbeltieren Hauptumschaltstelle zwischen den Sinnesorganen und der Muskulatur.

⁎ Das Mittelhirn ist beim Menschen ein Schaltzentrum, von dem aus Informationen aus den Sinnesorganen an bestimmte Bereiche des Großhirns gesendet werden.

⁎ Teile des Mittelhirns gehören zu einer Untereinheit des Gehirns, der *Formatio reticularis*. Sie zieht sich durchs ganze Gehirn, ist hier jedoch am stärksten entwickelt. Motivations- und Erregungszustände werden von ihr gesteuert.

◇ **Zwischenhirn**

⁎ Thalamus und Hypothalamus sind die beiden wichtigsten Teile

⁎ Der *Thalamus* ist bei Säugern die Hauptumschaltstelle zwischen den Sinnesorganen und dem Großhirn. Informationen aus den Sinnesorganen werden weitergeleitet zu den sensorischen Feldern der Großhirnrinde. Zum Teil erfolgt auch schon eine erste Auswertung.

⁎ Im *Hypothalamus* werden Teile des willkürlichen Nervensystems, des vegetativen Nervensystems und des Hormonsystems abgestimmt.

⁎ In diesem Bereich liegt auch die *Hypophyse*, eine »übergeordnete« Hormondrüse.

◇ **Großhirn**

⁎ Es wird gegliedert in die graue Substanz, die Zellkörper, und in die weiße Substanz, die *Axone* und *Dendrite*.)

⁎ Es besteht aus zwei Hälften, nämlich den Vorderhirnhemisphären.

⁎ Zu beobachten ist eine zunehmende »Furchung«, vor allem bei höheren Säugern. Sie ist Folge einer starken Oberflächenvergrößerung. Dadurch ist eine starke Vermehrung der Nervenzellen möglich.

⁎ Das Großhirn ist der Ort unseres Bewusstseins.

⁎ Von den so genannten *motorischen Feldern* wird die willkürliche Bewegung der Skelettmuskulatur gesteuert.

⁎ *Sensorische Felder* empfangen Informationen aus den Sinnesorganen.

⁎ *Assoziationsfelder* verknüpfen Meldungen aus den Sinnesorganen miteinander und mit Informationen aus anderen Gehirnteilen.

* Das limbische System ist eine Art »vegetatives Gehirn«, das dem Hypothalamus übergeordnet ist. Teile davon sind für die emotionale Tönung des Verhaltens, wie Wut, Angst, Freude, »verantwortlich« und Sitz verhaltenssteuernder Triebe.

Das menschliche Gehirn – kein Lebewesen kann konkurrieren

Auf allen Stufen des Nervensystems findet Informationsverarbeitung statt.

Reflexe, an denen vor allem das Rückenmark beteiligt ist, sind sicher die einfachste Form neuronaler Verarbeitung.

Aber erst die Komplexität der Großhirnrinde erlaubt es, verschiedene Bereiche zu integrieren, so dass Kunstwerke von großartigstem Ausmaß gestaltet und wissenschaftliche Probleme wie die Relativitätstheorie Einsteins gelöst werden können.

Aber auch andere Teilbereiche unseres Lebens werden vom Gehirn gesteuert:

◇ Sprache

◇ Gedächtnis

◇ Emotionen

◇ Schlaf und Wachheitszustand

Es wäre vermessen zu glauben, wir könnten, selbst mit der unvorstellbaren Zahl an Nervenzellen in 1500 cm^3, alles verstehen. So wird auch das Gehirn für uns immer ein Stück »geheimnisvolles« Organ bleiben.

Aber ich glaube schon, dass du jetzt erahnen kannst, wie dieser Satz in dein Gehirn gelangt – und was vielleicht dort mit ihm passiert.

Über das Gedächtnis, in dem die Wörter gespeichert sind, die du benötigst, um diesen Satz zu verstehen, werde ich dir in einem späteren Abschnitt dieses Kapitels noch etwas erzählen. Ich möchte dies im Zusammenhang mit ein paar »Lerntipps« für dich tun.

Was passiert, wenn du umblätterst?

Allmählich kommst du zum Ende dieser Seite. Du wirst hoffentlich weiterlesen wollen und dazu musst du umblättern. Du solltest dir vielleicht einmal die Mühe machen, diesen so einfach erscheinenden Bewegungsablauf bewusst nachzuvollziehen.

Es ist eine Leistung deines freien Willens, lokalisiert im Großhirn, dich zu entscheiden, es zu tun oder es zu lassen. In deinem Großhirn reift der Entschluss, umzublättern. Über mehrere Stationen und Umschaltstellen gelangen die entsprechenden Aktionspotenziale in das Rückenmark, das zusammen mit dem Gehirn das *Zentralnervensystem* bildet. Vom Rückenmark ausgehend werden über spezielle Nerven, die so genannten *Motoneurone*, die Muskeln informiert, sich zu kontrahieren und somit die Bewegung zu vollziehen.

Alles ganz einfach! Oder doch nicht?

Bedenke: Die Bewegung muss fein dosiert werden. Beispielsweise darfst du beim Umblättern einer Buchseite nicht die gleiche Kraft aufwenden wie beim Einschlagen eines Nagels in eine Mauer. Ferner musst du ganz gezielt deine einzelnen Finger in einer ganz bestimmten Orientierung zum Greifen einer Buchseite einsetzen. Du willst doch hoffentlich nicht beim Umblättern das Buch beschädigen!

All diese fein dosierten Bewegungen werden von unserem Bewusstsein in ihrem Bewegungsablauf angestoßen. Ohne bewusste Beteiligung übergeordneter Zentren unseres Gehirns werden die Bewegungen vor allem vom Rückenmark gesteuert und überwacht. Man kann dies vielleicht noch am ehesten mit der Servolenkung eines Autos vergleichen, bei der ebenfalls die Bewegung der Räder vom Lenkrad nur »angedacht« wird.

Muskeln – bei der Kontraktion leisten sie Arbeit!

Da Muskeln nur Arbeit leisten können, wenn sie sich kontrahieren, sie sich also nicht aktiv strecken können, brauchen wir für jede Bewegung zwei Muskeln: Spieler und Gegenspieler. An der Bewegung deines Unterarms kannst du dies besonders gut nachvollziehen: Zum Beugen deines Unterarms brauchst du den Bizeps auf der Innenseite des Oberarms, zum Strecken den Trizeps auf der Außenseite des Oberarms.

Wie ist dieses erstaunliche Bewegungsorgan aufgebaut, wie wird es zur Kontraktion angeregt? Dieser Frage will ich in den nächsten Abschnitten nachgehen.

Aufbau des Skelettmuskels

Wenn du beim nächsten Mal dein Steak nicht nur als Feinschmecker betrachtest, sondern auch an die Biologie denkst, wirst du dich vielleicht an Abbildung 10.8 erinnern. Ich will dir ja den Appetit nicht verderben, aber ein Stück Fleisch ist auch nichts anderes als der Muskel eines Tieres! Das Schneiden eines Steaks ist einfacher, wenn man es längs der »Faser- richtung« schneidet. Die Fasern, die man noch mit freiem Auge erkennen kann, sind die Muskelfaserbündel. Die Muskelfasern selbst erscheinen unter dem Mikroskop »quergestreift«. Deshalb wird die Skelettmuskulatur auch als *quergestreifte Muskulatur* bezeichnet. Dieses Muster ist Folge der besonderen Anordnung der Proteine Aktin und Myosin in den Muskel- zellen. Sie sind für die Kontraktion des Muskels zuständig.

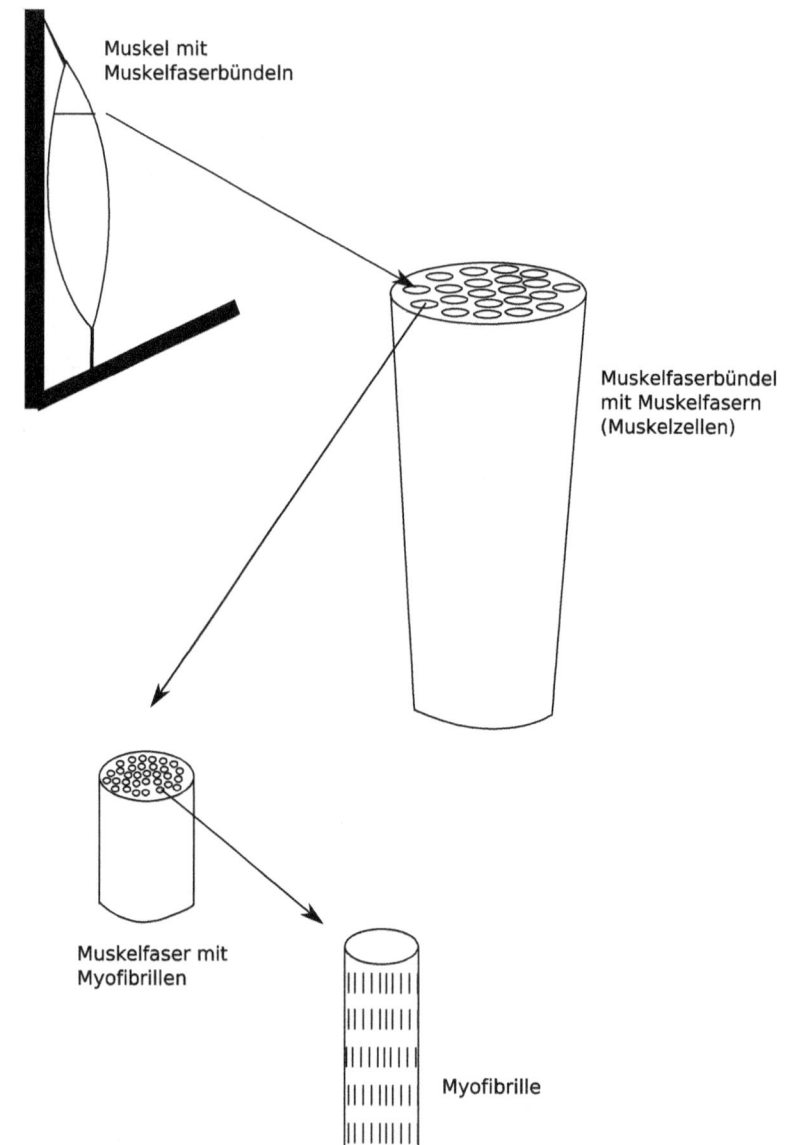

Muskel mit
Muskelfaserbündeln

Muskelfaserbündel
mit Muskelfasern
(Muskelzellen)

Muskelfaser mit
Myofibrillen

Myofibrille

Abb. 10.8: Bau des Skelettmuskels

Jede einzelne Muskelfaser wird vom Zentralnervensystem einzeln »angesteuert«, das heißt, dass jede einzelne Muskelfaser eines Muskelfaserbündels von mindestens einer Nervenzelle Informationen erhält, ob und wie stark sie sich kontrahieren soll. Du kannst dir gut vorstellen, wie exakt die Bewegung zu steuern ist.

Verbindung Nerv-Muskel

Doch wie wird der Impuls zur Kontraktion von einer Nervenzelle auf eine Muskelzelle übertragen?

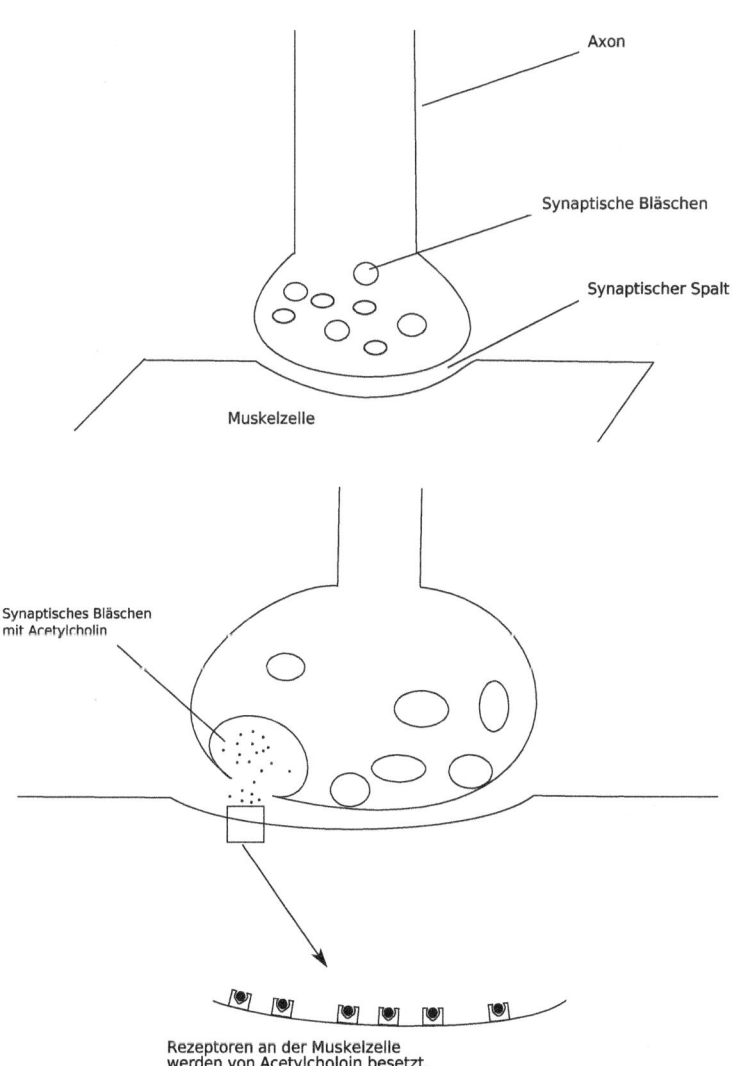

Abb. 10.9: Synapse: Kontaktstelle Nerv-Muskel

Die Aktionspotenziale, die die Kontraktion auslösen, gelangen über das Axon zur Muskelzelle. Die Kontaktstelle zwischen Axon und Muskelzelle wird als *Synapse* bezeichnet.

Ein »Motoneuron«, also ein Nerv, der vom Rückenmark ausgehend einen Muskel mit Information versorgt, hat meist mit mehreren Muskelzellen »synaptischen Kontakt«. Umgekehrt kann eine Muskelzelle auch von mehreren Neuronen, also Nervenzellen, mit Information versorgt werden.

Doch wie wird die Information vom Nerv auf den Muskel übertragen?

Vorgänge an den Synapsen

Im »Endköpfchen« des Axons findet man so genannte *synaptische Bläschen.* Diese enthalten eine chemische Verbindung, die die Biologen als *Transmitter* bezeichnen. Im Lateinischen gibt es ein Verb: transmittere bedeutet so viel wie »hinüberschicken«. Ein Transmitter hat tatsächlich die Aufgabe, als Botenstoff die Information zur Kontraktion über den synaptischen Spalt »hinüberzuschicken«. Der Transmitter an der Verbindung Nerv-Muskel ist Acetylcholin. Je nach der Frequenz der ankommenden Aktionspotenziale öffnet sich eine bestimmte Anzahl synaptischer Bläschen in dem synaptischen Spalt. Die Transmittermoleküle wandern über den Spalt hinweg zur Muskelzelle und werden dort von speziellen Rezeptoren gebunden. Rezeptoren sind kompliziert gebaute Proteine, die nur den einen Transmitter binden können. Dies funktioniert nach dem »Schlüssel-Schloss-Prinzip«, das heißt, Rezeptor und Acetylcholin passen zusammen wie ein kompliziertes Schloss und ein Schlüssel.

Durch die Verbindung Rezeptor-Acetylcholin werden die Eigenschaften der Cytoplasmamembran der Muskelzelle so verändert, dass es auch hier zu Veränderungen der Ionenverteilung kommt. Auf diese Weise entstehen so genannte Muskelaktionspotenziale, die die Muskelzelle zur Kontraktion bringen. Auch diese Muskelströme können gemessen werden.

Curare – ein »Synapsengift«

Die Indianer des tropischen Regenwaldes in Südamerika tragen bei der Jagd auf ihre Pfeilspitzen ein Gift auf, das die Beute lähmen soll. Häufig verwenden sie Curare, ein Gift, das sie aus Pflanzen gewinnen.

Doch wie wirkt Curare?

Die Beute soll gelähmt werden. Dies könnte erreicht werden, wenn die Erregungsübertragung an der Synapse unterbrochen wird. Dies ist bei Curare der Fall: Dieses Gift hat eine »strukturelle« Ähnlichkeit mit Acetyl-

cholin. Es kann sich deshalb ebenso an die Rezeptoren der Muskelzellenmembran binden. Aber wie bei einem falschen Schlüssel, der zwar noch in das Schloss eingeführt werden kann, aber dann die Türe nicht öffnet, bleibt die Cytoplasmamembran der Muskelzelle unverändert. Die Aktionspotenziale, die am Axonende ankommen, werden also nicht weitergeleitet, denn die Rezeptoren sind ja von Curare besetzt und der Muskel kann sich nicht kontrahieren. Die Beute wird gelähmt.

Die gelähmte und getötete Beute kann dann trotz des in ihr vorhandenen Giftes verzehrt werden, wenn sie gebraten oder gekocht wird. Durch die Hitzeeinwirkung wird das Gift Curare zerstört.

Synapsen sind übrigens »beliebte« Anknüpfungsstellen für Medikamente. Beispielsweise besetzen manche Schmerzmittel bestimmte Synapsen des Zentralnervensystems oder bei Operationen werden bestimmte Muskeln gezielt durch »Synapsengifte« gelähmt. Auch einige Schlangengifte wirken in dieser Weise.

Steuerung und Regelung

In diesem Abschnitt scheint es zunächst so, als hättest du ein Buch für Techniker in der Hand. Ich will mich nämlich mit der Steuerung und Regelung unserer »inneren« Körperfunktionen, wie beispielsweise der Körpertemperatur, beschäftigen. Es gibt sogar einen Forschungszweig, die *Bionik*, die versucht, biologische Strukturen für die Technik verwendbar zu machen.

Wie funktioniert eine Klimaanlage?

Keine Sorge. Wir sind jetzt nicht unter die Anlagentechniker gegangen. Aber im Körper haben wir auch eine »Klimaanlage«. Unsere Körpertemperatur wird ziemlich genau bei 37° C konstant gehalten. Deshalb wollen wir uns zunächst einmal anschauen, wie in einem Raum beispielsweise im Winter eine konstante Zimmertemperatur von 20° C aufrechterhalten werden kann.

Die Zimmertemperatur wird mit einem Thermometer gemessen, das mit einem Thermostaten verbunden ist. Am Thermostaten kannst du beispielsweise 20° C einstellen. Öffnest du aber dann im Winter das Fenster zum Lüften, sinkt die Zimmertemperatur unter 20° C. Das geöffnete Fenster ist eine Störgröße. Diesen Istwert meldet das Thermometer an den Thermostaten. Dieser vergleicht den Istwert – beispielsweise 17° C – mit dem eingegebenen Sollwert – hier 20° C. Da die Zimmertemperatur um 3°C zu niedrig ist, aktiviert der Thermostat die Heizung so lange, bis wieder 20° C erreicht sind.

Dieses technische Problem kannst du auch auf deinen Körper übertragen.

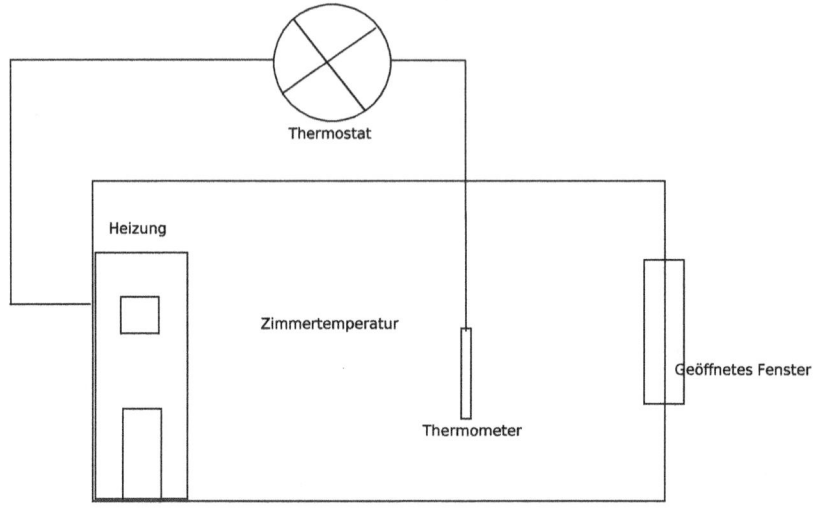

Vereinfachter Regelkreis für die Steuerung der Raumtemperatur

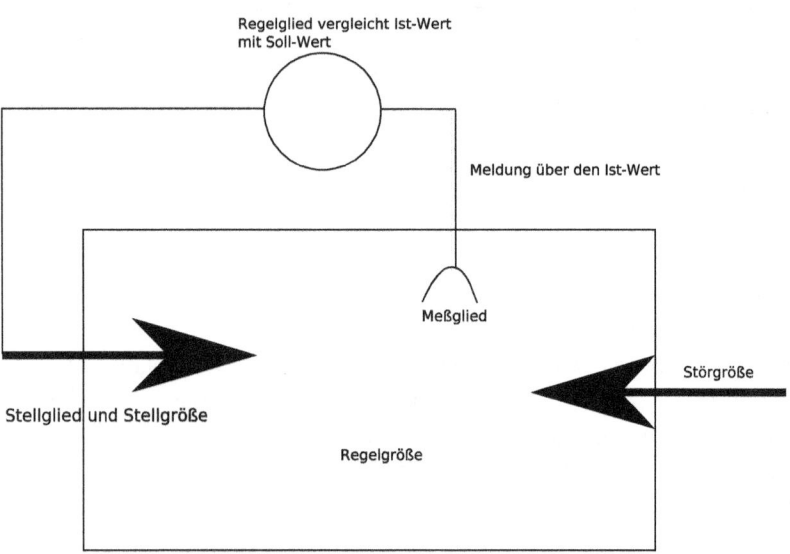

Allgemeines Regelkreisschema

Abb. 10.10: Regulation

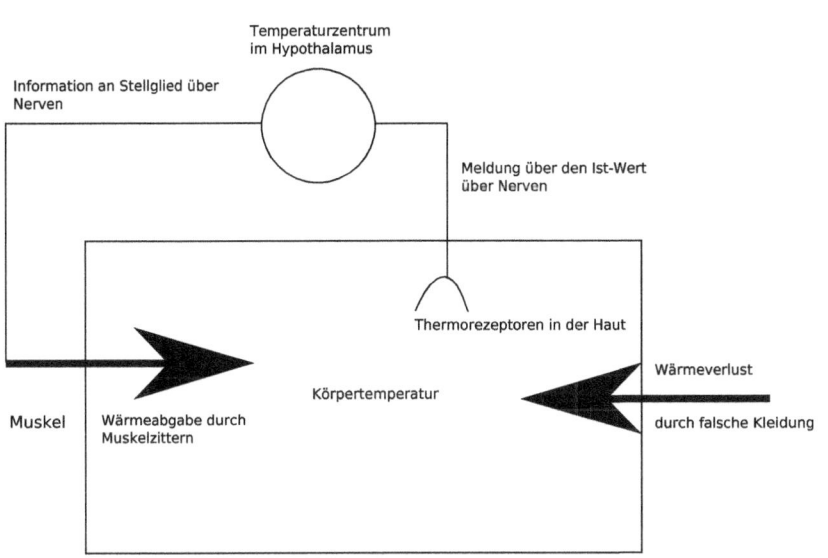

Vereinfachtes Regelkreisschema zur Regulation
der Körpertemperatur

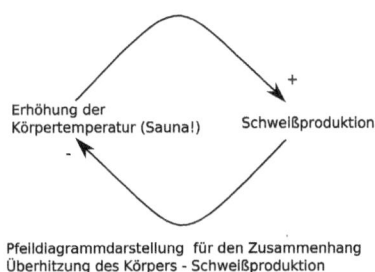

Pfeildiagrammdarstellung für den Zusammenhang
Überhitzung des Körpers - Schweißproduktion

Abb. 10.11: Regulation der Körpertemperatur

Deine Körpertemperatur beträgt normalerweise 37° C. Du hast dich an
einem kühlen Herbsttag nicht warm genug angezogen. Du verlierst
Wärme, deine Haut wird kalt. Thermorezeptoren in der Haut registrieren
diesen Wärmeverlust und melden ihn an das Temperaturzentrum im
Hypothalamus. Dort ist als Sollwert gespeichert: 37° C! Diese Temperatur
haben wir aufgrund unserer genetischen Veranlagung. Da der Hypothalamus eine Abweichung von diesem Sollwert registriert, verhält er sich wie
der Thermostat einer Heizung. Er informiert die Muskeln, sich rasch zu
bewegen, du beginnst zu »frösteln«, du bekommst einen Schüttelfrost.

Durch diese raschen Muskelkontraktionen erzeugt der Körper Wärme, so lange, bis wieder 37° C erreicht sind – oder du schlau genug bist und dich wärmer anziehst!

> Versuche einmal, den umgekehrten Vorgang, Erhöhung der Körpertemperatur bei einem Saunabesuch, mit dem Regelkreisschema nachzuvollziehen!

Vegetatives Nervensystem – wir können es nicht bewusst steuern!

Wie du schon beim Gehirn erfahren hast, gibt es ein vegetatives Nervensystem, dessen Steuerung vor allem vom Hypothalamus ausgeht. Es ist unter anderem für die Steuerung der Organfunktionen unseres Körpers zuständig. Bei ihm ergänzen sich zwei Systeme, der *Sympathikus* und der *Parasympathikus*. Während der Sympathikus unseren Körper auf »Aktion« einstellt und Kreislauf und Atmung aktiviert, stellt der Parasympathikus den Körper auf »Ruhe« ein und fördert beispielsweise die Verdauung. Auf diese Weise werden viele Organfunktionen unseres Körpers gesteuert. Daran ist oftmals auch die *Hypophyse* beteiligt. Sie liegt im Bereich des Hypothalamus und ist eine übergeordnete Hormondrüse.

Hormone – ein weiteres Informationssystem unseres Körpers

Die Hormone sind neben dem Nervensystem ein weiteres informationsverarbeitendes System in unserem Körper. Sie können allerdings nicht mit der Geschwindigkeit des Nervensystems konkurrieren. Die Hormone haben auch eine andere Aufgabe: Während das Nervensystem sehr rasch auf Veränderungen reagiert, sorgt das Hormonsystem für das »physiologische Gleichgewicht« des Körpers. So sorgt es beispielsweise durch das Hormon Insulin dafür, dass die Konzentration des Zuckers im Blut bestimmte Grenzwerte nicht überschreitet.

Im vegetativen Nervensystem ist das Hormon Adrenalin gleichzeitig ein wichtiger Transmitter des Sympathikus. Es stellt unseren Körper auf Aktion ein. Stammesgeschichtlich war dies ursprünglich einmal sehr wichtig. Wenn vor der Höhle einer Neandertaler-Sippe ein Höhlenbär stand, hatten die Männer nur die Wahl, ihn anzugreifen oder davonzulau-

fen. Sie »gerieten in Stress«. Ihr Herz schlug schneller, ihre Atmung beschleunigte sich und ihr Blutzuckerspiegel stieg. Alles sinnvolle Reaktionen in diesem Zusammenhang, denn sowohl »Angriff« als auch »Flucht« erforderte sehr viel Energie. Sie konnten sich aber in jedem Fall »abreagieren«, das heißt, dass der erhöhte Blutzucker verbraucht wurde und die erhöhte Herzfrequenz eine körperlich sinnvolle Reaktion war. Wenn wir heute »Stress« haben, zeigen sich die gleichen Folgen, aber wir haben nur selten die Möglichkeit, sie körperlich abzureagieren. Dies macht uns krank!

Wie können wir uns all dies merken?

Wie du schon im Abschnitt über das Gehirn erfahren hast, ist das Großhirn Sitz unseres Gedächtnisses. Ich will versuchen, dir im folgenden Abschnitt einen kleinen Einblick in »Modelle« zu geben, mit deren Hilfe Neurobiologen versuchen, das Gedächtnis zu verstehen.

Die Fähigkeit unseres Gehirns,

◇ Informationen aufzunehmen

◇ zu verarbeiten

◇ zu speichern

◇ zu ordnen und wieder

◇ abzurufen

bezeichnet man als Gedächtnis.

Unser Gedächtnis – hoffentlich verlässt es uns nicht!

Das Gedächtnis ist die notwendige Grundlage des Lernens.

Im Allgemeinen unterscheidet man heute zwei Gedächtnisstufen:

◇ **Kurzzeitgedächtnis:** Hier werden Informationen kurzzeitig abgelegt, um dann endgültig gespeichert zu werden. Es wird auch als Arbeitsgedächtnis bezeichnet.

◇ **Langzeitgedächtnis:** Es ist ein Speichersystem unseres Gehirns, das auf Dauer angelegt ist. Häufig werden vier Phasen des Langzeitgedächtnisses unterschieden:

10

* Lernen: Speichern neuer Informationen

* Behalten: Erhalten wichtiger Informationen durch regelmäßigen »Gebrauch«

* Erinnern: Reproduktion und Reorganisation von Inhalten des Gedächtnisses

* Vergessen: Hier spielt offensichtlich was ist das?

* eine Rolle, dass sich Gedächtnisinhalte gegenseitig »in den Weg kommen« können.

> Im Kurzzeitgedächtnis speichern wir beispielsweise eine Telefonnummer, während wir wählen, nachdem wir sie gerade im Telefonbuch nachgeschlagen haben.
>
> Wählen wir die gleiche Nummer immer wieder, wird sie im Langzeitgedächtnis gespeichert. Oft können wir uns auch noch nach Wochen an sie erinnern, wenn wir sie mehrmals gewählt haben.

Die Übertragung der Information vom Kurzzeitgedächtnis in das Langzeitgedächtnis wird durch ständige Übung verbessert. Auch wenn du es schon nicht mehr hören kannst: »Übung macht den Meister.« Es stimmt einfach und du kannst selbst entscheiden, dich darauf einzulassen oder nicht. Genauso wichtig ist aber auch eine positive Einstellung zum Lernen sowie die Verknüpfung der neuen Information mit bereits im Langzeitgedächtnis gespeicherten Inhalten.

Zur Wiederholung:

Damit Lerninhalte zuverlässig im Langzeitgedächtnis gespeichert werden, ist Folgendes wichtig:

◇ Wiederholung

◇ Motivation

◇ Assoziation

Wenn wir etwas lernen, kann unser Gehirn offensichtlich zwischen dem Lernen von Fakten und dem Lernen von Fähigkeiten unterscheiden.

◇ **Lernen von Fakten:** Hier werden Tatsachen und Ereignisse gespeichert, die bewusst wiedergegeben werden können. Lernen wir Daten und Definitionen, kann dieses Faktenwissen aus der Datenbank des Langzeitgedächtnisses abgerufen werden. Dabei unterscheidet man oft nochmals zwei Bereiche:

* Ein Gedächtnis, das das »Weltwissen«, von der Person unabhängig, darstellt. Beispielsweise, dass Rom die Hauptstadt von Italien ist und dass 1618 der Dreißigjährige Krieg begann.

* Ein Gedächtnis, in dem Ereignisse und Tatsachen aus dem eigenen Leben, wie beispielsweise die Erinnerung an den ersten Schultag, gespeichert werden.

◇ **Lernen von Fähigkeiten:** Das Gedächtnis für Fähigkeiten geht aus dem Lernen von Bewegungsabläufen hervor. Ohne Einschaltung des Bewusstseins kann das Verhalten beeinflusst werden. Beim Gehen, Radfahren, Autofahren, Klavierspielen, Skifahren oder Klettern müssen komplexe Bewegungen ausgeführt werden, deren Ablauf man gelernt und oft geübt hat. Sie können ohne nachzudenken abgerufen werden. Das Bewusstsein muss sich nicht um Bewegungsimpulse an verschiedenste Muskeln und ihre Koordination kümmern.

Ist jedoch eine motorische Fähigkeit einmal erlernt, ist es schwierig, sie zu korrigieren. Hat man sich selbst beim Skifahren eine Schwungtechnik falsch beigebracht, ist es fast unmöglich, sie noch mal zu verbessern. Alte Gewohnheiten gibt man nicht so rasch auf!

Offensichtlich gibt es keine klar definierten »Gedächtnisspuren« im Gehirn. Es deutet vieles darauf hin, dass die Gedächtnisinhalte in mehreren Bereichen, so genannten *Assoziationsfeldern*, des Großhirns – mehrfach abgesichert, das heißt redundant, gespeichert sind.

Neurobiologen untersuchen heute die Vorgänge auf der Stufe einzelner Nervenzellen. Dabei scheinen vor allem auch Veränderungen der synaptischen Kontakte zwischen den Nervenzellen im Gehirn eine wichtige Rolle zu spielen. Synaptische Kontakte können neu entstehen oder aufgegeben werden und sie können die Effektivität der Erregungsübertragung verändern. Die Neurobiologie ist eine sich rasant entwickelnde Teildisziplin der Biologie. Bedeutende Hirnforscher wie beispielsweise Patricia Churchland beginnen, *das physikalische Substrat das »Gehirn« und die mentalen Fähigkeiten die »Seele« miteinander zu verschmelzen.*[1]

---

1. Neil A. Campbell, *Biologie*, Heidelberg, Berlin, Oxford, Spektrum Akademischer Verlag, 1997, S. 1112

Ein paar Lerntipps zum Abschluss

Lesen

Vielfach bewährt hat sich für die Aufnahme von Fachinformationen die sogenannte SQ3R-Methode. Die Abkürzung steht für

Survey,

das heißt Überblick, also die Entscheidung, ob und wie viel zu lesen ist

Question,

also Fragen, das heißt sich fragen, welchen »Gewinn« will ich aus der Lektüre ziehen

Read,

also Lesen. Um eine planvolle Informationsaufnahme kommt man nicht »herum«. Schnelllesetechniken sind dabei nicht unbedingt geeignet.

Recite,

bedeutet »Aufsagen« oder »Rekapitulieren«. Die Gehirnforschung hat gezeigt: »Nur die Übung macht den Meister!«

Review,

durch ständige »Rückschau« gelangt das Gelernte in das Langzeitgedächtnis!

Wichtig ist auch, dass du dir ein für dich praktikables System aneignest.

Lernkartei

Eine »Lernkartei« eignet sich hervorragend für die systematische Wiederholung von Lerninhalten.

Du kannst entweder auf Angebote des Fachhandels zurückgreifen oder dir aus einer Schachtel und zurechtgeschnittenem Papier selbst eine basteln.

Als Format für eine »Lernkarte« empfiehlt sich DIN A6, für Vokabeln evtl. auch DIN A7. Deiner Kreativität sind keine Grenzen gesetzt.

Tipps zum Einsatz einer Lernkartei

◇ In das erste Fach kommt eine überschaubare Anzahl von Karteikarten, die du in nächster Zeit lernen musst.

◇ Im ersten Durchgang kommen die Karteikarten, die beherrscht werden, in ein zweites Fach. Die Karten, die für dich noch ein Problem sind, bleiben im ersten Fach, bei den neu zu erlernenden Karten. Diesen Vorgang wiederholst du so lange, bis von den Kärtchen im ersten Fach nur noch wenige übrig sind.

◇ Dann kannst du das erste Fach mit neuem Material füllen, bis auch diese Informationen zum größten Teil in das zweite Fach gewandert sind.

◇ Wird der Platz im zweiten Fach knapp, kannst du die Karten im zweiten Fach wiederholen. Was du gewusst hast, steckst du in das Fach 3. Dort kannst du die Lernkarten einige Wochen ruhen lassen, um sie erneut zu wiederholen. Den Lernstoff, den du vergessen hast, steckst du zurück ins erste Fach.

◇ Beschäftige dich aber nicht endlos mit dem zweiten, sondern immer wieder auch mit dem ersten Fach.

◇ Wird das dritte Fach zu voll, nimmst du die Karten ganz heraus oder stellst sie in ein viertes und fünftes Fach!

Zusammenfassung

In diesem Kapitel hast du gelernt,

◇ wie Sinneszellen Informationen aufnehmen und codieren

◇ wie Nerven über Axone und Synapsen Informationen weiterleiten

◇ wie das Gehirn Informationen verarbeiten kann

◇ wie ein Muskel zur Kontraktion »überredet« werden kann

◇ wie sich Neurobiologen vorstellen, dass das Gedächtnis »funktioniert«

◇ wie du dir das Lernen erleichtern kannst

10

Fragen

1. Welches sind die »5 Sinne«?

2. Wie können unterschiedliche Reizstärken in der Nervenzelle codiert werden?

3. Warum können die Indios das Fleisch der Tiere essen, die sie mit mit Curare bestrichenen Pfeilen erlegt haben?

4. Unter welchen Voraussetzungen kann Stress sinnvoll sein?

5. Warum ist Stress unter diesen Bedingungen nicht so problematisch?

6. Was müssen wir tun, damit Gelerntes in das Langzeitgedächtnis kommt?

11

Das Immun-
system
schützt uns
vor Angreifern!

Noch vor wenigen Jahrzehnten gehörten Infektionskrankheiten zu den häufigsten Todesursachen. Die großen Pestepidemien des Mittelalters haben die Bevölkerung in Europa in Angst und Schrecken versetzt. Dies zu Recht, denn sie führten dazu, dass letztmalig in der Geschichte die Weltbevölkerung abnahm.

In diesem Kapitel werde ich dir einen Einblick in unser Immunsystem geben und du wirst erfahren,

◎ wie unser Immunsystem arbeitet

◎ wie wir uns vor Infektionskrankheiten schützen können

◎ was Heuschnupfen, Krebs und Organtransplantationen mit dem Immunsystem zu tun haben

◎ was bei AIDS im Körper passiert

Auch heute noch gehören Infektionskrankheiten zu den »Geißeln« der Menschheit.

◇ Trotz aller Erfolge in der Bekämpfung ist die Krankheit AIDS nach wie vor eine Bedrohung für viele Menschen. Vor allem in Zentralafrika sind zahlreiche Menschen, vor allem auch viele Kinder und Jugendliche, betroffen.

◇ Die »Vogelgrippe«, ausgelöst durch ein Virus, hat im Winter 2005/2006 viele Menschen verunsichert.

◇ »Biologische Kampfstoffe« standen im Verdacht, dass sie von Diktatoren als Druckmittel eingesetzt werden. Biologische Kampfstoffe könnten sehr vielfältig sein, beispielsweise auch krankheitserregende Bakterien und Viren.

◇ Aber auch so »altbekannte« Infektionskrankheiten wie beispielsweise Tetanus, Polio, Diphtherie, Scharlach, Röteln und Virusgrippe machen uns das Leben schwer.

Eine erstaunliche Verteidigungsanlage!

Mit Verteidigungsanlagen ist dies so eine Sache:

Sind sie sehr einfach, dann sind sie oft auch wenig sicher, sind sie aber sehr sicher, dann sind sie oft auch recht kompliziert. Da beim Immunsystem das Letztere zutrifft, werde ich versuchen, dir die wichtigsten Teile an Hand der Abbildung 11.1 zu erklären.

In diesem Zusammenhang spielen zwei Begriffe eine wichtige Rolle: Antigen und Antikörper.

◇ **Antigene** sind körperfremde Makromoleküle, die eine Immunreaktion auslösen.

◇ **Antikörper** sind Bestandteile des Immunsystems. Sie sind in der Lage, Antigene an sich zu binden und tragen auf diese Weise mit dazu bei, sie »unschädlich« zu machen.

Das Immunsystem reagiert mit einer spezifischen Antwort auf jeden Eindringling und inaktiviert oder zerstört ihn. Die Unterscheidung zwischen »körpereigen« und »fremd« erfolgt durch spezifische Moleküle an der Zelloberfläche.

Wie du der Abbildung 11.1 entnehmen kannst, gibt es eine *humorale* und eine *zelluläre* Immunantwort. Ich möchte sie dir beide kurz vorstellen.

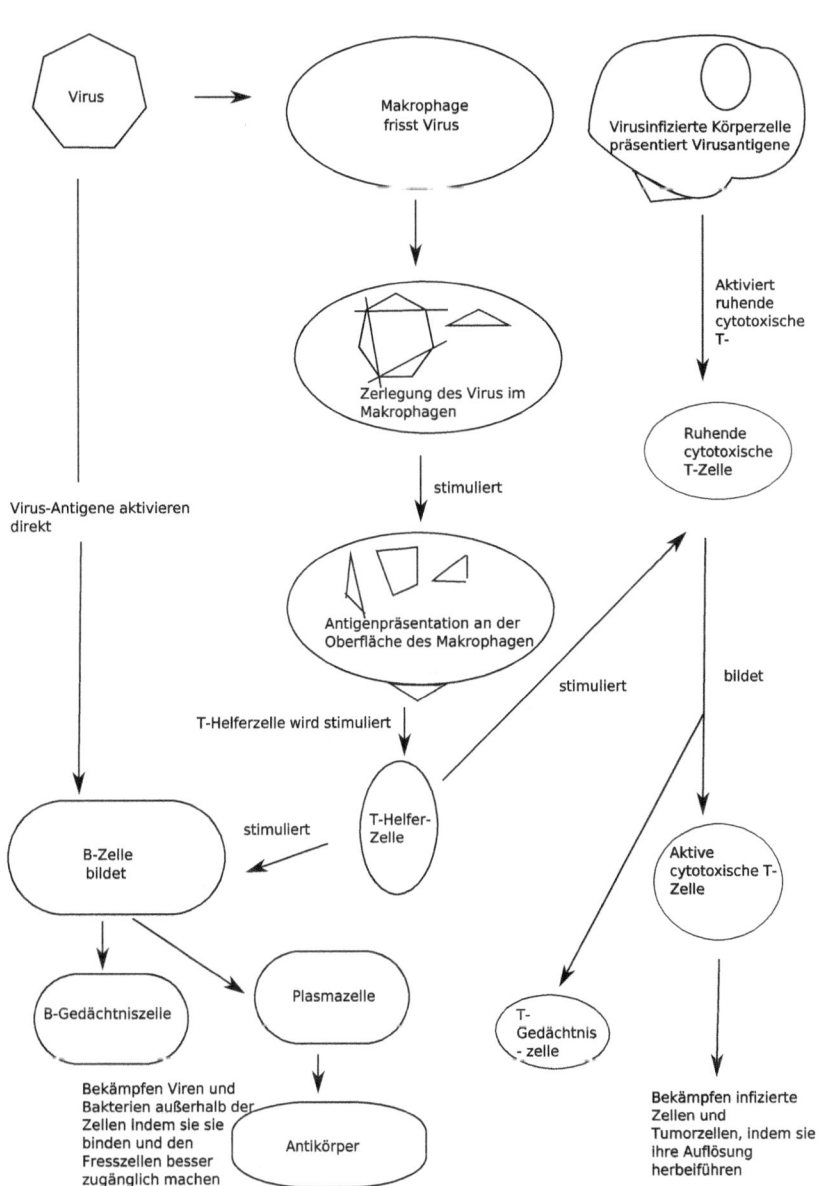

Virus

Makrophage frisst Virus

Virusinfizierte Körperzelle präsentiert Virusantigene

Zerlegung des Virus im Makrophagen

Aktiviert ruhende cytotoxische T-

Ruhende cytotoxische T-Zelle

stimuliert

Virus-Antigene aktivieren direkt

Antigenpräsentation an der Oberfläche des Makrophagen

stimuliert

bildet

T-Helferzelle wird stimuliert

T-Helfer-Zelle

stimuliert

B-Zelle bildet

Aktive cytotoxische T-Zelle

B-Gedächtniszelle

Plasmazelle

T-Gedächtnis-zelle

Bekämpfen Viren und Bakterien außerhalb der Zellen indem sie sie binden und den Fresszellen besser zugänglich machen

Antikörper

Bekämpfen infizierte Zellen und Tumorzellen, indem sie ihre Auflösung herbeiführen

Abb. 11.1: Humorale und zelluläre Immunantwort bei Erstkontakt mit einem Antigen

Humorale Immunantwort – schluss mit lustig!

Wenn ein Virus in unseren Körper eindringt, aktiviert er einen besonderen Zelltyp im Blut, so genannte *B-Zellen*. Dies sind Lymphozyten, die aus Stammzellen im Knochenmark gebildet werden und nach der Aktivierung durch Viren zu Plasmazellen und Gedächtniszellen werden.

Die *Plasmazellen* produzieren die Antikörper. Dies sind spezifische Proteine, die sich an bestimmte Oberflächenstrukturen, so genannte *antigene Determinante* binden. Sie sind so spezifisch, dass beispielsweise ein Antikörper gegen das Antigen eines Grippevirus nicht in der Lage ist, das Antigen eines AIDS-Virus zu binden. Die Spezifität geht so weit, dass ein Antikörper sich auch dann nicht mehr an das Antigen binden kann, wenn seine Struktur geringfügig verändert wurde. »Mutiert« ein Grippeerreger und verändert dadurch seine Proteine an der Oberfläche, können sich die »alten« Antikörper nicht mehr an ihn binden. Dies spielt eine Rolle bei der Grippeschutzimpfung. Ich werde später noch einmal darauf zurückkommen. Die Antikörper zerstören ihre spezifischen Antigene meist nicht, sondern »markieren« sie, damit sie von so genannten *Fresszellen*, den *Makrophagen* zerstört werden. Diese Fresszellen entstehen ebenfalls im Knochenmark aus Stammzellen und sind auch als *Leukozyten* oder *Weiße Blutkörperchen* bekannt. Sie nehmen die durch Antikörper markierten Antigene auf und »verdauen« sie.

Die *Gedächtniszellen* »merken« sich die Struktur eines Antigens, mit dem sie einmal bei einer ersten Infektion Kontakt hatten. Diese Fähigkeit, ein Antigen bei einer zweiten Infektion wiederzuerkennen, bezeichnet man auch als *immunologisches* Gedächtnis. Die Gedächtniszellen können sich bei einer erneuten Infektion mit einem bestimmten Antigen rasch vermehren und sofort zur Bildung der spezifischen Antikörper führen. Dies ist die Ursache, warum wir meist ein Leben lang gegen bestimmte Kinderkrankheiten immun sind, die wir als Kind hatten. Beim Abschnitt über Impfungen werde ich auf diese Gedächtniszellen noch einmal zurückkommen.

Der Begriff *Humoral* leitet sich vom lateinischen Wort »umor« für Flüssigkeit ab. Gemeint ist damit, dass sich die Antikörper gelöst in der Blutflüssigkeit, beziehungsweise in der Lymphflüssigkeit, befinden.

Zelluläre Immunantwort

Neben der humoralen Immunantwort gibt es noch eine weitere »Absicherung« bei der Bekämpfung von Antigenen, die *zelluläre Immunantwort*. Bei ihr spielen vor allem die so genannten T-Zellen, die vom HI-Virus, dem Erreger von AIDS, befallen werden können, eine Rolle. Die T-Zellen bekämpfen Erreger, beispielsweise Viren, die in Körperzellen eingedrungen sind. Es gibt verschiedene Arten von T-Zellen:

◇ T-Helferzellen scheiden Botenstoffe aus, die die B-Zellen und die »cytotoxischen« T-Zellen aktivieren.

◇ Cytotoxische T-Zellen sind in der Lage, die infizierten Zellen, aber auch Tumorzellen, zu töten.

Der Name T-Zelle leitet sich von einer wenig bekannten Drüse im Bereich des Herzens ab, der Thymus-Drüse. In ihr »reifen« die T-Zellen heran.

Die zelluläre Immunantwort ist auch für die Abstoßungsreaktionen bei Organtransplantationen verantwortlich.

Wie schützen wir uns vor Infektionen?

Sowohl die humorale als auch die zelluläre Immunantwort bietet einen Schutz vor Eindringlingen in unseren Körper. Wir können aber durch Schutzimpfungen auch selbst etwas zu unserem Schutz beitragen.

Unspezifische Abwehr von Krankheitserregern durch unseren Organismus

Bakterien, Viren, aber auch Pilze und andere Krankheitserreger haben verschiedene Barrieren zu überwinden, um in unseren Körper einzudringen:

◇ Die Haut mit ihrem Säureschutzmantel, die feuchte und klebrige Schleimhaut des Mund- und Rachenraums, aber auch die Magensäure sind Schutzeinrichtungen, die die Krankheitserreger nicht ohne weiteres überwinden können.

◇ Auch Lymphozyten und Leukozyten, das heißt die weißen Blutkörperchen, fressen fast alles auf, was sich ihnen in den Weg stellt, zumindest an Krankheitserregern.

◇ Lokale Entzündungserscheinungen erleichtern es den weißen Blutkörperchen, zu den Erregern vorzudringen.

Aktive und passive Immunisierung – Schutzimpfungen

Neben diesen unspezifischen Abwehrmechanismen haben wir in Form unseres Immunsystems auch eine Möglichkeit, sehr spezifisch einzelne Erreger gezielt zu bekämpfen. Im Rahmen der humoralen und zellulären Reaktion erkennt das Immunsystem Bakterien, Viren, Pilze, komplexe Giftstoffe, aber auch Organtransplantate und Tumorzellen als körperfremd und versucht, den »Fremdkörper« gezielt zu inaktivieren oder zu zerstören.

11

Immunität ist die Folge einer besonderen Reaktion des Immunsystems. Dabei unterscheidet man zwischen *aktiver* und *passiver Immunisierung*.

◇ Aktive Immunisierung

Aktive Immunisierung erfolgt, wenn ein Patient eine konkrete Infektionskrankheit wie Masern tatsächlich erleidet oder im Rahmen einer »Aktiven Schutzimpfung« mit dem betreffenden Antigen konfrontiert wird. Als Impfstoffe verwendet man meist abgetötete oder abgeschwächte Bakterien, inaktivierte Bakteriengifte oder Viren, eventuell auch isolierte Antigene, das heißt Makromoleküle. Diese Impfstoffe können die betreffende Krankheit nicht mehr auslösen, sind aber dennoch als Antigen so weit aktiv, dass sie die humorale und zelluläre Immunantwort auslösen können. Entscheidend ist, dass in jedem Falle Gedächtniszellen gebildet werden, so dass bei einer Infektion mit einem »aktiven« Erreger sofort die Bekämpfung einsetzen kann.

◇ Passive Immunisierung

Bei ihr werden Antikörper übertragen. Dies kann während der Schwangerschaft von der Mutter über die Nabelschnur in den Fötus erfolgen, zum Teil auch über die Muttermilch. Die Übertragung kann aber auch durch »Passive Schutzimpfung« stattfinden. Dabei werden einem Patienten Antikörper injiziert, die man aus bereits infizierten Menschen oder Tieren gewinnt. Diese Antikörper stehen nach der Impfung sofort zur Verfügung, das heißt, die Antigene werden unmittelbar bekämpft. Allerdings werden diese Antikörper wieder rasch »verstoffwechselt«, das heißt als Proteine im Körper wieder abgebaut, und sind dann nicht mehr vorhanden. Zum dauerhaften Schutz muss also in jedem Fall eine aktive Immunisierung erfolgen.

Allergien und Transplantationen

Vordergründig scheint es kaum nachvollziehbar zu sein, in einem Kapitel sowohl über Heuschnupfen und Krebs als auch über Infektionskrankheiten, Organtransplantationen und AIDS zu schreiben. So unterschiedlich die Ursachen dieser »Krankheiten« sind, haben sie dennoch eine Beziehung, nämlich das Immunsystem. In diesem Abschnitt wirst du einiges über »Fehlfunktionen« und Folgen von Immunreaktionen erfahren.

Heuschnupfen und Allergien

Zahlreiche Allergien, verbunden mit den unterschiedlichsten Symptomen, von denen einige an einen Schnupfen erinnern, wie beispielsweise anschwellende Nasenschleimhäute und tränende Augen, werden heute als *Heuschnupfen* bezeichnet. Es handelt sich dabei um »Überempfindlichkeitsreaktionen« unseres Immunsystems gegen bestimmte Antigene aus unserer Umwelt. Sie werden auch als *Allergene* bezeichnet und können sowohl in Nahrungsmitteln vorkommen als auch an der Oberfläche bestimmter Pollenkörner vorhanden sein. Auch Wespen- und Bienengift kann Allergien auslösen. Im Verlauf der allergischen Reaktion werden Histamin und andere entzündungsfördernde Stoffe freigesetzt. Als Folge dieser Freisetzung erweitern sich die Blutgefäße, was unter bestimmten Voraussetzungen zu einem rapiden Abfall des Blutdrucks führen kann. Mit Allergien ist nicht zu spaßen, sie sollten sehr ernst genommen werden. Bei einer bekannten Lebensmittelallergie ist der Allergie auslösende Stoff unbedingt zu meiden.

Hast du schon einen Spenderausweis?

Du kannst dir sicher vorstellen, um welche Spende es hier geht! Viele Organisationen versuchen, die Bevölkerung zu motivieren, stets einen Organspenderausweis bei sich zu tragen. Sollte jemand bei einem schweren Unfall sterben, könnten seine Organe einem anderen Menschen helfen zu überleben. Es dürfen aber nur dann Organe entnommen werden, wenn dies der erklärte Wunsch des Verstorbenen war – dokumentiert durch den von ihm unterschriebenen Spenderausweis.

Leider verlaufen Organtransplantationen aber nicht immer reibungslos. Häufig interpretiert das Immunsystem die transplantierten Organe als körperfremd. Sie stellen dann gewissermaßen »Antigene« dar, gegen die sich der Körper wehrt. Die Organe werden in der Folge »abgestoßen«. Um dies zu verhindern, verabreicht man Medikamente, die das Immunsystem unterdrücken. Bei eineiigen Zwillingen, die die gleiche genetische Information und damit die gleichen Proteine haben, tritt diese Abstoßung nicht auf. Auch bei Eltern und Geschwister kann die Abstoßung schwächer ausfallen.

Die Abstoßung bei Organtransplantationen ist aber keine »Fehlfunktion« unseres Körpers, sondern zeugt von einem gut funktionierenden Immunsystem.

AIDS – erworbene-Immunschwäche-Syndrom

Zu Beginn der 80er Jahre des 20. Jahrhunderts beobachtete man in den USA eine Zunahme von Krankheiten, wie eine besondere Form der Lungenentzündung oder einen besonderen Krebstyp, das *Karposi-Sarkom*. Diese Krankheiten treten im Normalfall nur bei Patienten auf, deren Immunsystem nur bedingt funktionsfähig ist. Nach ein paar Jahren stellte man fest, dass in all diesen Fällen die Krankheit von einem Virus, dem **HIV** – Humanes ImmunschwächeVirus – ausging und zur Krankheit **AIDS** – Acquired Immun Deficiency Syndrome – führte.

HIV infiziert unter anderem auch Zellen des Immunsystems, nämlich die T-Helferzellen, und zerstört sie. Wenn du dir noch einmal Abbildung 11.1 anschaust, kannst du dir gut vorstellen, welch verheerende Auswirkung dies bei der zentralen Stellung der T-Helferzellen für das Immunsystem hat.

Die Fähigkeit des HIV, sich als »Provirus« in das Genom zu integrieren, machen ihn für das Immunsystem nicht greifbar. Zudem zeigt HIV eine ausgesprochene »Mutationsfreudigkeit«, was seine Bekämpfung zusätzlich erschwert. Zu Beginn der Erkrankung kann das Immunsystem mit den T-Helferzellen das Virus noch ganz gut bekämpfen, ist aber im Lauf der Zeit mit den ständig neu entstehenden Varianten überfordert. Die zelluläre Immunantwort bricht zusammen. Es entstehen in der Folge so genannte *opportunistische* Krankheiten, wie beispielsweise das Karposi-Sarkom. Erst diese spätere Phase der Infektion wird normalerweise als AIDS bezeichnet. Sie ist charakterisiert durch den starken Abfall der Konzentration der T-Helferzellen und durch diese opportunistische Erkrankungen. Infizierte besitzen Antikörper gegen das Virus. Es kann gut nachgewiesen werden.

HIV wird durch Körperflüssigkeiten weitergegeben, die infizierte Zellen enthalten. Dies sind vor allem Blut und Sperma. Ungeschützter Geschlechtsverkehr, das heißt ohne Kondom, ist für die meisten AIDS-Fälle verantwortlich. Aber schon Neugeborene können über die Muttermilch infiziert werden. Der normale zwischenmenschliche Hautkontakt führt zu keiner Infektion!

Der beste Schutz vor einer HIV-Infektion ist im Augenblick geschützter Geschlechtsverkehr, das heißt die Verwendung von Kondomen.

Zusammenfassung

In diesem Kapitel hast du gelernt,

◇ dass die humorale und die zelluläre Immunantwort die zwei Pfeiler sind, auf denen das Immunsystem aufbaut

◇ dass wir uns durch aktive und passive Schutzimpfungen vor Infektionskrankheiten schützen können

◇ dass Allergien »Fehlfunktionen« des Immunsystems darstellen

◇ dass nach Transplantationen Organe durch eine Immunantwort abgestoßen werden können

◇ dass AIDS eine erworbene Immunschwäche darstellt, die auch heute noch nicht heilbar ist

Fragen

1. Wie erklärst du dir die Beobachtung, dass viele Menschen trotz funktionierendem Immunsystem mehrmals im Jahr an Grippe erkranken können?

2. Inwiefern kann die Mutter eine passive Immunität auf ihr Neugeborenes übertragen?

3. Was verstehst du unter unspezifischer Abwehr von Krankheitserregern? Wie funktioniert sie?

4. Wo greift der HIV in das Immunsystem ein?

5. Was passiert bei der Grippeschutzimpfung?

12

Evolution – stammt der Mensch vom Affen ab?

Kopernikus, Darwin und Freud haben den Menschen von seinem hohen Podest heruntergeholt und ihm gezeigt, dass er nicht unbedingt die »Krone der Schöpfung« ist, sondern ein kleiner Teil des gesamten Universums und Teil der Schöpfung. Insofern haben sie ihn »gekränkt«.

Ich werde mich in diesem Kapitel mit den folgenden Fragen beschäftigen:

- ◎ Was ist Evolution?

- ◎ Gibt es Hinweise auf eine Evolution?

- ◎ Was sind die Voraussetzungen, die Ursachen für eine Evolution?

- ◎ Wie stellen wir uns die Entwicklung zum »modernen« Menschen, zum Homo sapiens vor?

- ◎ Sind Schöpfungslehre und Evolution widersprüchlich?

Kennst du die drei großen »Kränkungen« der Menschheit?

◇ Kopernikus, der von 1473 bis 1543 lebte, stellte fest, dass sich die Erde zusammen mit vielen anderen Planeten um die Sonne dreht und dass sie sich nicht im Mittelpunkt des Alls befindet!

◇ Charles Darwin lebte von 1809 bis 1882. Er stellte mit seiner Evolutionstheorie fest, dass der Mensch wie alle anderen Lebewesen Ergebnis der Evolution ist.

◇ Sigmund Freud, der von 1856 bis 1939 lebte, beschrieb das Triebhafte im Menschen. Jeder Mensch ist ein Stück weit von seinen Trieben gesteuert, er ist nicht immer »Herr seiner selbst«!

Evolution oder Revolution – wo ist hier der Unterschied?

Schauen wir in einem Wörterbuch nach, finden wir unter dem Stichwort »Revolution« folgende Erklärung: *Umsturz der Gesellschaftsformation, Umwälzung aller bisher gültigen Dinge.* Unter dem Stichwort »Evolution« finden wir: *Entwicklung.*

Unter Evolution im biologischen Sinne versteht man die allmähliche Veränderung der Lebewesen im Verlaufe einiger Milliarden Jahre, von ihren Anfängen bis heute und ihre stammesgeschichtliche Entwicklung.

Die Evolution ist der zentrale Begriff der Biologie. Hier werden die wichtigen Themen aufgegriffen: die gewaltige Artenfülle, Ähnlichkeiten und Unterschiede verschiedener Arten, ihre Verteilung in der Welt und ihre fantastische Anpassung an die Umwelt.

Du wirst Hinweise aus vielen Bereichen der Biologie kennen lernen, die eine evolutionäre Sicht des Lebens bestätigen.

Du wirst aber auch erfahren, dass Mutation und Selektion die »Triebkräfte« der Evolution sind.

Evolution – wie ist die Beweislage?

Wie in jedem »Prozess« müssen wir uns als Erstes mit den Indizien beschäftigen. Du sollst die Beweise kennen lernen, die Darwin und auch heute lebende Wissenschaftler dazu bringen, die Evolution der Lebewesen als Tatsache zu akzeptieren.

Beweise aus der Anatomie – wir vergleichen Lebewesen!

Der Vergleich verschiedener, mehr oder weniger ähnlicher Lebewesen bietet erste Hinweise auf eine Evolution.

Homologien

Vergleicht man beispielsweise die Vordergliedmaßen der Säugetiere, findet man zum Teil sehr unterschiedliche »Formen«:

◇ Fledermäuse haben Flügel zum Fliegen.

◇ Maulwürfe haben massive Vorderbeine zum Graben.

◇ Delfine haben Flossen zum Schwimmen.

◇ Gazellen haben zierliche Beine, um schnell zu laufen.

Diese Vorderextremitäten schauen sehr unterschiedlich aus. Sie sind an die jeweilige Lebensform hervorragend angepasst.

Dennoch haben sie einen gemeinsamen »Grundbauplan«:

◇ Oberarmknochen

◇ Zwei Unterarmknochen – Elle und Speiche

◇ Handwurzelknochen

◇ Mittelhandknochen

◇ Fingerknochen

Dieser gemeinsame Grundbauplan ist das Ergebnis einer gemeinsamen genetischen Information. Man bezeichnet dieses »Phänomen« als *Homologie*. Homologien sind Folge gemeinsamer genetischer Information und können als erstes Indiz für eine Evolution angesehen werden. Denn eine gemeinsame genetische Information ist immer auch ein Hinweis auf gemeinsame Vorfahren. Im Kapitel über Genetik hast du erfahren, dass die genetische Information über Ei- und Samenzelle von Generation zu Generation weitergegeben wird.

Man muss jedoch Acht geben, dass nicht jede »vordergründige« Ähnlichkeit als Homologie und somit als Beweis für stammesgeschichtliche Verwandtschaft interpretiert wird.

Analogien

◇ Schmetterlinge fliegen

◇ Fliegende Fische fliegen

◇ Flugechsen fliegen

◇ Adler fliegen

◇ Fledermäuse fliegen

Während die Schmetterlinge als Insekten einer gänzlich anderen Tierklasse zuzuordnen sind, handelt es sich bei fliegenden Fischen, Flugechsen, Adlern und Fledermäusen um Wirbeltiere.

Die genannten Tiere haben als übereinstimmendes Merkmal Flügel. Es wäre freilich falsch zu behaupten, Schmetterlinge und Fledermäuse würden in einer stammesgeschichtlich engeren Beziehung stehen als etwa Fledermäuse und Gazellen, nur weil sie beide Flügel haben.

Das gemeinsame Merkmal »Flügel« zeigen sie nur, weil Flügel zur Fortbewegung in der Luft als »Tragflächen« am besten geeignet sind. Flügel sind also hier eine Anpassung verschiedenster Lebewesen an den gleichen Lebensraum, nämlich an die Fortbewegung in der Luft. Derartige Phänomene werden auch als *konvergente Entwicklung* bezeichnet, beruhen nicht auf einer übereinstimmenden genetischen Information und sind somit auch kein Beweis für eine stammesgeschichtliche Beziehung. Die Flügel der Schmetterlinge haben mit den Flügeln der Fledermäuse nur die »Tragflächenform« gemeinsam, ihre Anatomie unterscheidet sich jedoch grundlegend:

◇ Fledermäuse besitzen ein Innenskelett aus Kalk mit »normalen« Vordergliedmaßen aus Oberarm, Unterarm und Hand, die zu Flügeln umgewandelt sind.

◇ Schmetterlinge besitzen ein Außenskelett aus Chitin, mit einer indirekten Flugmuskulatur, wobei die Flügel Ausstülpungen des Außenskeletts sind.

Diese »äußeren« Übereinstimmungen, die das Ergebnis einer Anpassung an ähnliche Umweltbedingungen sind, bezeichnet man als *Analogien*.

Analogien sind kein Hinweis auf eine stammesgeschichtliche Beziehung.

Rudimentäre Organe

Rudimentäre, also funktionslose Organe bieten ebenfalls Hinweise auf eine Evolution. Beispiele für rudimentäre Organe beim Menschen sind:

◇ Wurmfortsatz des Blinddarms

◇ Steißbein

◇ Restbehaarung

◇ Weisheitszähne

Wie du den Beispielen schon entnehmen kannst, sind das Organe, die bei unseren Vorfahren noch stärker ausgebildet waren, sich aber im Verlauf der Jahre zurückgebildet haben:

◇ Der Wurmfortsatz ist beispielsweise bei Pflanzenfressern wie dem Pferd wesentlich länger und für die Verdauung der pflanzlichen Nahrung sehr wichtig.

◇ Das Steißbein ist der kümmerliche Rest der verlängerten Schwanzwirbelsäule.

◇ Die Restbehaarung zeugt davon, dass unsere Vorfahren vor vielen 10.000 Jahren noch eine Ganzkörperbehaarung hatten.

◇ Die Weisheitszähne sind ein Hinweis darauf, dass vor vielen Jahren in einem größeren Ober- und Unterkiefer noch mehr Zähne Platz hatten.

Manchmal werden diese Organe bei einzelnen Lebewesen, auch bei Menschen, wieder verstärkt ausgebildet. So werden beispielsweise immer wieder einmal Babys geboren, die einen kleinen Schwanzstummel haben, also ein stärker ausgeprägtes Steißbein. Es gibt auch Menschen, bei denen die Körperbehaarung stärker ausgeprägt ist.

Vergleichende Embryologie

Die Embryologen beschäftigen sich mit der Entwicklung der befruchteten Eizelle bis zur Geburt beziehungsweise bis zum Schlüpfen aus dem Ei. Vergleichende Untersuchungen der Embryologen haben ergeben, dass sich viele näher verwandte Tiergruppen im Erwachsenenstadium deutlich voneinander unterscheiden, wogegen sie während der Embryonalentwicklung oft in wesentlichen Grundzügen Gemeinsamkeiten aufweisen.

Säugetiere, und somit auch der Mensch, haben beispielsweise während der frühen Embryonalentwicklung ein S-förmig gebogenes Röhrenherz und Kiemenspalten wie die Fische.

Von dieser Grundregel gibt es viele Ausnahmen. Im Embryonalstadium werden Merkmale ausgebildet, die nur für dieses Embryonalstadium einen Sinn haben. Es wäre nicht richtig zu behaupten, die Säugetiere durchliefen beispielsweise während ihres Embryonalstadiums ein »Fischstadium«.

Genetik und Biochemie

Auch Genetik und Biochemie liefern »schlagende« Beweise für eine Evolution.

Genetischer Code

Erinnerst du dich noch an den genetischen Code?

Der *genetische Code* ist universell, das heißt, er ist sowohl beim Darmbakterium Escherichia coli als auch beim Menschen gleich. Dies bedeutet, dass er in gleicher Weise bei Lebewesen gilt, die schon einige Milliarden Jahre alt sind, als auch bei Lebewesen, die erst seit ein paar Hunderttausend Jahren auf der Erde leben. Warum sollte ein so komplexer genetischer Code bei so unterschiedlichen Lebewesen immer gleich ausgeprägt sein? Der einzige Grund, der vorstellbar ist, wäre, dass alle heute lebenden Organismen von einigen wenigen Organismen abstammen, die schon vor Milliarden von Jahren diesen genetischen Code hatten.

Vergleich der Basensequenz der DNS

Mit modernen Techniken lassen sich die Basensequenzen verschiedener Lebewesen miteinander vergleichen. Dazu setzt man die Technik der DNS-Hybridisierung ein, bei der jeweils einsträngige DNS zweier verschiedener Lebewesen, wie beispielsweise Mensch und Schimpanse, »im Reagenzglas« kombiniert werden. Je mehr Basenabfolgen übereinstimmen, desto stärker ist die komplementäre Basenpaarung. Schlage an dieser Stelle ruhig noch einmal im Genetikkapitel nach! Der Grad der komplementären Basenpaarung zwischen den beiden Lebewesen kann bestimmt werden. Je stärker die Basenabfolge aber übereinstimmt, umso ähnlicher ist die genetische Information und umso näher sind die beiden Lebewesen verwandt!

Auf diese Weise konnte nachgewiesen werden, dass die Übereinstimmung der genetischen Information zwischen dem Menschen und den Menschenaffen in der Reihenfolge Schimpanse, Gorilla und Orang-Utan abnimmt.

Vergleich der Aminosäuresequenz der Proteine

Wie du schon weißt, sind die Proteine das »Ergebnis« der genetischen Information. Dies bedeutet aber auch, dass Übereinstimmungen in der Aminosäuresequenz bei den gleichen Proteintypen unterschiedlicher Lebewesen immer auch ein Hinweis auf eine stammesgeschichtliche Beziehung sind. Vergleicht man beispielsweise die Aminosäuresequenz des Insulins von Mensch, Schwein und Rind, stellt man fest, dass sie sich nur in wenigen Aminsäuren unterscheiden.

Übereinstimmende Aminosäuresequenz beim gleichen »Proteintyp« ist immer ein Nachweis für eine kongruente genetische Information. Die gleichartige genetische Information ist aber stets ein Hinweis auf eine stammesgeschichtliche Beziehung, denn die genetische Information wird von Generation zu Generation weitergegeben!

Auch die Verhaltensforschung liefert Hinweise!

Der Vergleich von Verhaltensweisen verschiedener Lebewesen liefert ebenfalls Hinweise auf eine Evolution.

Mensch und Schimpanse haben zum Teil eine vergleichbare Mimik. Drohen und Wut zeigen sich bei beiden in einem ähnlichen Gesichtsausdruck. Auch der Klammerreflex, den Neugeborene zeigen, kommt beim Menschen und den Menschenaffen vor.

Nah verwandte Entenarten haben beispielsweise ähnliche Balzrituale. Da es sich dabei um angeborene Verhaltensweisen handelt, beruhen sie auf einer übereinstimmenden genetischen Information.

Paläontologie – die Welt der Dinos

Für dich sind Fossilien bestimmt eine faszinierende Erscheinung. Kaum ein anderes Lebewesen übt eine größere Faszination aus als die ausgestorbenen Saurier. Und viele junge Menschen sind wahre Spezialisten auf diesem Gebiet! Ich möchte dir in diesem Abschnitt etwas ausführlicher die Bedeutung der Fossilfunde für die Evolutionsforschung zeigen.

Fossilien sind zwar für sich alleine betrachtet noch kein Beweis für eine Evolution, aber zusammen mit den bisher genannten Hinweisen wieder ein ernst zu nehmender Anhaltspunkt dafür, dass eine Evolution stattgefunden hat.

Die Fossilien und ihre zeitliche Abfolge bestätigen das, was durch die anderen Indizien über den Stammbaum des Lebens schon bekannt ist.

Eher selten findet man vollständig erhaltene Körper wie im Bernstein eingeschlossene Insekten oder Mammuts in den Dauerfrostböden Sibiriens. Meist entdeckt man nur Skelettteile, Abdrücke von Weichteilen, aber auch Fußspuren oder Kriechspuren.

Der Archaeopteryx – ein fossiles Brückentier

Der Archaeopteryx ist eines der interessantesten Fossilien. Er stellt ein »fossiles Brückentier« dar. Unter *Brückentieren* versteht man Tiere, die zwischen größeren systematischen Gruppierungen »vermitteln«. Der Archaeopteryx steht zwischen den Reptilien und den Vögeln. Die Biologen stellen sich vor, dass er als Modell für den Übergang von Reptilien zu den Vögeln dienen kann.

◇ »Reptilienmerkmale« des Archaeopteryx:

* Kiefer mit Zähnen

* Finger mit Krallen

* Verlängerte Schwanzwirbelsäule

◇ »Vogelmerkmale« des Archaeopteryx

* Gefieder

* Vogelähnlicher Schädel

* Mittelfußknochen zum »Lauf« verwachsen

Die bisher etwa zehn mehr oder minder gut erhaltenen Skelette der Gattung Archaeopteryx stammten aus den Schichten des oberen weißen Jura bei Eichstätt und Solnhofen. Das erste Skelett wurde 1855, das bisher letzte Exemplar 2005 entdeckt.

Schnabeltier – ein lebendes Brückentier

Es werden jedoch nicht nur »versteinerte«, das heißt fossile Brückentiere gefunden, sondern manche Arten erfreuen sich noch immer ihres Lebens, auch wenn sie sehr selten geworden sind. Ein noch lebendes Brückentier ist das Schnabeltier Australiens. Es hat sowohl Merkmale der Reptilien als auch der Säugetiere, »vermittelt« also zwischen diesen beiden Wirbeltierklassen.

◇ »Reptilienmerkmale« des Schnabeltiers

* Legt reptilienähnliche Eier

* Besitzt eine Kloake, das heißt eine gemeinsame Öffnung für Ausscheidungs- und Geschlechtsorgane

* Die Körpertemperatur ist mit etwa 32° C für Säugetiere sehr niedrig

* Männliche Schnabeltiere haben Giftsporne

◇ »Säugetiermerkmale« des Schnabeltiers

* Fell

* Milchdrüsen

Die stark ausgeprägten Reptilienmerkmale weisen darauf hin, dass die Schnabeltiere einem sehr »frühen Ast« in der Stammesgeschichte der Säugetiere zuzuordnen sind.

Der Quastenflosser, ein Fisch, der in den tiefen Gewässern vor Madagaskar immer wieder einmal gefunden wird, ist ebenfalls ein Beispiel für ein lebendes Brückentier. Er steht »vermittelnd« zwischen den Fischen und den Amphibien.

Folgerungen aus der Fossilgeschichte

◇ Je weiter man in der Erdgeschichte zurückgeht, umso mehr unterscheiden sich Flora und Fauna von heutigen Verhältnissen.

◇ Ältere Formen sind weniger komplex als jüngere.

◇ Entwicklungsvorgänge sind nicht umkehrbar. Beispielsweise haben Wale keine Kiemen mehr ausgebildet, obwohl sie diese embryonal sogar anlegen. Sie müssen als Säugetiere zum Atmen an die Wasseroberfläche kommen.

◇ Viele Tier- und Pflanzengruppen wie die Saurier sind auf bestimmte Perioden beschränkt und dann ausgestorben.

◇ Andere Formen haben als lebende Fossilien überlebt. Beispiele dafür sind Quastenflosser und Schnabeltier. Für ihre Entstehung scheint die Isolation vor Konkurrenten von Bedeutung gewesen zu sein.

Das zeitliche Auftreten der verschiedenen Wirbeltierklassen in der Fossilgeschichte stimmt mit dem »Stammbaum« überein, der sich durch die anderen Beweise herauskristallisierte.

So sind die Fische die ältesten Fossilien unter den Wirbeltieren, gefolgt von den Amphibien und Reptilien, den Vögeln und den Säugetieren.

Die Beweislage ist »erdrückend«, eine Evolution, das heißt, eine Entwicklung der Lebewesen, hat stattgefunden.

Im nächsten Abschnitt möchte ich dir zeigen, wie sich die Biologen die Ursachen der Evolution vorstellen.

Charles Darwin – die Entstehung der Arten

Die Unveränderlichkeit der Arten war bis in das beginnende 19. Jahrhundert hinein ein Dogma. Die Naturforscher trauten sich nicht, gegen diese Lehrmeinung zu verstoßen.

Dennoch hatte auch Darwin Vorläufer. Ich stelle dir im folgenden Abschnitt die wichtigsten vor.

Darwins Vorläufer

Man könnte sagen, dass mit Darwin die Zeit reif war für die Veröffentlichung seiner Schrift der öffentlichen Diskussion seiner Theorie. Die Zeit der Aufklärung und die Französische Revolution am Ende des 18. Jahrhunderts haben viel zur »Stärkung« der modernen Naturwissenschaften beigetragen.

◇ Cuvier 1769–1832

✳ Cuvier, ein französischer Arzt, war der Begründer der modernen Paläontologie. Er untersuchte die Versteinerungen des Pariser Beckens. Er stellte fest, dass für jede Schicht eine bestimmte Zusammensetzung der Arten typisch war. Je tiefer die Schichten waren, umso weniger waren die dort gefundenen Lebewesen den heute lebenden Organismen ähnlich. Diese Veränderung der Zusammensetzung der Lebewesen im Verlauf der Erdgeschichte erklärte er nicht mit einem Artenwandel. Vielmehr ging er von großen Katastrophen aus wie Überschwemmungen, die immer wieder Organismen zum Aussterben brachten. Nach diesen Ereignissen wird seine Vorstellung als »Katastrophentheorie« bezeichnet.

◇ Lyell 1797–1875

✳ Er war einer der führenden Geologen seiner Zeit und begründete das Aktualitätsprinzip. Nach ihm haben sich die Kräfte, die die Erde gestalten, weder in ihrer Art noch in ihrer Auswirkung geändert, das heißt, was wir heute an Veränderungen beobachten können, war auch schon vor vielen Millionen Jahren gültig.

◇ Lamarck 1744–1829

✳ Lamarck, der ursprünglich auch ein Vertreter der »Artkonstanz« war, wurde zu einem der ersten bekannten Vertreter des Artenwandels. Die graduellen Ähnlichkeiten zwischen den Lebewesen beruhten nach seiner Überzeugung auf verwandtschaftlichen Beziehungen. Er erklärte die auffälligen Zweckmäßigkeiten im Bau von Organen als »Anpassungserscheinungen« der Lebewesen an ihre Umwelt. Beispielsweise bekommt ein körperlich hart arbeitender Mensch Schwielen an den Händen. Lamarck ging allerdings von einer Vererbung dieser im Verlauf des Lebens erworbenen individuellen Eigenschaften aus. Dies konnte bis heute nicht bestätigt werden. Lamarcks Verdienste um die Evolution können nicht genügend gewürdigt werden. Sein Erklärungsversuch entspricht zwar nicht den heutigen Vorstellungen. Er hat aber zu einer Zeit, als Naturwissenschaftler noch nicht an einen Artenwandel glauben konnten oder wollten, an eine Evolution geglaubt. Für Lamarck war aber die Evolution die beste Erklärung für das Auftreten der Fossilie. Kein Wunder, dass er von Cuvier angefeindet wurde, der an der Artkonstanz festhielt, ohne an eine Schöpfung Gottes zu glauben!

Darwin – warum die Giraffen lange Hälse haben!

Charles Darwin lebte von 1809 bis 1882. Er war ein typisches Kind seiner Zeit. Er studierte zunächst Medizin, später Theologie, wandte sich aber wie viele anglikanische Geistliche der Naturbeobachtung zu. Als Zweiundzwanzigjähriger erhielt er die einmalige Chance, mit einem Vermessungsschiff der britischen Marine an einer Weltumsegelung teilzunehmen. Die »Beagle« hatte den Auftrag, die Küsten Südamerikas zu vermessen. Darwin sollte als Naturforscher die Expedition begleiten.

Darwin fielen zunächst die geografischen Besonderheiten der südamerikanischen Flora und Fauna und der dort gefundenen Fossilien auf. So waren beispielsweise die Fossilien, die er fand, den heute in Südamerika lebenden Arten ähnlich, sie unterschieden sich aber von den Fossilien, die in Europa gefunden wurden.

Besonders beeindruckt war Darwin von den Galapagos-Inseln, die vulkanischen Ursprungs sind. Sie liegen in Äquatornähe im Pazifik, etwa 900 Kilometer vom südamerikanischen Festland entfernt. Er fand dort eine Fauna, die es nirgendwo sonst auf der Erde gibt. Dennoch gleicht sie der des südamerikanischen Kontinents. Besonders widmete er sich der Beobachtung von Vögeln. Er fand auf den Galapagos-Inseln 13 Finkenarten, die sich zwar in ihrer Ernährung zum Teil erheblich unterschieden, aber offensichtlich dennoch nahe verwandt waren.

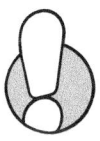

Als er nach der Rückkehr seine Beobachtungen zusammenfasste, war er immer mehr davon überzeugt, dass neue Arten aus älteren Vorfahren durch Anpassung entstehen.

Die Vorstellungen Darwins zur Entstehung der Arten

◇ Alle Arten haben mehr Nachkommen`, als zur Erhaltung ihrer Art nötig wäre. Ihre Population würde exponentiell wachsen.

◇ Populationen sind jedoch fast immer, von saisonalen Schwankungen abgesehen, relativ stabil.

◇ Da die Lebewesen mehr Nachkommen produzieren. als zur Erhaltung einer Art nötig wäre und als ein Biotop tragen kann, kommen nur diejenigen zur Fortpflanzung, die am besten geeignet sind. Es kommt zum »Kampf ums Überleben«, zum »struggle for life«, wobei die weniger gut Geeigneten im Lauf der Jahre aussterben. Darwin selbst betonte immer wieder, dass er »struggle for life« und »survival of the fittest« in einem metaphorischen, also »übertragenen« Sinne versteht.

◇ Die Vertreter einer Art sind nie gleich, sie unterscheiden sich in zahlreichen Merkmalen, also in ihrem Phänotyp.

◇ Nur erbliche Varianten spielen eine Rolle.

◇ In der Vergangenheit spielten die gleichen Faktoren eine Rolle wie heute.

Aus diesen Beobachtungen lässt sich schließen, dass für das Überleben einer Art nicht so sehr der Zufall eine Rolle spielt, sondern die Erbfaktoren der Individuen. Die an eine bestimmte Umwelt besser angepassten Individuen einer Art haben mehr Nachkommen als die weniger gut angepassten. Sie vererben ihre durch die Erbfaktoren bedingten Merkmale an die nächste Generation weiter.

> Doch warum haben nun die Giraffen lange Hälse?
>
> Diese Frage ist ein »Prüfungsklassiker« unter den Biologen. Ich will dir im folgenden Abschnitt zeigen, wie Lamarck und Darwin jeweils die »Langhalsigkeit« der Giraffen erklärt hätten.

Die Langhalsigkeit der Giraffen – 1. Akt

Lamarck hätte die Entstehung der Langhalsigkeit wie folgt erklärt:

In grauer Vorzeit herrschte eine große Dürre.

Immer mehr Tiere der Steppe starben, denn das Gras war vertrocknet. Nur noch einige Bäume, deren Wurzeln tief ins Erdreich ragten, trugen saftige, grüne Blätter. Die Tiere der Steppe waren aber zu klein, um an die Blätter zu gelangen. Einige besonders schlaue Tiere versuchten, ihre Hälse nach den Blättern zu strecken und bekamen dadurch etwas längere Hälse. So gelangten sie an ein paar weiter unten hängende Blätter und überlebten. Sie konnten sich fortpflanzen und ihre Nachkommen hatten schon als Kinder etwas längere Hälse. Auch sie waren schlau und streckten sich noch mehr. Auf diese Weise wurden ihre Hälse von Generation zu Generation immer länger. Merkmale, die sie im Laufe ihres Lebens durch verstärkten Gebrauch eines Organs, des Halses, erworben haben, vererbten sie an die nächsten Generationen weiter.

Die Langhalsigkeit der Giraffen – 2. Akt

Darwin hätte die Entstehung der Langhalsigkeit wie folgt erklärt:

In grauer Vorzeit herrschte eine große Dürre.

Immer mehr Tiere der Steppe starben, denn das Gras war vertrocknet. Nur noch einige Bäume, deren Wurzeln tief ins Erdreich ragten, trugen saftige, grüne Blätter. Die Tiere der Steppe waren aber **meist** *zu klein, um an die*

Blätter zu gelangen. Einige wenige Tiere hatten schon immer etwas längere Hälse, fielen aber bis zur großen Dürre kaum auf. Sie hatten mit ihren längeren Hälsen, die sie besonderen Erbfaktoren verdankten, eher Schwierigkeiten, an das Wasser der dürftigen Wasserstellen zu gelangen. Jetzt aber, da am Boden kein Wasser mehr war, kamen sie mit ihren langen Hälsen an die saftigen Blätter der Bäume, konnten so überleben und Nachkommen zeugen.

Die Langhalsigkeit der Giraffen – 3. Akt

Hast du den Unterschied zwischen Lamarck und Darwin entdeckt?

Lamarck geht davon aus, dass die Vorfahren der Giraffen »aktiv« ihre Hälse streckten und dass dadurch die Hälse in einer Generation etwas länger wurden. Die Tiere vererbten dieses Merkmal, das sie im Verlauf ihres Lebens bekamen, an ihre »Kinder« weiter. Lamarck geht also von einer Vererbung von Eigenschaften aus, die die Organismen im Laufe ihres Lebens als Anpassung an die Umwelt erreichten. Wir wissen heute, dass die Umwelt keinen »steuernden« Einfluss auf die Erbinformation hat. Mutationen, also Veränderungen der Erbinformation, sind rein zufällig und nie irgendwelche Anpassungen an eine bestimmte Umwelt!

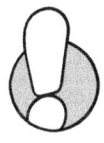

Darwin ging davon aus, dass die Individuen einer Art »variieren«, aber nur erbliche Varianten eine Rolle spielen. Es überleben nur die Individuen einer Art, die an eine bestimmte Umwelt gut angepasst sind. Wir sprechen von *Selektion* oder einer *natürlichen Auslese*. Die weniger gut angepassten Individuen sterben im Laufe der Zeit aus. In seinem Werk »Die Entstehung der Arten« schildert Darwin die Evolution als historisches Ereignis und führte die Selektion als **den** Mechanismus, als die »richtende« Triebkraft für eine Entwicklung des Lebens ein.

Die »Synthetische Theorie« – wie sehen Biologen heute die Evolution?

Fakt ist, dass eine Evolution stattgefunden hat und immer noch stattfindet! Die Indizien sind eindeutig, die Beweislast ist erdrückend.

Die Frage ist nur: Wie hat sie stattgefunden?

Die Evolutionstheorie gilt heute als eine der sichersten naturwissenschaftlichen Theorien. Sie wird durch überprüfbare Fakten gestützt.

Erinnern möchte ich dich an dieser Stelle nur daran, dass Darwin noch keine Ahnung hatte von den Regeln Gregor Mendels, von Mitose und Meiose, von Chromosomen und der DNS, ganz zu schweigen vom genetischen Code und Genmutationen.

Mitte des letzten Jahrhunderts integrierten Populationsgenetiker und Evolutionsbiologen die Erkenntnisse der Molekulargenetik in die Evolutionstheorie, es entstand die »Synthetische Theorie der Evolution«. Ihre wichtigsten Punkte sind:

◇ Mutation und Rekombination

◇ Gendrift

◇ Selektion

◇ Reproduktive Isolation

    * geografisch

    * ökologisch

Mit diesen Evolutionsfaktoren werde ich mich in den nächsten Abschnitten beschäftigen.

Altbekanntes taucht wieder auf!

Rekombination, das heißt die zufällige Verteilung der Erbinformation bei der Bildung der Geschlechtszellen und Mutationen hast du schon im Genetikkapitel kennen gelernt. Ich muss nicht mehr näher auf sie eingehen. Sie sind **die** Voraussetzungen für die »erblichen Varianten«. Ich möchte dich aber nochmals auf den »zufälligen« Charakter der Mutationen hinweisen. Auch durch Bestrahlung verursachte Mutationen sind stets »ungerichtet« und keinesfalls eine »planmäßige« Mutation auf einen bestimmten Umweltfaktor hin!

Gendrift oder Sewall-Wright-Effekt

In jeder Population kommen die verschiedenen Gene mit einer bestimmten Häufigkeit vor, einer bestimmten »Genfrequenz«. Wenn beispielsweise ein Getreidefeld, auf dem eine Mäusepopulation lebt, bei Hochwasser überschwemmt wird, werden nur sehr wenige Mäuse überleben. Ihre Genfrequenz wird sich mit großer Wahrscheinlichkeit von der der Ausgangspopulation unterscheiden.

Wenn sich eine Insel durch Vulkanaktivität neu aus dem Meer erhebt, wird sie im Lauf der Zeit von Lebewesen besiedelt. Die »Gründerindividuen« stellen eine zufällige Auswahl der Lebewesen auf dem Festland dar. Auch dies ist ein Beispiel für die Gendrift!

Selektion – der »zentrale Begriff« der Evolutionstheorie

Schon der griechische Philosoph Demokrit stellt vor mehr als 2000 Jahren fest:

> Alles, was im Weltall existiert, ist die Frucht von Zufall und Notwendigkeit.

Du hast mit Mutation, Rekombination und Gendrift »zufällige« Faktoren des Evolutionsprozesses kennen gelernt.

Die Selektion ist **der** »richtende« Faktor der Evolution, die »Notwendigkeit«. Die Selektion setzt an den durch Mutation und Rekombination zufällig geschaffenen Varianten an.

Die Selektion führt zu einer gerichteten Veränderung der Genfrequenz in einer Population.

Abiotische Selektionsfaktoren

Die abiotischen Faktoren, die ein Organismus zum Leben braucht, sind die gleichen Einflüsse, die darüber »entscheiden«, ob ein Tier oder eine Pflanze besser an seine Umwelt angepasst ist und somit mehr Nachkommen haben wird.

Beispielsweise kommen auf sturmumtosten Inseln mehr flügellose Mutanten der Fliege Drosophila melanogaster vor als auf dem Festland. Warum?

Fliegen, die normal fliegen können, haben auf diesen Inseln einen Selektionsnachteil. Sie erheben sich in die Luft – und schon sind sie vom Sturm aufs offene Meer »geblasen« worden. Von dort kommen sie meist nicht mehr auf die Insel zurück und sterben. Fliegen ohne Flügel haben zwar auf dem Festland einen Selektionsnachteil, denn sie kommen weniger leicht von Futterquelle zu Futterquelle, aber da sie nicht fliegen können, werden sie auf den Inseln auch nicht aufs Meer hinausgeweht. Sie kommen auf den Inseln öfter zur Fortpflanzung und können sich deshalb stärker vermehren.

Erinnere dich auch daran, dass die Eisbären größer sind als die Braunbären der wärmeren Zonen. Auch dies ist ein abiotischer Selektionsfaktor.

Neben Sturm und Temperatur gibt es noch zahlreiche weitere Selektionsfaktoren:

◇ Luftfeuchtigkeit

◇ Lichtverhältnisse

◇ Salzgehalt des Wassers oder des Bodens

Auch Gifte können Selektionsfaktoren sein. Sicher hast du schon einmal von der Resistenz der Bakterien gegen bestimmte Antibiotika gehört. Die für uns »heilsamen« Antibiotika sind für die Krankheitserreger Gifte. Wenn Bakterien eine Resistenz gegen ein bestimmtes Antibiotikum entwickeln, ist dieses »Gift« ein Selektionsfaktor:

Nur die resistenten Bakterien werden überleben, die anderen werden »ausselektiert«!

Biotische Selektionsfaktoren

Biotische Selektionsfaktoren stammen aus der belebten Umwelt:

◇ Fressfeinde oder Parasiten

◇ Geschlechtsgenossen beim Kampf um einen Paarungspartner oder um Nistplätze und Nahrung.

Für die Selektion durch Fressfeinde gibt es als Beispiel einen »Klassiker«:

Es gibt einen Schmetterling, den Birkenspanner. Er lebt vor allem auf Birken und ist durch seine Körperfarbe hervorragend an diesen Untergrund angepasst, das heißt, er ist getarnt. Mitte des 19. Jahrhunderts fand man in England die ersten dunkel pigmentierten Birkenspanner und um die Jahrhundertwende waren fast alle Vertreter dieser Art dunkel gefärbt. Die dunkle Verfärbung war die Folge der zunehmenden Industrialisierung und der damit verbundenen Luftverschmutzung. Zur damaligen Zeit gab es noch keine »Rußfilteranlagen«, so dass die hellen Birkenstämme durch Rußablagerung immer dunkler wurden. Doch welche Bedeutung hatte dies für die Schmetterlinge?

Es gab schon immer dunkle Mutanten des Birkenspanners. Die Vögel entdeckten diese weniger gut getarnten Schmetterlinge auf der Oberfläche der hellen Birkenrinde relativ leicht und fraßen sie als erste. Dadurch waren es immer sehr wenige dunkle Birkenspanner, die überlebten, sie konnten sich nicht sehr stark vermehren.

Als die Birken durch Ruß immer dunkler wurden, kehrten sich die Verhältnisse um. Jetzt entdeckten die Vögel die helleren Mutanten leichter und fraßen diese als erste. Die dunkleren überlebten unter diesen Bedingungen leichter, kamen somit verstärkt zur Fortpflanzung und vermehrten sich immer stärker. Dieses Phänomen wird als *Industriemelanismus* bezeichnet und ist ein sehr gutes Beispiel für die Selektion durch Fressfeinde.

Beispiel

Ein **weiteres Beispiel für die Selektion durch Fressfeinde** ist die *Mimese*. Beispielsweise gleichen Stabheuschrecken aufgrund ihres Körperbaus einem dürren Zweig und werden dadurch von Vögeln weniger leicht entdeckt und gefressen. Diese Ähnlichkeit mit einem harmlosen Gegenstand aus der Umwelt eines Tieres bezeichnet man als Mimese.

Aber auch das Gegenteil, nämlich sogenannte »Warntrachten« können einen Selektionsvorteil darstellen. Wespen sind beispielsweise auffällig gefärbt. Wenn du einmal von einer Wespe gestochen wurdest und eine leidvolle Erfahrung gemacht hast, wirst du in Zukunft beim Anblick einer Wespe »erschrecken« und sie meiden. Du hast das Bild der Wespe »gelernt«. Den Lernvorgang haben wir bereits als »Klassische Konditionierung«, als ein Lernen durch schlechte Erfahrungen, kennen gelernt.

Manche Tiere, wie beispielsweise die Schwebfliegen schauen den »gefährlichen« Wespen sehr ähnlich, sind aber völlig harmlos. Diese »Nachahmung« wehrhafter Tiere durch harmlose bezeichnet man als *Mimikry*. Auch die Mimikry bietet den wehrlosen Tieren einen Schutz vor Fressfeinden, einen Selektionsvorteil.

Ein **Beispiel für intraspezifische Konkurrenz** ist die »Selektion durch geschlechtliche Zuchtwahl«:

Bei vielen Tierarten ist zu beobachten, dass die Männchen sich deutlich von den Weibchen unterscheiden. Diese Erscheinung wird als Sexualdimorphismus bezeichnet. Beispielsweise ist ein besonders prächtiges Gefieder, ein riesiges Geweih, oder eine besondere Körperfärbung meist nur beim männlichen Geschlecht zu finden. Sie dienen während der Balz als Schlüsselreiz. Weibchen »fallen« auf diese Signale herein und paaren sich bevorzugt mit den Männchen, bei denen diese Merkmale sehr stark ausgeprägt sind. Männchen mit besonders stark ausgeprägten Schlüsselreizen, haben besonders gute Fortpflanzungschancen. Manchmal kann dies für das Männchen auch nachteilig sein, vor allem dann, wenn diese Merkmale hinderlich sind, beispielsweise vor einem Feind zu fliehen.

12

Isolation – Fortpflanzungsbarrieren trennen Arten

Die geografische und ökologische Isolation sind weitere wichtige Evolutionsfaktoren, die zur Artaufspaltung beitragen, dem wichtigsten Evolutionsvorgang.

Geografische Isolation

Die geografische Isolation kann mit dazu beitragen, dass Populationen in Teilpopulationen aufgeteilt werden. Sie kann durch folgende Einflüsse zustande kommen:

◇ Große Entfernungen trennen die Populationen eines zusammenhängenden Verbreitungsgebietes. Beispielsweise ist die Kohlmeise über ganz Eurasien in mehreren Rassen verbreitet. Zwischen einigen Rassen, die bereits seit längerer Zeit räumlich getrennt sind, ist eine Paarung mit fruchtbaren Nachkommen nicht mehr möglich.

◇ Bei Klimaveränderungen wie der Eiszeit werden Populationen durch eine große Gletscherzunge in Teilpopulationen getrennt. Diese verhindert als Barriere das Zusammenkommen der Populationen und somit eine »Bastardierung«.

◇ Tektonische Veränderungen, bei denen sich Teile des Festlandes beispielsweise als Inseln oder neue Kontinente abtrennen, führen ebenfalls dazu, dass sich Teilpopulationen bilden können, die isoliert sind.

Durch die Aufteilung in Teilpopulationen können sich unterschiedliche Merkmale leichter durchsetzen und konzentrieren. Damit ist die geografische Isolation eine wichtige Voraussetzung für die Artaufspaltung.

Ökologische Isolation

Die ökologische Isolation ist Folge der Besetzung verschiedener ökologischer Nischen. Das klassische Beispiel dazu hat schon Darwin auf seiner Forschungsreise auf den Galapagos-Inseln beobachten können. Auf ihnen gibt es etwa 13 Finkenarten, die alle von einer einzigen Finkenart abstammen und nach ihrem Entdecker als Darwinfinken bezeichnet werden. Sie haben die unterschiedlichsten Nahrungsnischen besetzt, stammen aber von einer einzigen Körner fressenden »Stammfinkenart« ab, die vor etwa zehn Millionen Jahren vom südamerikanischen Festland auf die Vulkaninsel Galapagos gekommen sind.

Sie vermehrten sich stark, bis die Samen als Nahrung auf den kargen Vulkaninseln knapp wurden. Finken, die durch Mutationen kräftigere Schnäbel bekamen, konnten härtere Samen »knacken«, solche, die »zartere« Schnäbel bekamen, konnten sich auf saftige Beeren konzentrieren. Durch diese »Einnischung« konnten sie der Konkurrenz ausweichen und immer neue Nischen besetzen. Nach dem Konkurrenzausschlussprinzip dürfen diese ökologischen Nischen von anderen Arten noch nicht besetzt sein. Da es auf den Galapagos-Inseln keine Spechte gab, war auch diese Nische noch nicht besetzt. Ein Fink kam nun »auf die Idee«, einen Kaktusdorn abzubrechen, ihn in den Schnabel zu klemmen und damit in Baumritzen nach Insektenlarven zu stochern. Er hat somit eine ökologische Nische besetzt, die auf den Galapagos-Inseln noch frei war, bei uns aber vom Specht besetzt wird.

Die stammesgeschichtliche Entwicklung des Homo sapiens sapiens

Wir wollen jetzt endlich der alten Frage nachgehen, ob der Mensch vom Affen abstammt oder nicht. Nach dem bisher Gelesenen wirst du vermutlich nicht mehr davon ausgehen, dass wir von den heute lebenden Schimpansen abstammen. Sie sind unter den heutigen Tieren sicher unsere nächsten Verwandten, aber auch sie haben sich in den letzten Jahrmillionen weiterentwickelt. Doch gemach – wir wollen uns dem »heiklen« Problem vorsichtig und mit Bedacht näher! Schon Darwin wurde nach der Veröffentlichung seines Buches *Die Entstehung der Arten* vor allem deshalb angegriffen, weil er angeblich behaupten würde, »der Mensch stamme vom Affen ab«. Wenn man sein Buch aufmerksam liest, wird man feststellen, dass er dies nie getan hat. Darwin hat sich sein ganzes Leben lang gegen diese bösen Unterstellungen gewehrt!

Haben wir denn mit den Menschenaffen Gemeinsamkeiten?

Diese Frage können wir eindeutig mit Ja beantworten.

Anatomie und Morphologie

Vergleicht man die »Baupläne« des Menschen mit denen der Menschenaffen, wird man zahlreiche Gemeinsamkeiten, aber selbstverständlich auch Unterschiede erkennen.

Merkmal	Menschenaffen	Mensch
Wirbelsäule	Einfach »gebogen«	Doppelt-S-förmig
Becken	Eher länglich, schmal	Stark verbreitert Schüsselförmig
Brustkorb	Verbreitert und abgeflacht Schultergelenke von der Brustvorderseite an den Körperrand verschoben	Die bei den Menschenaffen erkennbare Tendenz erlangt beim Menschen eine noch stärkere Ausprägung; die Beweglichkeit der Arme wird noch größer
Schwanzwirbelsäule	Steißbein	Steißbein
Fußskelett	Greiffuß mit abspreizbarer großer Zehe	Standfuß
Handskelett	»Affengriff«, der kurze Daumen ist nahezu funktionslos.	Der kräftige, lange und »opponierbare« Daumen erlaubt einen »Präzisionsgriff«.
Gehirnschädel	Dominiert gegenüber dem Gesichtsschädel	Im Vergleich zum Gesichtsschädel eher kleiner
Kinn	Fehlanzeige	Deutlich ausgeprägt
Nasenbein	Fehlanzeige	Deutlich ausgeprägt
Überaugenwülste	Vorhanden	Fehlanzeige
Hinterhaupt	»kantig«	»rund«
Hinterhauptsloch	»schräg«	»senkrecht«
Unterkiefer	U-förmig	»bogenförmig«
»Affenlücke«, das heißt eine Lücke zwischen Eck- und Schneidezähnen	Vorhanden	Fehlt
Eckzähne	Kräftig, dolchartig, die anderen Zähne »überragend«	Unterscheiden sich in ihrer Ausprägung kaum von den Schneidezähnen
Gehirngewicht	350 bis 500 Gramm	Etwa 1500 Gramm

Tabelle 12.1: Vergleich Anatomie Menschenaffe-Mensch

Die meisten anatomischen »Besonderheiten« des Menschen stehen im Zusammenhang mit seinem aufrechten Gang. Dieser wiederum war Voraussetzung für das »Freiwerden« der Hände, das heißt, die Vordergliedmaßen wurden nicht mehr für die Fortbewegung gebraucht. Damit konnten die Hände für feinmotorische Bewegungsabläufe als »Greifwerkzeuge« genutzt werden.

Genetik

Wie du bereits im Kapitel 8 erfahren hast, haben die Menschen 46 Chromosomen. Orang-Utans, Gorillas und Schimpansen haben jeweils 48 Chromosomen. An dieser Stelle ist aber nicht einmal so sehr die Zahl der Chromosomen bedeutsam. Vielmehr stellten die Biologen fest, dass auch der »Feinbau« der Chromosomen im Vergleich Menschenaffen-Mensch zahlreiche Übereinstimmungen aufweist.

Blutserum

Vergleicht man die Blutseren, in denen zahlreiche Proteine gelöst sind, von Orang-Utan, Gorilla, Schimpanse und Mensch, stellt man fest, dass der Mensch mit den Schimpansen 85%, mit den Gorillas 64% und mit den Orang-Utans 42% gemeinsam hat. Du solltest dich an dieser Stelle wieder einmal an die Bedeutung der Proteine erinnern. Ihre »Aminosäuresequenz« ist grundgelegt in der genetischen Information. Dies bedeutet, dass wir Menschen zu 85% mit den Schimpansen übereinstimmen, zumindest was die genetische Information bezüglich der Serumproteine anbelangt. Und vergiss nie, dass die genetische Information von Generation zu Generation »weiter vererbt« wird und nicht »einfach so entsteht«. Wie bei jedem »Erbe«, bei jeder »Weitergabe« kommt auch einmal Neues hinzu, geht Altes verloren!

Weitere Vergleichsmöglichkeiten

◇ Parasiten sind sehr »wirtsspezifisch«. Die Filzlaus, ein Parasit des Menschen, kommt sonst nur noch bei den Schimpansen und beim Gorilla vor.

◇ Neugeborene Menschenaffen sind ähnlich hilflos wie die Babys beim Menschen. Während sich aber die kleinen Menschenaffen an das Fell ihrer Mutter klammern können, ist dies den Menschen trotz des Klammerreflexes nicht mehr möglich.

◇ Auch die Jugend dauert beim Menschen deutlich länger als bei den Menschenaffen. Unser Leben ist halt doch etwas komplizierter, denn wir müssen etwas mehr lernen als ein Schimpanse und dies braucht seine Zeit!

◇ Menschenbabys zeigen die gleichen Greifreflexe und erste Bewegungskoordinationen wie Menschenaffenbabys!

◇ Auch die Mimik bei Wut, Ärger, Freude, Leid und Enttäuschung ist sehr ähnlich. Nicht umsonst haben die Menschenaffen und die Menschen eine sehr ähnliche Gesichtsmuskulatur.

◇ Durch unserer Sprachfähigkeit, durch unser Lernverhalten und unsere höheren Lern- und Verstandesleistungen unterscheiden wir uns aber deutlich von den Menschenaffen!

Der Weg zum Homo sapiens sapiens

Wie können wir in das System der Wirbeltiere eingeordnet werden?

Tabelle 12.2: Systematische Einordnung des Homo sapiens sapiens

Systematische Bezeichnung	Mensch	Weitere Beispiele
Reich	Tiere	Pflanzen, Pilze
Stamm	Wirbeltiere	Weichtiere, Gliedertiere, ...
Klasse	Säugetiere	Fische, Amphibien, Reptilien, Vögel
Ordnung	Primaten	Wale, Raubtiere, Paarhufer, Unpaarhufer, ...
Unterordnung	Anthropoidea	Halbaffen
Familie	Hominidae	Neuweltaffen, Altweltaffen
Gattung	Homo	Gibbons, Gorillas, Orang-Utans, Schimpansen
Art	Sapiens	
Unterart	Sapiens	

Damit du auf dem langen Weg unserer Vorfahren zum Homo sapiens sapiens die Orientierung nicht verlierst, habe ich für dich folgenden Stammbaum zusammengestellt. Er hat wie viele Stammbäume einen »Nachteil«.

Er gibt den augenblicklichen Kenntnisstand wieder. Dieser ist vor allem auch von den wenigen Funden abhängig, die die Anthropologen gemacht haben. Anthropologen sind die Naturwissenschaftler, die sich mit der Herkunft und Entwicklung des Menschen beschäftigen. Du kannst dir sicher auch vorstellen, dass es umso schwieriger wird, genügend aussagekräftige Funde zu bekommen, je weiter man in der Menschheitsgeschichte zurückgeht. Die Populationen unserer Vorfahren waren bestimmt nicht riesengroß. Dennoch lässt sich aufgrund des heute vorliegenden Datenmaterials sagen, dass die Wiege der Menschheit mit großer Sicherheit in Afrika lag.

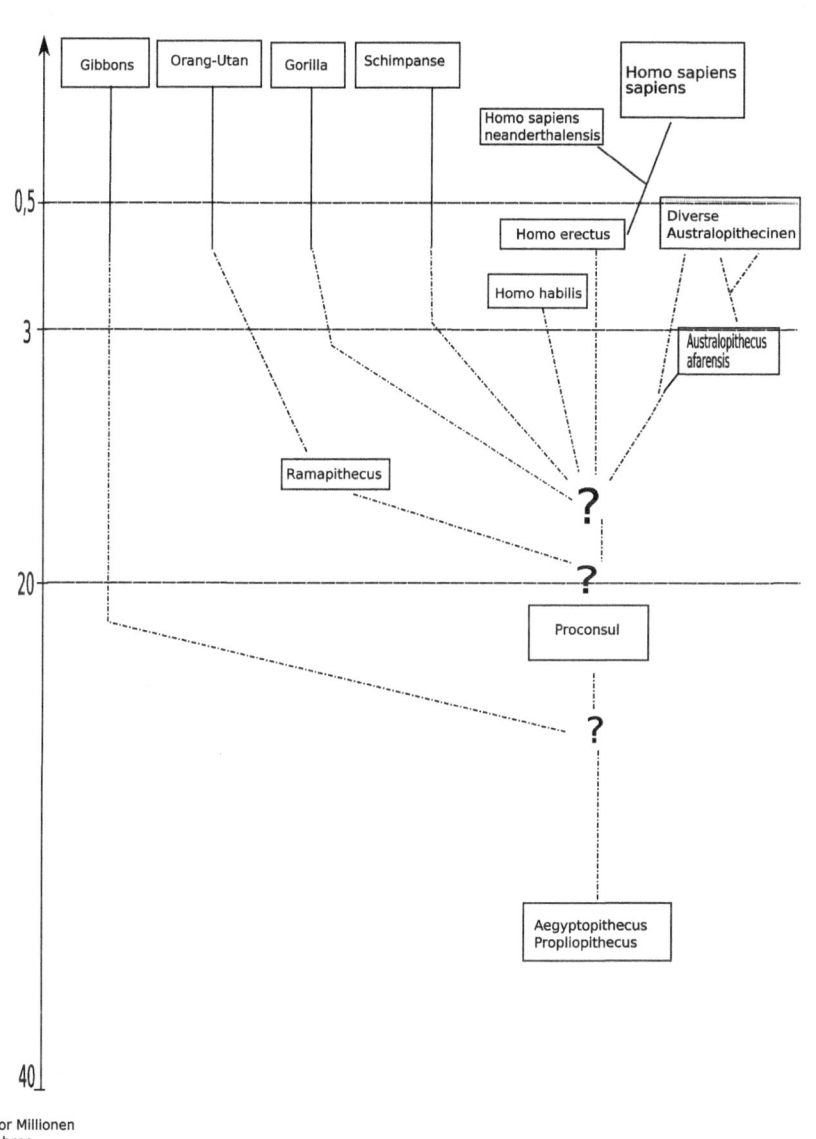

Abb. 12.1: Hominidenstammbaum

Die Geschichte der Hominiden lässt sich in drei Abschnitte untergliedern:

◇ **Subhumane Phase**

⁎ Sie ist charakterisiert durch Veränderungen, die vor allem anatomischer Art waren und wichtig für die Entwicklung zu einem zweibeinigen Lebewesen. Diese Phase war vor etwa zehn Millionen Jahren zu Ende. Charakteristische Vertreter waren Aegyptopithecus und Propliopithecus. Aegyptopithecus war vermutlich ein katzengroßer Baumbewohner. Unter den afrikanischen »Anthropoiden«, das heißt Vorläufer der Menschen und Menschenaffen, waren

sowohl die Vorfahren des Menschen als auch der Schimpansen. Die meisten Anthropologen gehen heute davon aus, dass sich die beiden erst vor etwa sieben Millionen Jahren trennten. Durch tektonische Veränderungen wurden die Anthropoiden Afrikas und Asiens getrennt und durchliefen eigenständige Entwicklungen.

◇ **Tier-Mensch-Übergangsfeld**

✳ Aus dieser Zeit sind kaum Funde bekannt. Während dieser Zeit müssen sich aber die wesentlichen anatomischen Merkmale entwickelt haben, die für den Menschen typisch sind. Erste Anfänge eines Werkzeuggebrauchs lassen sich vermuten, können jedoch kaum nachgewiesen werden. Diese durch »missing links«, das heißt fehlende Glieder, charakterisierte Phase, endet vor etwa 1,5 Millionen Jahren.

◇ **Humane Phase**

✳ Diese Zeit ist vor allem charakterisiert durch die planende Herstellung von immer »feineren« Werkzeugen, dem gezielten Einsatz des Feuers und künstlerische Aktivitäten. Die geistige Sonderentwicklung, bedingt durch die Entwicklung des Großhirns, charakterisiert die Entwicklung zum modernen Menschen. Nicht so sehr die anatomischen Merkmale als vielmehr seine geistig-seelischen Fähigkeiten zeichnen den »modernen« Menschen aus. An eine Evolution des biologischen Wesens Mensch schließt sich die Evolution der Kultur des Menschen an.

Homo erectus – Homo sapiens neanderthalensis – Homo sapiens sapiens

Homo erectus, der vor etwa 1,8 Millionen Jahren lebte und vor 300.000 Jahren wieder »verschwand«, fand man sowohl in Afrika als auch in Europa und in Asien. Er war der erste Hominide, der aus Afrika auswanderte.

Der Zusammenhang mit seinen Vorläufern, den verschiedenen Australopithecinen und mit Homo habilis, ist immer noch Gegenstand intensiver Forschung. Vor mehreren Millionen Jahren lebten sicherlich mehrere verschiedene Hominidenarten gleichzeitig. Australopithecus africanus war vermutlich eine Sackgasse der Evolution.

Homo erectus hatte gegen Ende seiner »Ära«, also vor etwa 300.000 Jahren, bereits ein Gehirnvolumen von etwa 1200 cm^3. Dies liegt immerhin schon an der unteren Grenze der normalen Variabilität des heute lebenden Menschen.

Vermutlich bewohnte Homo erectus bereits Höhlen oder Hütten, gebrauchte das Feuer, kleidete sich und stellte kompliziertere Steinwerkzeuge her.

Aus dem Homo erectus ging dann vor etwa 130.000 Jahren Homo sapiens neanderthalensis, der »Neandertaler«, hervor. Benannt wurde dieser Hominide nach seinem ersten Fundort, dem Neandertal bei Düsseldorf. Mittlerweile fand man Neandertaler sowohl in ganz Europa als auch in Vorderasien und Asien.

Der Neandertaler war ein geschickter Werkzeughersteller, er stellte aus Knochen Flöten her, feierte Rituale und bestattete seine Toten. All dies erfordert ein komplexes, abstraktes Denken. Nicht geklärt ist, ob er die anatomischen Voraussetzungen für eine Sprache besaß.

War der Neandertaler ein »Mensch«?

Diese Frage kann so nicht beantwortet werden. Tatsache ist, dass der Neandertaler noch nicht ausgestorben war, als der moderne Mensch, der Homo sapiens sapiens, auftrat.

Wenn du in den nächsten Jahren wissenschaftliche Veröffentlichungen in den Medien verfolgst, wirst du bestimmt immer wieder neue Erkenntnisse zur Entwicklung des Homo sapiens sapiens entdecken.

Stammen wir jetzt vom Affen ab?

Ich glaube, diese Frage erübrigt sich. Wir stammen nicht »vom Affen« ab, da es verschiedene Affen gibt. Wir können auch nicht von heute lebenden Affen abstammen, denn die Evolution hat vor vielen Millionen Jahren begonnen und seitdem hat für die heute lebenden Affen und den Menschen eine eigenständige Entwicklung stattgefunden.

Wir können jedoch festhalten, dass wir mit den heute lebenden Schimpansen, Gorillas und Orang-Utans vor mehreren Millionen Jahren gemeinsame Vorfahren hatten, genauso wie wir auch gemeinsame Vorfahren mit allen anderen Wirbeltieren, mit allen Tieren, mit allen Pflanzen, ja mit allen Lebewesen haben. Denn das Leben begann vor etwa 3,5 bis 4 Milliarden Jahren mit einer kleinen zarten Wurzel. Es entwickelte sich zu einem mächtigen Stamm mit vielen Ästen und Zweigen.

Wir dürfen nie vergessen, dass wir nur ein winziges Zweiglein am mächtigen Baum des Lebens sind.

Woher wir kommen – wohin wir gehen

Ich hoffe, dass ich in den vergangenen Abschnitten für dich ein kleines Licht ins Dunkel der Menschheitsgeschichte bringen konnte und du etwas mehr darüber Bescheid weißt, wo unsere Wurzeln liegen.

Wohin wir gehen?

Es wäre vermessen, wenn ich mich als Guru, als Prophet präsentieren wollte. Ich bin Naturwissenschaftler, Biologe. Ich habe dir in diesem Buch naturwissenschaftliche Fakten präsentiert. Die Astrologie ist im Gegensatz zur Astronomie keine Naturwissenschaft und die Zukunft lässt sich nicht aus den Sternen lesen. Dennoch kann ich dir aus der Sicht des Biologen und Naturwissenschaftlers einige der drängenden Fragen und Sorgen zur Zukunft der Menschheit vorstellen:

◇ Wie werden wir mit dem nach wie vor exponentiellen Wachstum der Weltbevölkerung fertig?

◇ Wie versorgen wir die wachsende Weltbevölkerung mit

  ✳ Energie

  ✳ Rohstoffen

  ✳ Nahrung

  ✳ Wohnraum?

◇ Wie schaffen wir dies und erhalten gleichzeitig für uns eine lebenswerte Umwelt?

◇ Was bringt uns die »globale« Erwärmung? Ist sie gleichzusetzen mit einer Katastrophe?

◇ Sind Tornados und Hurrikans, Überschwemmungen und Dürreperioden Vorboten eines Klimawandels?

◇ Nehmen wir bei der Sicherung der uns angeblich zustehenden Bedürfnisse genügend Rücksicht auf kommende Generationen oder die Menschen, die in benachteiligten Ländern leben?

◇ Wie schaffen wir genügend Arbeitsplätze bei gleichzeitig steigender Automatisierung und Rationalisierung?

Wir dürfen den Ast nicht absägen, auf dem wir sitzen. Etwas angesägt haben wir ihn leider schon!

Wir müssen unsere ganze Energie und das, was uns Menschen auszeichnet – unseren Verstand –, einsetzen, nicht um unseren Wohlstand zu mehren, sondern unser Überleben zu sichern. Biologen ist längst klar, dass wir in einem begrenzten System leben. Wir müssen mit dem klarkommen, was wir auf der Erde vorfinden. Die Reise ins Weltall ist Science-Fiction!

Zusammenfassung

In diesem Kapitel hast du gelernt:

◇ Es gibt aus den verschiedensten Teildisziplinen der modernen Biologie Hinweise, dass eine Evolution stattgefunden hat:

* Anatomie und Morphologie

* Embryologie

* Genetik und Biochemie

* Verhaltensforschung

* Paläontologie

◇ Darwin war neben Lamarck einer der ersten Naturforscher, die einen Artenwandel für möglich hielten.

◇ Darwin ging von den erblichen Varianten und der Selektion als »Triebkräfte« der Evolution aus.

◇ Die synthetische Theorie der Evolution integriert die moderne Genetik in die Evolutionstheorie.

* Mutation und Rekombination

* Gendrift

* Selektion

* Geografische und ökologische Isolation

◇ Der Mensch ist »eingebunden« in das natürliche System. Sein Stammbaum ist rekonstruierbar und noch immer Gegenstand der aktuellen Forschung.

Fragen

1. Der Maulwurf, ein Säugetier, und die Maulwurfsgrille, ein Insekt, leben im gleichen Lebensraum unter der Erdoberfläche. Beide besitzen einen gedrungenen Körperbau, ihre Vorderbeine sind als »Grabschaufeln« ausgebildet. Handelt es sich hier um analoge oder homologe Merkmale? Begründung?

2. Können auch analoge Merkmale als Nachweis für eine stammesgeschichtliche Beziehung herangezogen werden? Begründung?

3. Welche Merkmale des Archaeopteryx sprechen für Vögel, welche für Reptilien?

4. Wie würde Darwin und wie würde Lamarck erklären, dass Geparde so schnell laufen können? Wer hat deiner Meinung nach Recht?

5. Wie antwortest du deiner reichen Erbtante, die zu dir sagt: »Jetzt habe ich dir dieses tolle Buch gekauft. Kannst du mir jetzt sagen, ob der Mensch vom Affen abstammt oder nicht?«

6. Beurteile, ob aufgrund der heutigen Situation eine Artaufspaltung des Menschen – aus biologischer Sicht – möglich wäre!

7. Mimikry oder Mimese – wo ist der Unterschied?

8. Welche Bedeutung haben Mutation und Selektion für die Evolution?

Lösungen zu allen Kapiteln

1 Was ist Leben?

1. Eine elektrische Eisenbahn bewegt sich zwar, aber nicht aus eigener Kraft. Sie wird angetrieben. Ferner fehlen ihr Merkmale, wie beispielsweise Stoffwechsel, Reizbarkeit, Fortpflanzung und Wachstum, und der Aufbau aus Zellen.

2. Tiere haben keine Chloroplasten, denn dies sind die typischen Zellorganellen für Pflanzen. Tiere betreiben keine Fotosynthese und brauchen diese Zellorganellen somit nicht.

3. Viren können sich selbst nicht fortpflanzen und haben keinen eigenen Stoffwechsel. Sie sind deshalb auf andere Lebewesen angewiesen.

2 Artenreichtum vor der Haustür

1. Schwalben sind Insektenfresser. Insekten befinden sich aber als wechselwarme Tiere während der kalten Jahreszeit in einer Kältestarre und stehen somit den Schwalben während dieser Zeit nicht als Nahrung zur Verfügung. Die Schwalben ziehen deshalb im Herbst in den Süden, um dort zu überwintern, wo es auch im Winter »fliegende«

Insekten gibt. Meisen haben dieses Problem nicht, denn als Körnerfresser finden sie auch im Winter bei uns Nahrung.

2. Winterruhe ist die »harmlosere« Form und ähnelt einem normalen Schlaf. Sie kann jederzeit auch unterbrochen werden. Beim Winterschlaf wird die Körpertemperatur stark abgesenkt, es wird nahezu ein scheintoter Zustand erreicht. Alle Lebensäußerungen laufen auf Sparflamme.

3. Vor dem eigentlichen Blattfall wird das Chlorophyll abgebaut und zum Teil werden dessen Bausteine im Stamm oder Spross der Pflanze gespeichert. Die gelborange Färbung des herbstlichen Laubes kommt von Farbstoffen, die zusätzlich zum Chlorophyll im Blatt vorhanden sind.

4. Gleichwarm sind Vögel und Säugetiere.

3 Was haben Pflanzen und Tiere mit einer Apotheke zu tun?

1. Pferd und Esel sind zwei verschiedene Arten, denn sie können sich zwar problemlos paaren, ihre Nachkommen sind jedoch in keinem Fall mehr fortpflanzungsfähig.

2. Die Blindschleiche besitzt im Gegensatz zum Regenwurm eine Wirbelsäule. Diese ist das gemeinsame Merkmal aller Wirbeltiere. Regenwürmer besitzen als Gliedertiere keine Wirbelsäule und sind näher mit den Insekten, Spinnen und Krebsen verwandt.

3. Fische sind die ursprünglichsten Wirbeltiere und besitzen ebenfalls eine Wirbelsäule.

4. Voraussetzung jeder geschlechtlichen Fortpflanzung ist die Verschmelzung von Ei- und Samenzelle. Bei der Bestäubung gelangt ein Pollenkorn, das die pflanzliche Samenzelle enthält, auf die Narbe des Fruchtknotens einer Blüte der gleichen Art. Die Samenzelle wandert zu den Samenanlagen des Fruchtknotens und verschmilzt dort mit der Eizelle.

4 »Öko« – Wissenschaft oder Weltanschauung?

1. Pflanzen haben wie alle Lebewesen bestimmte Bedürfnisse an ihre Umwelt. Dabei spielen vor allem auch die Temperatur, Mineralstoffe und Wasser eine Rolle. Buche und Fichte sind weniger anspruchsvoll und finden bei uns in Deutschland eher die für sie passenden Bedingungen als Tanne oder die Wärme liebende Eiche. Die Tanne wird zudem von den Rehen stark »verbissen«.

2. Diese Aufgabe musst du mit einem geeigneten Bestimmungsbuch erledigen.

3. Die Arten sind meist mosaikartig und unregelmäßig über ein Untersuchungsgebiet verteilt. Dies hängt wiederum mit den unterschiedlichen abiotischen und biotischen Faktoren zusammen. So sind beispielsweise die Lichtverhältnisse unter einer immergrünen Tanne anders als unter einer Buche, die im Winter und zeitigen Frühjahr kahl ist.

4. Siehe 3.

5. Das Populationswachstum kann beispielsweise durch einen Mangel an Nahrung, durch Fressfeinde, ungünstige klimatische Bedingungen und dadurch verursachte Krankheiten und andere innerartliche und zwischenartliche Faktoren begrenzt werden.

5 Umweltschutz – Schmerzliche Aufgabe für uns alle?

Mögliche Überlegungen könnten sein:

◇ Nutzung öffentlicher Verkehrsmittel statt eigenem PKW

◇ elektrische Geräte ausschalten und nicht auf Stand-by

◇ Heizung nicht übertreiben und vor allem beim Lüften ausschalten

◇ Müll trennen und vermeiden

◇ keine giftigen Substanzen über das Abwasser entsorgen

◇ ...

◇ ...

◇ ...

◇ und vieles mehr!

6 Stoffwechsel – Auch Tiere und Pflanzen benötigen Energie und Baustoffe

1. Bezüglich einer gesunden Ernährung kannst du dich am »Ernährungs-kreis« orientieren: Die Hälfte deiner Nahrungsmittel sollte aus Getrei-deprodukten und Gemüse bestehen. Diese Hälfte soll ergänzt werden durch ein Viertel bestehend aus Obst und Getränken, wie Mineral-wasser, Obstschorlen und Früchtetees. Das letzte Viertel des Kreises wird gebildet von Milch und Milchprodukten, wenig Eier und Fleisch und etwas Fett, vor allem pflanzliches.

2. Proteine sind vor allem am Aufbau der Zellen beteiligt. Ferner wirken sie als Enzyme und Hormone. Fette sind ebenfalls am Aufbau der Cytoplasmamembran beteiligt und wichtige Energiespeicher. Koh-lenhydrate dienen vor allem der »schnellen« Energieversorgung.

3. Zucker, das heißt Glukose, entsteht während der Fotosynthese der grünen Pflanzen. Sie wandeln dabei die Sonnenenergie in chemisch gebundene Energie um. Ohne Sonnenenergie könnte kein Trauben-zucker, also keine Glukose entstehen.

4. Ohne die Pflanzen wäre für uns ein Leben undenkbar. Wir sind heterotroph und deshalb auf die Produkte angewiesen, die die auto-trophen Pflanzen durch Fotosynthese mit Hilfe der Sonnenenergie bereitstellen. Zudem entsteht bei der Fotosynthese erst der Sauer-stoff, den wir zum Leben brauchen.

5. Gärung benötigt keinen Sauerstoff, Atmung benötigt Sauerstoff. Allerdings entsteht bei der Atmung ein Vielfaches an ATP im Vergleich zur Gärung. Gärung ist also eine »Notlösung«, wenn zu wenig Sauer-stoff vorhanden ist.

6. Auch Menschen können durch Milchsäuregärung Energie gewinnen, wenn sie ein Sauerstoffdefizit haben. Dieser anaerobe Energiegewinn ist dann wichtig, wenn wir beispielsweise versuchen, 100 Meter so schnell wie möglich zu laufen. Wir können dabei gar nicht so viel Sauerstoff ein-atmen, wie wir zum Energiegewinn durch Atmung bräuchten.

7. Der Laktat-Wert ist für Sportler ein Leistungsparameter. Er sagt etwas über den Trainingszustand aus. Ist er sehr hoch, weist dies auf eine hohe Konzentration an Milchsäure hin. Dies bedeutet, dass zu wenig

Sauerstoff durch das Blut in den Muskel transportiert wird. Dies könnte auf eine mögliche Überforderung hinweisen!

8. ATP ist der universelle Energieträger, der überall im Körper eingesetzt werden kann, wo Energie benötigt wird.

7 Verhaltensforschung oder Tierpsychologie?

1. Das Verhalten von Boxern kurz vor dem Kampf ist geprägt durch Verhaltensweisen aus dem Bereich des »Aggressionsverhaltens«. Drohen und Imponieren, zum Teil mit Worten, zum Teil mit »Muskelspielen«, sollen den Gegner einschüchtern. Eventuell sind auch Übersprungshandlungen zu beobachten, vor allem dann, wenn der Boxer den Gegner nicht recht einschätzen kann.

2. Die Erdkröte ist hungrig. Dies ist ihre Motivation. Ihr ist angeboren, nach allen kleinen, sich bewegenden Gegenständen zu schnappen, da es sich um Beute, beispielsweise Fliegen, handeln könnte. Dies ist der Schlüsselreiz.

3. Die Kinder sind bereits von ihren Eltern »konditioniert«. Sie haben gelernt, sicher nicht »bewusst«, dass lautes Schreien »belohnt« wird und sie bekommen, was sie wollen. Sie haben also eine gute Erfahrung gemacht.

4. Dies ist eine Übersprungshandlung. Der Redner ist aufgeregt und möchte »fliehen«. Dies kann er aber nicht, sondern er muss sich stellen. Er steht in einem Triebkonflikt zwischen Angriff und Flucht. Der Konflikt »entlädt« sich in einem völlig anderen Verhaltensbereich. In diesem Fall ist es die Körperpflege.

8 Genetik – Die Informationswissenschaft des Lebens

1. Während bei der Mitose die beiden identischen Chromatiden eines Chromosoms getrennt werden und damit der Chromosomensatz erhalten bleibt, werden bei der Meiose die homologen Chromosomenpaare getrennt, so dass es zur Reduktion des Chromosomensatzes von diploid auf haploid kommt. Die Mitose findet bei den Zellteilungen statt, die zu »normalen« Körperzellen führen, während die

Meiose bei der Bildung von Geschlechtszellen stattfindet, also bei der Bildung von Ei- und Samenzelle.

2. Normalhaarig ist dominant, angorahaarig ist rezessiv. Beide Elternteile sind bezüglich dieses Merkmals reinerbig. Die F_1 ist also in jedem Falle mischerbig, das heißt, alle Individuen haben sowohl das Gen »normalhaarig« als auch »angorahaarig«. Da sie aber nur das Merkmal »normalhaarig« im Phänotyp zeigen, muss dieses Merkmal dominant sein. Die Kombinationsquadrate vergleichst du mit den im Text abgebildeten! Kreuzt der Züchter die F_1 weiter, erhält er 75% normalhaarige und 25% angorahaarige.

3. Entscheidend ist die komplementäre Basenpaarung: Adenin paart sich stets mit Thymin und Cytosin mit Guanin. Zudem wird die »Öffnung des Reißverschlusses« dadurch erleichtert, dass die Basenpaare durch die leicht zu lösenden Wasserstoffbrückenbindungen miteinander verbunden sind.

4. Start Met-Leu-Ala-Pro-Ser-His Stopp

◇ Nach diesem Basenaustausch wird statt **Leu**cin **Val**in eingebaut. Dies kann einen mehr oder weniger großen Einfluss auf die Sekundär- und Tertiärstruktur der Proteine haben und damit auch auf deren Funktionsfähigkeit. Da es die erste Aminosäure ist, ist eventuell die Auswirkung nicht ganz so dramatisch!

5. Aufgrund des entarteten Codes gibt es mehrere Möglichkeiten. Ein Beispiel wäre: CUUAAAGUUUCUUUU.

9 Chancen und Risiken der Gentechnologie

1. Jede Manipulation in der Keimbahn, das heißt Veränderungen und Einflüsse bei Eizellen und Samenzellen, haben vor allem Auswirkungen auf die nächste Generation. Es wäre anmaßend, in jedem Falle davon auszugehen, dass wir schon wüssten, was den nächsten Generationen gut tut! Wir können vor allem auch nicht zweifelsfrei vorhersagen, welche Auswirkung eine Veränderung an Ei- oder Samenzelle haben würde, ganz davon zu schweigen, was wir unter positiv und negativ verstehen!

2. Beispiele sind Insulin, Gerinnungsfaktoren des Blutes, Erythropoeitin oder EPO.

3. Bedenken müssen immer ernst genommen werden. In diesem Falle ist ein horizontaler Gentransfer nicht auszuschließen. Pollen kann von

der genmanipulierten Pflanze auf Wildpflanzen übertragen werden. Dies ist eine Gefahr, die nicht ausgeschlossen werden kann.

4. Restriktionsenzyme »schneiden« immer an der gleichen Basensequenz, unabhängig davon, woher die DNS stammt. Dabei entstehen so genannte klebrige Enden. Diese können wieder mit Hilfe einer Ligase verbunden werden, so dass verschiedene DNS-Bruchstücke miteinander kombiniert werden können.

5. Mit Hilfe der gleichen Restriktionsenzyme werden zu vergleichende DNS-Moleküle behandelt und anschließend durch Gelelektrophorese getrennt. Stammen zwei DNS-Proben von derselben Person, ist die »Musterbildung« bei der Gelelektrophorese identisch.

10 Meine Nerven! – Wie wir Informationen verarbeiten

1. Sehen, Hören, Riechen, Schmecken, Tasten.

2. Unterschiedliche Reizstärken können durch die Frequenz der Aktionspotenziale codiert werden. Die Aktionspotenziale selbst folgen dem Alles-oder-Nichts-Gesetz. Je stärker der Reiz, umso mehr Aktionspotenziale pro Zeiteinheit werden gebildet.

3. Durch Kochen beziehungsweise Braten wird das Gift Curare abgebaut beziehungsweise zerstört, so dass es nicht mehr wirksam ist. Entscheidend ist, dass die Beute nicht roh verzehrt wird.

4. Bei einer Stressreaktion wird der Körper auf Aktion eingestellt. Herz und Atmung werden aktiviert, der Blutzuckerspiegel steigt. Der ganze Organismus wird auf Aktion eingestellt, das heißt auf Angriff oder Flucht. In Situationen also, wo »es um unser Leben geht«, ist Stress durchaus sinnvoll.

5. Dieser Stress ist auch nicht so problematisch, weil wir ihn dann körperlich abreagieren können. Ein erhöhter Blutzuckerspiegel muss dann beispielsweise nicht wieder mühsam mit Insulin »runterreguliert werden«, sondern wird abgearbeitet.

6. Auch wenn du es nicht mehr hören und lesen kannst: »Üben, Üben, Üben.«

11 Das Immunsystem – Es schützt uns vor Angreifern

1. Die Ursachen können sehr vielfältig sein. Eine Möglichkeit könnte sein, dass der Grippeerreger inzwischen mutierte und somit veränderte Antigene präsentiert. Die Gedächtniszellen erkennen sie nicht, so dass kein Schutz durch das Immunsystem mehr besteht.

2. Eine passive Immunität kann durch Übertragung von Antikörpern geschehen. Diese ist möglich über die Plazenta und Nabelschnur, beziehungsweise auch über die Muttermilch.

3. Eine unspezifische Abwehr von Krankheitserregern erfolgt durch die Haut und die Schleimhäute, durch die Magensäure und durch unspezifische »Fresszellen«. Im Gegensatz dazu werden bei der humoralen und zellulären Immunantwort erregerspezifische Maßnamen ergriffen, beispielsweise die Bildung erregerspezifischer Antikörper.

4. Der HIV-Virus befällt unter anderem auch die T-Helferzellen. Im Verlauf der Erkrankung werden immer mehr zerstört, während gleichzeitig immer neue Varianten des heimtückischen Virus auftauchen. Gegen Ende erkranken die befallenen Patienten immer häufiger an opportunistischen Krankheiten und sterben an ihnen.

5. Bei einer Grippeschutzimpfung wird der Körper mit nicht infektiösen Antigenen des Grippevirus konfrontiert, das heißt, der Geimpfte zeigt zwar keine Symptome, aber sein Immunsystem erkennt dennoch die Antigene des Grippevirus und antwortet mit den humoralen und zellulären Systemen. Es werden vor allem auch Gedächtniszellen gebildet, so dass bei einer eventuellen ernsten Infektion sofort das Immunsystem antworten kann.

12 Evolution – Stammt der Mensch vom Affen ab?

1. Es handelt sich um analoge Merkmale. Sie sind das Ergebnis einer konvergenten Entwicklung, das heißt, die beiden Lebewesen haben sich an die gleiche Umwelt mit sehr ähnlichen Merkmalen angepasst.

2. Analoge Merkmale können nicht als Beweis für eine stammesgeschichtliche Verwandtschaft herangezogen werden. Sie sind nicht das Ergebnis einer übereinstimmenden genetischen Information, sondern die Folge einer konvergenten Entwicklung.

3. Vogelmerkmale des Archaeopteryx sind die Federn, der vogelähnliche Schädel und die Umwandlung der Vordergliedmaßen zu Flügeln. Reptilienmerkmale sind die verlängerte Schwanzwirbelsäule, die Kegelzähne und die Krallen an den Vordergliedmaßen.

4. Lamarck würde davon ausgehen, dass es für die Vorfahren der Geparde immer schwieriger wurde, Beute zu jagen und zu fangen. Einige Tiere hätten begonnen, etwas schneller zu laufen und hätten damit mehr Jagderfolg gehabt. Sie hätten diese Eigenschaft an die nächste Generation weitervererbt, die dann schon etwas schneller gelaufen wäre. Darwin wäre davon ausgegangen, dass es schon immer schnelle und langsame Geparde gab. Aber nur die schnellen hätten Jagderfolge verbuchen können und wären zur Fortpflanzung gekommen, während die langsamen mit der Zeit ausgestorben sind. Darwin ging also davon aus, dass nur erbliche Varianten eine Rolle spielen und dass die Selektion die »Tauglichsten auswählt«. Lamarck ging von der Vererbung von Eigenschaften aus, die im individuellen Leben erworben wurden. Nach heutigem Wissenstand hat Darwin Recht.

5. Wir stammen nicht von den heute lebenden Affen ab. Nicht von den Schimpansen, den Gorillas und den Orang-Utans. Aber wir haben mit ihnen gemeinsame Vorfahren, aus den heraus sich die Menschen und die Menschenaffen entwickelt haben. Seit mehreren Millionen Jahren nehmen beide, die Menschen und die Menschenaffen, eine getrennte Entwicklung. Wir haben allerdings auch gemeinsame Vorfahren mit allen anderen Lebewesen, denn das Leben begann vor etwa vier Milliarden Jahren aus einer kleinen »Wurzel« heraus!

6. Prinzipiell läuft die Evolution weiter, auch für den Menschen. Für eine Artaufspaltung ist aber eine reproduktive Isolation, eine geografische oder ökologische Isolation nötig. Da Menschen im Zeitalter der Globalisierung weltweit auf Partnersuche gehen, fällt dieser Evolutionsfaktor weg. Eine Artaufspaltung der Art Homo sapiens sapiens ist unter diesen Voraussetzungen nicht mehr denkbar.

7. Mimikry ist die Nachahmung wehrhafter Tiere durch wehrlose, während die Mimese eine Nachahmung von Gegenständen aus der Umgebung des Tieres zum Zweck der Tarnung ist.

8. Mutation ist der Zufallsfaktor, Selektion ist der »richtende« Faktor im Evolutionsgeschehen.

Literatur-
hinweise

Es gibt eine Fülle weiterführender Literatur.
Du hast aber dieses Buch ja nicht gekauft
oder geschenkt bekommen, damit du noch
weitere Bücher kaufen und lesen musst. Trotzdem bist
du vielleicht auf den Geschmack gekommen und möchtest dich gerne zu einigen der angeschnittenen Themen weiter informieren. Da es nicht ganz einfach ist, vor allem auch im Internet den Überblick zu bewahren, möchte ich
dir ein paar Hinweise geben.

◇ Im Internet gibt es eine hervorragende Adresse. Es ist dies die deutsche
Ausgabe der renommierten amerikanischen Wissenschaftszeitschrift
Scientific American. Die Adresse lautet `http://www.spektrum.de/`, die
Seite der deutschen Ausgabe *Spektrum der Wissenschaft*. Auch diese
Zeitschrift ist sehr empfehlenswert.

◇ Im Allgemeinen habe ich auch die Erfahrung gemacht, dass die ersten
Adressen, die Google auflistet, ebenfalls recht zuverlässig sind.

◇ Empfehlenswert ist auch die tägliche »Wissenschaftsseite« der Süd-
deutschen Zeitung.

◇ Für Biologen gibt es seit einigen Jahren ein Standardwerk:

Neil A. Campbell, *Biologie*, Spektrum Akademischer Verlag, Heidelberg,
Berlin, Oxford. Dieses Buch ist sicher nicht ganz billig, aber für Biologen – und solche, die es werden wollen – sehr zu empfehlen. Es ist im
Stil amerikanischer Lehrbücher sehr abwechslungsreich geschrieben
und nie langweilig.

Stichwortver-
zeichnis

U

V

W

Z

Wissenschaft leicht gemacht

Naturwissenschaften sind nicht gerade deine Lieblingsthemen? Und du weißt eigentlich gar nicht, wozu man sie lernen sollte? Dann sind diese Titel genau richtig für dich! Die erfahrenen Autoren sind Experten in ihrem jeweiligen Fachgebiet und verstehen es, komplizierte Zusammenhänge einfach und unterhaltsam darzustellen. Ab 10 Jahre, aber auch für Erwachsene, die eine wirklich einfache Einführung suchen und ihr Wissen auffrischen möchten.

Hans-Georg Schumann
Mathe ganz leicht
Ca. 272 Seiten
ISBN 978-3-96269-028-1
Gebunden, 170 x 240 mm

€ 7,⁹⁵

Friedrich Holst
Physik ganz leicht
Ca. 208 Seiten
ISBN 978-3-96269-029-8
Gebunden, 170 x 240 mm

€ 7,⁹⁵

Manfred Amann
Chemie ganz leicht
Ca. 312 Seiten
ISBN 978-3-96269-031-1
Gebunden, 170 x 240 mm

€ 7,⁹⁵

impian
www.impian.de